“十四五”职业教育河南省规划教材

大学信息技术基础教程

主　编　刘　畅

副主编　徐　原　董运成

参　编　许云召　赵　洋　董秀青　黄德成

科学出版社

北　京

内 容 简 介

本书在内容上力求体现信息技术素养的要求，注重信息技术相关知识的技能，更注重信息技术在实际工作中的应用。

全书共 8 章，分别介绍计算机基础知识、计算机系统及网络信息安全、Windows 7 操作系统应用、Word 2010 文字处理、Excel 2010 电子表格、PowerPoint 2010 演示文稿、计算机网络技术及应用、多媒体技术基础。

本书既适合作为高职高专院校、成人高等学校的计算机公共基础课的教材，又可以作为广大计算机初学者的自学用书。

图书在版编目（CIP）数据

大学信息技术基础教程/刘畅主编. —北京：科学出版社，2020.9
（“十四五”职业教育河南省规划教材）
ISBN 978-7-03-065935-4

Ⅰ. ①大… Ⅱ. ①刘… Ⅲ. ①电子计算机-高等职业教育-教材 Ⅳ. ①TP3

中国版本图书馆 CIP 数据核字（2020）第 160235 号

责任编辑：宋 丽 袁星星/责任校对：王 颖
责任印制：吕春珉/封面设计：东方人华平面设计部

科 学 出 版 社 出版
北京东黄城根北街 16 号
邮政编码：100717
http://www.sciencep.com
三河市骏杰印刷有限公司 印刷
科学出版社发行 各地新华书店经销
*
2020 年 9 月第 一 版 开本：787×1092 1/16
2023 年 9 月第五次印刷 印张：16 1/4
字数：385 000

定价：65.00 元

（如有印装质量问题，我社负责调换〈骏杰〉）
销售部电话 010-62136230 编辑部电话 010-62135120-2047

前　言

随着信息技术在我国基础教育中的日益普及和推广，大学计算机基础课程的教学已经不再是零起点。新一代大学生在基础教育阶段已初步学习了计算机基础知识，并具备一定的操作和应用能力，他们对大学计算机基础这门课的教学提出了更新、更高、更具体的要求。在编写本书时，编者既注重内容的新颖性、实用性，又注重教学、应用符合我国高等职业院校设备、师资条件的现状。

编者本着加强基础、提高能力、重在应用的原则来编写本书，通过详细讲述操作步骤和使用技巧，帮助学生掌握计算机基础知识，使学生具备一定的计算机应用能力，为以后的学习打下基础。

本书由刘畅担任主编，徐原、董运成担任副主编。具体编写分工如下：第 1 章和第 3 章由许云召编写，第 2 章由董运成编写，第 4 章由刘畅编写，第 5 章由赵洋编写，第 6 章由徐原编写，第 7 章由董秀青编写，第 8 章由黄德成编写。

由于编者水平有限，书中不足之处在所难免，敬请广大读者批评指正。

目　录

第 1 章　计算机基础知识……1
1.1　计算机的发展与应用……1
1.1.1　计算机的产生……1
1.1.2　计算机的发展……2
1.1.3　计算机的特点及应用……3
1.2　信息在计算机内的表示……6
1.2.1　信息技术……6
1.2.2　计算机中的数据……6
1.2.3　数据编码……9
习题……12
第 2 章　计算机系统及网络信息安全……14
2.1　计算机工作原理和系统组成……14
2.1.1　计算机工作原理……14
2.1.2　计算机系统组成……16
2.2　计算机硬件系统……16
2.2.1　CPU……17
2.2.2　主板……19
2.2.3　存储器……22
2.2.4　总线和接口……26
2.2.5　输入/输出设备……29
2.2.6　主要技术指标……32
2.3　计算机软件系统……33
2.3.1　系统软件……33
2.3.2　应用软件……39
2.4　网络信息安全技术……40
2.4.1　网络信息安全概述……40
2.4.2　信息安全技术……42
2.5　计算机病毒……45
2.5.1　计算机病毒的概念、分类、症状及举例……45
2.5.2　计算机病毒的防治……48
习题……51

第3章 Windows 7操作系统应用 …… 53
3.1 Windows 7操作系统基础 …… 53
3.1.1 Windows 7操作系统的常见版本 …… 53
3.1.2 Windows Aero …… 54
3.1.3 任务栏和“开始”菜单 …… 55
3.2 Windows 7操作系统的基本功能 …… 56
3.2.1 程序管理 …… 56
3.2.2 文件和文件夹管理 …… 59
3.2.3 设备管理 …… 61
3.2.4 磁盘管理 …… 62
3.3 Windows 7操作系统帮助和支持 …… 65
习题 …… 67
第4章 Word 2010文字处理 …… 69
4.1 Word 2010概述 …… 69
4.1.1 Word 2010的新功能 …… 69
4.1.2 Word 2010 的启动和退出 …… 70
4.1.3 Word 2010 窗口的基本操作 …… 70
4.1.4 Word 2010文件视图 …… 70
4.1.5 Word 2010帮助系统 …… 73
4.2 Word 2010的基本操作 …… 74
4.2.1 新建空白文档 …… 74
4.2.2 新建模板文档 …… 74
4.2.3 保存为默认文档类型 …… 75
4.2.4 保存支持低版本的文档类型 …… 76
4.2.5 将文档保存为网页类型 …… 76
4.2.6 将文档保存为PDF类型 …… 77
4.3 Word 2010文本操作与编辑 …… 77
4.3.1 文本输入与特殊符号的输入 …… 77
4.3.2 文本内容的选择 …… 81
4.3.3 文本内容复制与粘贴 …… 81
4.3.4 Office剪贴板 …… 82
4.3.5 选择性粘贴的使用 …… 82
4.3.6 文本剪切与移动 …… 82
4.3.7 文件内容查找与定位 …… 83
4.3.8 文件内容的替换 …… 84
4.4 文本与段落格式设置 …… 87
4.4.1 字体、字号和字形设置 …… 87

4.4.2 颜色、下划线与文字效果设置……87
4.4.3 段落格式设置……87
4.4.4 段落间距设置……89
4.4.5 段落边框与底纹设置……89
4.5 页面版式设置……90
4.5.1 设置纸张方向……90
4.5.2 设置纸张大小……91
4.5.3 设置页边距……91
4.5.4 设置分栏效果……91
4.5.5 插入页眉和页脚……93
4.5.6 插入页码……94
4.5.7 设置页面背景……95
4.6 图片、形状与 SmartArt 插入……95
4.6.1 图片……95
4.6.2 形状……99
4.6.3 设置与编辑图形……100
4.6.4 SmartArt 图形……101
4.7 表格处理……103
4.7.1 创建表格……103
4.7.2 表格的基本操作……106
4.7.3 设置表格格式……108
4.7.4 表格的高级应用……110
4.8 Word 高级操作……113
4.8.1 样式……113
4.8.2 拼写和语法检查……118
4.8.3 文档审阅……118
4.8.4 自动生成目录……119
4.8.5 插入特定信息域……121
4.8.6 邮件合并……122
4.9 文档打印……127
4.9.1 打印机设置……127
4.9.2 打印指定页……128
4.9.3 打印双面页……128
4.9.4 一次打印多份文档……128
习题……129
第 5 章 Excel 2010 电子表格……139
5.1 Excel 2010 的基本知识……139

5.2 单元格及区域的选定与数据的输入 …… 141
5.3 数据的编辑 …… 144
5.4 公式和函数 …… 145
5.5 工作表的操作 …… 148
5.6 数据的图表化 …… 154
5.7 数据管理与分析 …… 158
5.8 工作表打印呈现 …… 161
习题 …… 163
第6章 PowerPoint 2010 演示文稿 …… 173
6.1 PowerPoint 的主要功能与特点 …… 173
6.2 PowerPoint 2010 新增功能 …… 174
6.3 PowerPoint 2010 窗口的组成 …… 174
6.4 PowerPoint 2010 的文件类型 …… 175
6.5 演示文稿的创建 …… 176
6.6 演示文稿的编辑 …… 179
6.7 幻灯片的设计 …… 186
6.8 演示文稿的放映效果 …… 189
6.9 视图 …… 192
6.10 演示文稿的打印与发布 …… 196
习题 …… 198
第7章 计算机网络技术及应用 …… 202
7.1 计算机网络基础知识 …… 202
7.1.1 计算机网络概述 …… 202
7.1.2 计算机网络的组成与分类 …… 204
7.1.3 计算机网络协议与体系结构 …… 206
7.1.4 计算机网络设备与传输介质 …… 209
7.2 Internet 基础 …… 213
7.2.1 Internet 概述 …… 213
7.2.2 Internet 的地址和域名服务 …… 214
7.2.3 Internet 接入方式 …… 217
7.2.4 Internet 提供的服务 …… 219
习题 …… 221
第8章 多媒体技术基础 …… 224
8.1 多媒体技术概述 …… 224
8.1.1 多媒体的概念 …… 224
8.1.2 多媒体技术的特点 …… 225

8.1.3 多媒体数据的类型……225
8.1.4 多媒体技术的应用和发展……226
8.2 多媒体计算机系统……228
8.2.1 多媒体硬件系统……228
8.2.2 多媒体软件系统……230
8.3 数字图像……231
8.3.1 位图图像……231
8.3.2 矢量图形……236
8.4 数字音频……237
8.4.1 声音数字化……237
8.4.2 音频的文件格式……239
8.4.3 音频采集处理……240
8.5 数字视频……240
8.5.1 视频的基础知识……241
8.5.2 数据压缩技术……243
8.6 计算机动画……244
习题……247
主要参考文献……249

第1章 计算机基础知识

计算机是电子数字计算机的简称，是一种能自动、高速地进行数字运算和信息处理的电子设备。它主要由一些机械的、电子的器件组成，再配以适当的程序和数据。程序及数据输入后可以自动执行，用于解决某些实际问题。

1.1 计算机的发展与应用

1.1.1 计算机的产生

1946年2月，美国宾夕法尼亚大学物理学家莫克利和电气工程师埃克特研制成功了世界上第一台通用电子数字计算机（electronic numerical integrator and calculator，ENIAC），如图1.1所示。

ENIAC的诞生证明了电子真空技术可以大大地提高计算速度，不过，ENIAC本身存在两大缺点：一是没有存储器；二是用布线接板进行控制，有时甚至要搭接几天，计算速度也就被这一工作抵消了。

图1.1 ENIAC

针对ENIAC的设计缺陷，美籍匈牙利裔科学家冯·诺依曼根据“存储程序式电子数字自动计算机方案”的理论，提出了存储程序和计算机采用二进制的思想，并于1949年研制出世界上第一台冯·诺依曼式计算机（electronic discrete variable automatic computer，EDVAC）。冯·诺依曼的计算机原理为现代计算机的体系结构和工作原理奠定了基础。当今计算机的基本结构仍采用冯·诺依曼提出的原理和思想。鉴于冯·诺依曼对现代计算机做出的突出贡献，他被人们誉为“现代电子计算机之父”。

目前人们所说的计算机都是指电子计算机，它是能够按照人们的要求接收和存储信息，自动进行处理和计算，并输出结果的机器系统。

1.1.2 计算机的发展

1. 计算机的发展过程

自 ENIAC 诞生以来，按照计算机所采用的电子元器件划分计算机的时代，其发展历史简况如下。

1）第一代：电子管计算机（1946～1957 年）。这代计算机的基本逻辑元器件是电子管（electronic tube），内存储器采用阴极射线管和水银延迟线，外存储器采用磁带、纸带等。其运算速度每秒可达几千至几万次，程序设计则使用机器语言或汇编语言。由于其体积庞大、功耗高、价格昂贵，主要用途局限于军事和科学研究。

2）第二代：晶体管计算机（1958～1964 年）。这代计算机的基本逻辑元器件为晶体管（transistor），内存储器大量使用磁性材料制成的磁芯，外存储器采用磁盘和磁带。运算速度从每秒几万次提高到几十万次至几百万次。其应用从军事及尖端技术扩展到数据处理和工业控制方面。

与此同时，计算机软件技术也有了较大发展，提出了操作系统的概念，编程语言除了汇编语言外，还有 Fortran、COBOL 等高级程序设计语言，使计算机的工作效率大大提高。

3）第三代：集成电路计算机（1965～1970 年）。这代计算机的基本逻辑元器件为集成电路（IC），内存储器采用半导体存储器，而外存储器大量使用高速磁盘，从而使计算机的体积、功耗进一步减小，可靠性、运行速度进一步提高，内存储器容量大大增加，价格也大幅度降低，其应用范围已扩展到各个领域。软件方面，操作系统进一步普及和发展，出现了对话式高级语言 BASIC 和结构化的程序设计语言 Pascal，提出了结构化、模块化的程序设计思想。

4）第四代：大规模集成电路计算机（1971 年至今）。这代计算机的特点是采用大规模集成电路和超大规模集成电路，使得计算机的体积和价格不断下降，而功能和可靠性不断增强。由大规模集成电路组成的微型计算机的出现，大容量的存储设备和高效的输入/输出设备的不断开发，使计算机应用到人类活动的每个领域。

2. 计算机的发展趋势

（1）多极化

如今，个人计算机已席卷全球，微型计算机的普及使其发展得更加迅速，并向集成化、小型化发展，笔记本式计算机、掌上型计算机等微型计算机必将以更优的性能价格比受到人们的欢迎。但由于计算机应用的不断深入，对巨型机、大型机的需求也稳步增长，巨型机、大型机、小型机、微型机各有自己的应用领域，形成了一种多极化的形势。巨型计算机主要应用于天文、气象、地质、核反应、航天飞机、卫星轨道计算等尖端科学技术领域和国防事业领域，它标志着一个国家计算机技术的发展水平。我国研制的“天河二号”超级计算机系统以峰值计算速度每秒 54.9 千万亿次、持续计算速度每秒 33.9 千万亿次的优异性能，位居 2017 年世界超级计算机亚军；冠军为我国自主研制的“神威 • 太湖之光”超级计算机，其峰值计算速度为每秒125.436千万亿次，持续计算速度每秒93.015千万亿次。

（2）网络化

网络化（或资源网络化）是指利用通信技术和计算机技术，把分布在不同地点的计算机连接起来，按照网络协议相互通信，以达到所有用户都可共享软件、硬件和数据资源的目的。现在，计算机网络在交通、金融、企业管理、教育、邮电、商业及人们的生活中得到广泛的应用。

（3）多媒体化

多媒体计算机就是利用计算机技术、通信技术和大众传播技术，来综合处理多种媒体信息的计算机，这些信息包括文本、图形、图像、声音、视频等。多媒体技术使多种信息建立了有机联系，并集成一个具有人机交互性的系统。多媒体计算机将真正改善人机界面，使计算机朝着人类接受和处理信息最自然的方式发展。

（4）智能化

智能化（或处理智能化）就是要求计算机能模拟人的感觉和思维能力，这也是第五代计算机要实现的目标。智能化的研究领域很多，其中最有代表性的领域是专家系统和机器人系统。从目前的发展趋势来看，未来的计算机将是微电子技术、光学技术、超导技术和电子仿生技术相结合的产物。

当今，电子计算机已不止是一种计算工具，它已渗入人类的各个活动领域，并改变着整个社会的面貌，使人类社会迈入一个新的阶段。

1.1.3 计算机的特点及应用

1. 计算机的特点

计算机作为一种智能化的高级工具，其主要特性体现在以下几个方面。

（1）运算速度快

运算速度是标志计算机性能的重要指标之一，目前巨型机的运算速度已超过每秒万万亿次，即便是个人计算机（personal computer，PC），其速度也达到了每秒数十亿次。

（2）运算精度高、可靠性好

计算机内部采用二进制记数，其运算精度随字长位数的增加而提高，目前PC的字长已达到64位，再结合软件处理算法，整个计算机的运算精度可以达到小数点后数百万位。

（3）存储量大

从首台计算机诞生至今，作为计算机功能之一的存储（记忆）功能得到了很大发展，目前PC的内存容量配置一般为几吉或十几吉字节，而硬盘的容量已达到几太字节。一套大型辞海、百科全书，甚至整个图书馆的所有书籍，均可以存储在计算机中，并按需要实现各种类型的查询和检索。

（4）程序控制自动工作

由于计算数据和程序存储在计算机中，计算机在执行程序时不需要人工干预。从复杂的教学演算到宇宙飞船控制，人们只需要先编好程序，并将数据和程序存储于计算机中，一旦开始执行，计算机便自动工作，直到完成任务。这就是计算机有别于其他计算工具的本质特点。

（5）具有逻辑判断能力

计算机可以对所要处理的信息进行各种逻辑判断，并根据判断的结果自动决定后续要执行的命令，还可以进行逻辑推理和定理证明。

2. 计算机的应用

目前，计算机已经深入人类社会的各个领域和国民经济的各个部门，并使信息产业以史无前例的速度持续增长。从世界范围看，计算机的应用程度已经成为衡量一个国家现代科技发展水平的重要标志。

20 世纪 50 年代，计算机主要应用于科学计算。60 年代，计算机的应用扩展到军事、交通和工业的实时控制与金融领域的数据处理方面。70 年代，一些中小企业和事业单位开始采用计算机进行工业控制和事务管理，包括计算机辅助设计和数据库管理等。进入 80 年代以后，计算机的应用已经逐渐普及到各行各业，包括办公和家庭等各个方面。

计算机的应用包括传统应用和现代应用两方面。

（1）传统应用

1）科学计算。这是计算机的原始应用，也是计算机产生的直接原因。计算机用于科学计算，体现了两方面的优势：首先是解决计算量巨大的问题；其次是满足如天气预报等实时性要求。

2）数据处理。直到今天，数据处理仍然是计算机应用的一个重要领域。以企业为例，从市场预测、信息检索，到经营决策、生产管理，都与数据处理有关。借助计算机，可以使这些数据更有条理，统计的数据更准确，反馈更及时，管理和决策更科学、更有效。

3）自动控制。因为计算机不仅具有极高的运算速度，且具有逻辑判断能力，所以在工业生产过程的自动控制中应用很广。自动控制的实质是使用计算机汇集现场有关数据信息，求出它们与设定值的偏差，产生相应的控制信号，对受控对象进行控制和调整，如交通调度与管理、卫星通信和导弹飞行控制等。

（2）现代应用

1）办公自动化。办公自动化（office automation，OA）的目的在于建立一个以先进的计算机和通信技术为基础的高效人-机信息处理系统，使办公人员能够充分利用各种形式的信息资源，全面提高管理、决策和事务处理的效率。

2）数据库应用。在当今社会，人们无时无刻不在使用数据，如火车、飞机购票，银行存兑等。为了尽量消除重复数据，实现数据共享，人们提出了数据库的思想，并发展成层次、网状和关系型数据库模型，也产生了许多著名的数据库管理软件，如 FoxBase、FoxPro、Oracle 等。

3）计算机辅助系统。计算机在辅助设计与制造及辅助教学方面发挥着日益重要的作用，也使生产技术和教学方式发生了革命性的变化，其主要包括计算机辅助设计（computer aided design，CAD）、计算机辅助制造（computer aided manufacturing，CAM）、计算机集成制造系统（computer integrated manufacturing system，CIMS）、计算机辅助教学（computer aided instruction，CAI）、3D打印等。

4）人工智能。人工智能研究的主要目的是用计算机模拟人的智能，其主要发展方面有机器人系统、专家系统、模式识别系统等。此外，数据库智能检索、机器翻译、模糊控制等也都属于人工智能范畴。

5）计算机仿真。计算机仿真的目的是用计算机模拟实际事物。例如，利用计算机可以生成产品（如汽车、飞机等）的模型，降低产品的研制成本，且大幅度缩短研制周期；利用计算机可以进行危险的实验，如武器系统的杀伤力、宇宙飞船在空中的对接等；利用计算机模拟自然景物，可以达到十分逼真的效果，现代影视剧创作中广泛采用了这些技术。

此外，在20世纪80年代末，出现了综合使用上述技术的虚拟现实技术，它可以模拟人在真实环境中的视、听、动作等一切（或部分）行为。借助此类技术，飞行员只要在训练座舱中戴上头盔，即可看到一个高度逼真的空中环境，产生身临其境的感觉。

6）计算机网络。网络是指将单一使用的计算机通过通信线路连接在一起，以便达到资源共享的目的。计算机网络的建立，不仅实现了一个地区、一个国家中的计算机与计算机之间的通信和网络内各种资源的共享，也极大地促进和发展了国际通信和数据的传输处理。目前，计算机技术、通信技术和网络技术构成了当今信息化社会的三大支柱。

7）多媒体技术。多媒体技术以计算机为核心，将现代声像技术和通信技术融为一体，以追求更自然、更丰富的界面，因而其应用领域十分广泛。它不仅覆盖了计算机的绝大部分应用领域，还拓展了新的应用领域，如可视电话、视频会议系统、全息影像等。实际上，多媒体系统的应用以极强的渗透力进入人们的工作和生活的各个领域，改变了人们的工作和生活方式，成功地塑造了一个绚丽多彩的划时代的多媒体世界。

3. 计算机的新热点

计算机技术发展到现在，云计算、移动互联网和物联网等新兴产业似雨后春笋，呈现出蓬勃发展的态势，全球IT产业正经历着一场深刻的变革。

（1）云计算

云计算（cloud computing）是一种按使用量付费的模式，这种模式提供可用的、便捷的、按需的网络访问，进入可配置的计算资源共享池（资源包括网络、服务器、存储、应用软件、服务），这些资源能够被快速提供，只需投入很少的管理工作，或与服务供应商进行很少的交互。

云计算由一系列可以动态升级和被虚拟化的资源组成，这些资源被所有云计算的用户共享，并且可以方便地通过网络访问，用户无须掌握云计算的技术，只需要按照个人或者团体的需要租赁云计算的资源。

2006年，Google提出“云计算”的概念，便将这种先进的大规模快速计算技术应用于校园，随后云计算逐渐延伸到商业应用、社会服务等多个领域。目前，云计算按部署方式分为两类，即公共云和私有云。在实际应用中还有一些衍生的云计算形态，如社区云、混合云等。

尽管大多数个人用户并不清楚或者不关心云计算的概念，但事实上已经有相当多的用户成为云计算的使用者，如发送电子邮件、使用在线办公软件、使用网络硬盘、进行即时通信等。

（2）移动互联网

移动互联网（mobile internet）是一种通过智能移动终端，采用移动无线通信方式获取业务和服务的新兴业态，包含终端、软件和应用三个层面。终端层包括智能手机、平板电脑、电子书、MID等；软件层包括操作系统、中间件、数据库和安全软件等；应用层包括休闲娱乐类、工具媒体类、商务财经类等不同应用与服务。简而言之，移动互联网就是将移动通信和互联网结合为一体。

目前，移动互联网有十大业务模式，分别为移动社交、移动广告、手机游戏、手机电视、移动电子阅读、移动定位服务、手机搜索、手机内容共享服务、移动支付、移动电子商务。

（3）物联网

物联网（Internet of Things，IoT）被称为继计算机和互联网之后世界信息产业的第三次浪潮，它代表着当今和以后一段时间内信息网络的发展方向。从一般的计算机网络到互联网，从互联网到物联网，信息网络已经从人与人之间的沟通发展到人与物、物与物之间的沟通，功能和作用日益强大，对社会的影响也越大。

物联网是指在计算机互联网的基础上，通过射频识别、红外感应器、全球定位系统、激光扫描器、气体感应器等信息传感设备，按约定的协议，把物品与互联网连接起来，进行信息交换和通信，以实现智能化识别、定位、跟踪、监控和管理的一种网络。简而言之，物联网就是物与物相连的互联网，其目的是实现物与物、人与物之间的信息交换和互连，方便识别、管理和控制。物联网包括感知（互动）、网络（传输）、应用（服务）三个基本要素。

物联网的应用领域非常广泛，主要包括智能家居、智能交通、智能医疗、智能物流、智能监控、敌情侦察和情报搜索集等。

1.2 信息在计算机内的表示

1.2.1 信息技术

随着科学技术的发展，信息技术已经融入社会的各个领域，并起着越来越重要的作用。信息技术是人类在产生、获取、检测、变换、存储、传递、处理、显示、识别、提取、控制和利用信息的过程中，为了拓展自身信息器官的功能，争取更多的生存发展机会而产生和发展起来的。

1.2.2 计算机中的数据

计算机科学中的信息是计算机处理的内容或消息，它们以数据的形式出现。计算机最基本的功能就是对数据进行计算和加工处理，这些数据包括数值、字符、图像、图形、声音、视频等。在计算机系统中，所有的数据都要转换成 0 和 1 的二进制形式存储，也就是进行二进制编码。

1. 数制的基本概念

用一组固定的数字和一套统一的规则来表示数目的方法称为数制。数制有进位计数制与非进位计数制之分，目前一般使用进位计数制。

按进位的原则进行计数称为进位计数制，简称“数制”。人类日常生活中，经常接触到不同进制的数，使用最多的是十进制数，除了十进制计数以外，还有许多非十进制的计数方法。例如，60 秒为 1 分钟，60 分钟为 1 小时，用的是六十进制；1 周有 7 天，1 天有 24 小时，1 年有 12 个月等，采用了不同的进制。不论哪一种数制，其计数和运算都有共同的规律和特点。

进位计数制逢 N 进 1，N 是指进位计数制，表示一位数所需要的符号数目，称为基数。处在不同位置上的数字所代表的值是确定的，这个固定位上的值称为位权。各进位制中位权的值是基数的若干次幂。

2. 计算机中常用的数制

计算机中常用的进制数有二进制数、十进制数、八进制数、十六进制数，它们的表示如表 1.1 所示。

表 1.1　计算机中常用进制数的表示

进制	二进制	八进制	十进制	十六进制
规则	逢二进一	逢八进一	逢十进一	逢十六进一
基数	2	8	10	16
数码（基本符号）	0，1	0，1，2，…，7	0，1，2，…，9	0，1，2，…，9，A，B，…，F
权	2^i	8^i	10^i	16^i
角标表示	B（binary）	O（octal）	D（decimal）	H（hexadecimal）

从表 1.1 中可以看出，不同的数制有两个共同的特点：一是采用进位计数制方式，每种数制都有固定的基本符号，称为数码；二是采用位置表示法，即处于不同位置的数码所表示的值不同，与它所在位置的权值有关。通常人们采用进制的基数做下标来区分不同数制的数，如$(110.1)_2$表示的是二进制数，$(756)_8$表示的是八进制数，$(92.14)_{10}$表示的是十进制数，$(82a)_{16}$表示的是十六进制数，也可用角标做下标，一般情况下十进制不做标记。任意一个 r 进制数 N 都可以表示为

$$
\begin{aligned}
(N)_r &= a_{n-1}a_{n-2}\cdots a_1 a_0 a_{-1}a_{-2}\cdots a_{-m} \\
&= a_{n-1}\times r^{n-1} + a_{n-2}\times r^{n-2} + \cdots + a_1\times r^1 + a_0\times r^0 + a_{-1}\times r^{-1} + a_{-2}\times r^{-2} + \cdots + a_{-m}\times r^{-m} \\
&= \sum_{k=-m}^{n-1} a_k \times r^k
\end{aligned}
$$

常用数制的对应关系如表 1.2 所示。

表 1.2 常用数制的对应关系

十进制	二进制	八进制	十六进制
0	0	0	0
1	1	1	1
2	10	2	2
3	11	3	3
4	100	4	4
5	101	5	5
6	110	6	6
7	111	7	7
8	1000	10	8
9	1001	11	9
10	1010	12	A
11	1011	13	B
12	1100	14	C
13	1101	15	D
14	1110	16	E
15	1111	17	F
16	10000	20	10

3. 数据在计算机中的表示

在计算机中，信息是以数据的形式表示和处理的，计算机能表示和处理的信息数据包括数值型数据、字符型数据及音频和视频数据等，而这些数据在计算机内部都是以二进制的形式表示的。采用二进制编码具有以下优点。

1）技术实现简单：计算机是由逻辑电路组成的，逻辑电路通常只有两个状态，即开关的接通与断开，这两种状态可以用 1 和 0 表示。

2）简化运算规则：运算规则简单，有利于简化计算机内部结构，提高运算速度。

3）适合逻辑运算：逻辑代数是逻辑运算的理论依据，二进制只有两个数码，与逻辑代数中的“真”和“假”相吻合。

4）易于进行转换：二进制数与十进制数易于互相转换。

5）用二进制表示数据具有抗干扰能力强、可靠性高等优点。因为每位数据只有高低两个状态，当受到一定程度的干扰时，仍能可靠地分辨出它的高低。

但是用二进制表示一个数时，位数多。因此，实际使用中多采用送入数字系统前用十进制，送入机器后再转换成二进制数，让数字系统进行运算，运算结束后再将二进制转换为十进制供人们阅读。

4. 计算机中数据的单位

计算机中数据的最小基本单位是位（bit），一个二进制数码称为 1 位。通常人们以存储容量进行计算，存储容量的基本单位是字节（byte，B），1 字节由 8 位二进制数字组成（1byte=8bit），为了便于衡量存储器的大小，统一以字节为单位，它们按照进率 1024（2^{10}）来计算，具体如表 1.3 所示。

表 1.3　计算机存储容量单位换算

中文单位	中文简称	英文单位	英文缩写	进率（1byte=1）	换算关系
位	比特	bit	b	0.125	1bit=0.125B
字节	字节	byte	B	1	1B =8bit=2^3 bit
千字节	千字节	kilobyte	KB	2^{10}	1KB=1024B=2^{10}B
兆字节	兆	megabyte	MB	2^{20}	1MB=1024KB=2^{20}B
吉（千兆）字节	吉	gigabyte	GB	2^{30}	1GB=1024MB=2^{30}B
太（万兆）字节	太	trillionbyte	TB	2^{40}	1TB=1024GB=2^{40}B
拍字节	拍	petabyte	PB	2^{50}	1PB =1024TB=2^{50}B
艾字节	艾	exabyte	EB	2^{60}	1EB =1024PB=2^{60}B
泽字节	泽	zettabyte	ZB	2^{70}	1ZB =1024EB=2^{70}B
尧字节	尧	yottabyte	YB	2^{80}	1YB =1024ZB=2^{80}B

1.2.3　数据编码

数据编码就是用二进制码来表示字母、数字及专用符号。计算机系统中，有两种字符编码方式：ASCII 码和 EBCDIC 码。美国信息交换标准代码（American Standard Code for Information Interchange，ASCII 码）使用最为普遍，主要用于微型机与小型机中；而扩展的二-十进制交换码（extended binary coded decimal interchange code，EBCDIC 码）是 IBM 公司推出的西文字符编码，采用 8 位二进制表示，共有 256 个字符，IBM 系列大型机采用的就是此编码。

1. 数值

为了适应人们的习惯，在计算机中采用十进制数方式对数值进行输入和输出。这样，在计算机中就要将十进制数变换为二进制数，即用 0 和 1 的不同组合来表示十进制数。将十进制数变换为二进制数的方法很多，但是不管采用哪种方法的编码，统称为二-十进制编码，即 BCD 码（binary coded decimal）。

在二-十进制编码中最常用的是 8421 码。它采用 4 位二进制编码表示 1 位十进制数，其中 4 位二进制数中由高位到低位的每一位权值分别是 2^3、2^2、2^1、2^0，即 8、4、2、1。BCD 码在形式上是由 0 和 1 组成的二进制形式，而实际上表示的是十进制数，但每位十进制数用 4 位二进制编码表示，运算规则和数制都是十进制。

BCD 码比较直观，只要熟悉了 BCD 的 10 位编码，就可以很容易地实现十进制与 BCD 码之间的转换。BCD 码与二进制之间的转换不是直接进行的，要先经过十进制，即将 BCD 码先转换成十进制，再转换成二进制；反之亦然。

2. 字符

计算机中的字符包括西文字符（英文字母、数字、各种符号等）和中文字符，字符必须按照特定的规则进行二进制编码才可进入计算机。字符编码的方法是将每个需要编码的字符按确定的顺序编号，就像在校学生的学号，编号值的大小无意义，仅作为识别和使用字符的依据。由于西文字符和中文字符的形式不同，使用的编码也不同。

（1）西文字符编码

西文字符包括英文字母、数字、标点、运算符等，字符的编码采用国际通用的 ASCII 码，每个 ASCII 码以 1 个字节存储，0～127 代表不同的常用符号，每个字符用 7 位基 2 码表示，其排列顺序为 $d_6d_5d_4d_3d_2d_1d_0$，d_6 为高位，如表 1.4 所示。

表 1.4 ASCII 编码

$d_3d_2d_1d_0$		$d_6d_5d_4$							
		000	001	010	011	100	101	110	111
		0	1	2	3	4	5	6	7
0000	0	NUL	DLE	sp	0	@	P	`	p
0001	1	SOH	DC1	!	1	A	Q	a	q
0010	2	STX	DC2	"	2	B	R	b	r
0011	3	ETX	DC3	#	3	C	S	c	s
0100	4	EOT	DC4	$	4	D	T	d	t
0101	5	ENQ	NAK	%	5	E	U	e	u
0110	6	ACK	SYN	&	6	F	V	f	v
0111	7	BEL	ETB	'	7	G	W	g	w
1000	8	BS	CAN	(	8	H	X	h	x
1001	9	HT	EM	)	9	I	Y	i	y
1010	A	LF	SUB	*	:	J	Z	j	z
1011	B	VT	ESC	+	;	K	[	k	{
1100	C	FF	FS	,	<	L	\	l	|
1101	D	CR	GS	-	=	M	]	m	}
1110	E	SO	RS	.	>	N	^	n	~
1111	F	SI	US	/	?	O	_	o	DEL

在 ASCII 码中，基本的 ASCII 字符集共有 128 个字符，其中十进制编码值 0～32 和 127 共 34 个字符为非图形字符，即 NUL～SP 和 DEL 又称为控制字符；其余 94 个字符为图形字符（又称为普通字符）。为了英文字母大小写的转换方便，小写字母比大写

字母码值大 32，即 d_5 为 0 或 1。例如，大写 A 的 ASCII 码是 65，小写 a 则是 97。由于 ASCII 码只用了字节的七位，最高位并不使用，因此后来又将最高位也编入这套编码中，成为八位的扩展 ASCII（extended ASCII）码，这套内码加上了许多外文和表格等特殊符号，成为目前常用的编码。

（2）中文字符编码

1）汉字信息交换码（中标码）。汉字信息交换码是用于汉字信息处理系统之间或者通信系统之间进行信息交换的汉字代码，简称“交换码”，也叫国标码。这是为使系统、设备之间交换信息时采用统一的形式而制定的。我国于 1981 年颁布了国家标准，即国标码。

英文为拼音文字，构成全部字符集的字符个数只有 128 个，因此采用 7 位编码。汉字是非拼音文字，数目众多。1980 年，我国颁布了《信息交换用汉字编码字符集 基本集》（GB 2312—1980），简称国标码。国标码共收录了 6763 个汉字和 682 个其他字母和符号，共 7445 个字符。

根据一字一码的原则，国标码字符规定，每个字符由一个 2 字节代码组成，每个字节的最高位为 0，其余 7 位用于组成各种不同的码值，共有 128×128=16 384 个。由于 ASCII 码的 34 个控制代码在汉字系统中也要使用，为不致发生冲突，不能作为汉字编码，即只剩 94 种，所以汉字编码表的大小是 94×94=8836，用于表示国标码规定的 7445 个汉字和图形符号。

2）汉字输入码。为将汉字输入计算机而编制的代码称为汉字输入码，也叫机外码。汉字输入码的种类很多，它是用户与计算机进行汉字交流的第一接口。其特点有：编码短，可以减少击键次数；重码少，可以实现盲打；好学好记；具有智能化功能。目前常用的汉字输入码有以下两大类。

① 音码类：以汉语拼音为基础的编码方案，如智能 ABC、微软输入法等。特点是不需要专门学习，但汉语同音字多、重码率高，难以提高输入速度。

② 形码类：根据汉语的字形或字义进行编码，如五笔字型、表形码等。特点是它需要专门学习，适合于专业录入人员，可实现盲打。

3）汉字机内码。机内码是指计算机内部存储、处理、加工汉字时所用的代码。输入码通过键盘接收后就由汉字操作系统的“输入码转换模块”转换为机内码。每个汉字的机内码用两个字节表示，每个字节包含 8 位，这样一个汉字就用 16 位二进制数表示。当采用不同的输入方法输入某个汉字时，汉字的机外码不同，但机内码基本是统一的。有时会出现汉字乱码，主要的原因是源文件使用了与系统不同的汉字内码。

解决网页乱码的方法：①查看网页时，选择“查看”→“编码”命令，选择合适的编码；②编写网页时，需要在超文本文件中指定字符集。

4）汉字字形码。为了将汉字在显示器或打印机上输出，把汉字按图形符号设计成点阵图，就得到了相应的点阵代码（字形码）。

全部汉字字形码的集合叫汉字字库，可分为软字库和硬字库。软字库以文件的形式存放在硬盘上，目前多采用这种方式；硬字库则是将字库固化在一个单独的存储芯片中，再和其他必要的器件组成接口卡，插接在计算机上，通常称为汉卡。

用于显示的字库叫显示字库。显示一个汉字一般采用 16×16 点阵、24×24 点阵或 48×48 点阵。已知汉字点阵的大小，可以计算出存储一个汉字所需占用的字节空间。例如，用 16×16 点阵表示一个汉字，就是将每个汉字用 16 行，每行 16 个点表示，1 个点需要 1 位二进制代码，16 个点需用 16 位二进制代码（2 个字节），共 16 行，所以需要 16 行×2 字节/行=32 字节，即 16×16 点阵表示一个汉字，字形码需用 32 字节。可见点阵规模越大，显示的字形越清晰，所占用的存储空间也越大。

习　题

一、判断题

1. 世界上第一台通用计算机是 1946 年在美国研制成功的。（　）
2. 电子计算机的运算速度快，但精度不高。（　）
3. 字符 B 的 ASCII 码为 1000010，十进制值为 66。（　）
4. 计算思维是人们最近发明的新的思维方式。（　）
5. 三大科学思维包括理论思维、实验思维和计算思维。（　）
6. 计算机不但有记忆功能，还有逻辑判断功能。（　）
7. 云计算由一系列可以动态升级和被虚拟化的资源组成。（　）
8. 国际上通用的字符编码是美国标准信息交换码，简称 ABC 码。（　）
9. 机外码是用于将汉字输入计算机而设计的汉字编码。（　）
10. 计算机中的所有信息都用二进制表示。（　）

二、选择题

1. 早期的计算机主要用于（　）。
   A．科学计算　B．信息处理　C．实时监控　D．辅助设计
2. 下列有关计算机特点的说法中，（　）是不正确的。
   A．运算速度快
   B．计算精度高
   C．所有操作都是在人的控制下完成的
   D．随着计算机硬件设备和软件的不断发展和提高，计算机的价格越来越高
3. （　）是指一个数字在某个固定位置上所代表的值。
   A．位权　B．基数　C．数制　D．数值
4. 按照计算机采用的电子器件来划分，计算机的发展经历了（　）代。
   A．3　B．4　C．5　D．6
5. 目前，计算机广泛应用于企业管理，它属于（　）类应用。
   A．实时控制　B．科学计算　C．数据处理　D．辅助设计
6. 下列一组数中，最大的是（　）。
   A．$(266)_8$　B．$(111111)_2$　C．$(510)_{10}$　D．$(1FF)_{16}$

7. 二进制数 11001010 转换为十进制数是（　　）。
   A．203　　B．200　　C．202　　D．201
8. 十进制数 127 转换为二进制数是（　　）。
   A．1111111　　B．10000000　　C．1111110　　D．10000001
9. 数 100H 是（　　）的数。
   A．二进制　　B．十六进制　　C．八进制　　D．十进制
10. 目前，使用的计算机采用以（　　）为主的电子元器件。
   A．超大规模集成电路　　B．电子管
   C．中小规模集成电路　　D．晶体管

三、填空题

1. ________就是将移动通信和互联网二者结合起来成为一体。
2. 理论思维也称为________。
3. ________是指获取信息、处理信息、存储信息、传输信息等所用到的技术。
4. 国际上通用的西文编码是________。
5. 数字符号 0～9 是十进制的数码，全部数码的个数称为________。
6. ________就是物与物相连的互联网。
7. 二进制数 11001101 对应的十进制数为________。
8. ________以学科为基础的计算思维也称为构造思维。
9. ________是用于计算机内部存储、处理、加工汉字的代码。
10. 计算机的存储容量 1MB=________KB。

四、简答题

1. 什么是信息？
2. 简述计算机的特点。

第 2 章 计算机系统及网络信息安全

计算机的种类很多，尽管它们在规模、性能等方面存在很大的差别，但它们的基本结构和工作原理是相同的。一个完整的计算机系统是由硬件系统和软件系统组成的。随着计算机技术的飞速发展，计算机的硬件和软件正朝着相互渗透、相互融合的方向发展，它们之间既相互依存，又互为补充。本章主要以微型计算机为背景，介绍计算机的工作原理和系统的组成，计算机硬件系统和软件系统，网络信息安全技术，计算机病毒。通过本章的学习，学生能更深入地认识计算机，了解计算机的主要技术指标及性能评价，掌握计算机硬件、软件的基本概念，以便在不断发展的计算机环境中更好地使用计算机。

2.1 计算机工作原理和系统组成

2.1.1 计算机工作原理

计算机发展至今，尽管计算机软件和硬件技术都有很大的发展，但计算机本身的体系结构并没有明显的突破，仍然采用冯・诺依曼体系架构。冯・诺依曼的主要思想可概括为以下三点。

1. 冯・诺依曼计算机结构模型

为了实现冯・诺依曼型计算机的功能，计算机硬件系统由五大基本部件组成，即输入数据和程序的输入设备、记忆程序和数据的存储器、完成数据加工处理的运算器、控制程序执行的控制器、输出处理结果的输出设备，如图 2.1 所示。

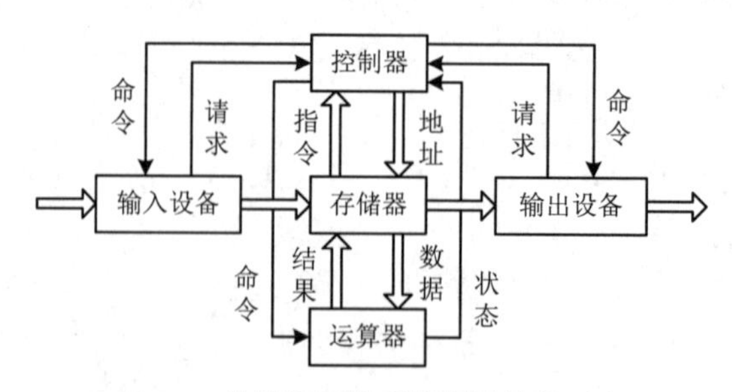

图 2.1 计算机硬件系统逻辑结构示意

（1）输入设备

输入设备是向计算机输入信息的设备。它是重要的人机接口，负责将输入的信息（包括数据和指令）转换成计算机能识别的二进制代码，送入存储器保存。常用的输入设备有键盘、鼠标、光笔、扫描仪、话筒、摄像头等。

（2）存储器

存储器是计算机记忆或暂存数据的部件。其主要功能是按照指定位置存入或取出二进制信息。计算机中的全部信息，包括原始的输入数据、经过初步加工的中间数据及最后处理完成的有用信息都存放在存储器中。而且，指挥计算机运行的各种程序，即规定对输入数据如何进行加工处理的一系列指令也都存放在存储器中。通常存储器分为内存储器和外存储器。

（3）运算器

运算器又称算术逻辑单元（arithmetic and logic unit，ALU），是计算机加工处理数据、形成信息的部件，其主要功能是算术运算（加、减、乘、除等）和逻辑运算（与、或、非、异或等）。

（4）控制器

控制器是计算机的指令控制中心，负责从存储器中取出指令，并对指令进行分析。根据指令的要求，按时间的先后顺序，向其他各部件发出控制信号，保证各部件协调一致地工作，完成各种操作。控制器主要由指令寄存器、译码器、程序计数器、操作控制器等组成。

硬件系统的核心是中央处理器（central processing unit，CPU），主要由控制器、运算器等组成，并采用大规模集成电路工艺制成的芯片，又称微处理器芯片。

（5）输出设备

输出设备是输出计算机处理结果的部件。在大多数情况下，它将这些结果转换成便于人们识别的形式。常用的输出设备有显示器、打印机、绘图仪、音箱、投影仪等。输入设备与输出设备简称 I/O（input/output）设备。

2. 采用二进制形式表示数据和指令

指令是人们对计算机发出的用来完成最基本操作的工作命令，能被计算机硬件理解并执行。指令和数据在代码形式上并无区别，都是由 0 和 1 组成的二进制代码序列，只是各自约定的含义不同。在计算机中采用二进制，使信息数字化容易实现，并可以用二值逻辑元件进行表示和处理。

3. 存储程序

存储程序是冯•诺依曼思想的核心内容，程序是人们为解决某一实际问题而设计的指令序列，指令设计及调试过程称为程序设计。存储程序意味着事先将编制好的程序（包括指令和数据）存入计算机存储器（内存储器）中，计算机在运行程序时就能自动地、联系地从存储器中依次取出指令并执行。计算机的功能很大程度上体现为程序所具有的功能。

按照冯•诺依曼的存储程序原理，计算机在执行程序时，先将要执行的相关程序和数据放入内存储器中，在执行程序时，CPU 根据当前程序指针寄存器的内容取出指令并执行指令，再取出下一条指令并执行，如此循环下去，直到程序结束时才停止执行。其工作过程就是不断地取出指令和执行指令的过程，最后将计算的结果放入指令的存储器地址中。

2.1.2 计算机系统组成

计算机系统包括硬件系统和软件系统两大部分。硬件是计算机的躯体，软件是计算机的灵魂，两者缺一不可。硬件系统是指所有构成计算机的物理实体，包括计算机系统中一切电子、机械、光电等设备。软件系统是指计算机运行时所需的各种程序、数据及有关资料。微型计算机又称个人计算机（或 PC），其系统的主要组成如图 2.2 所示。

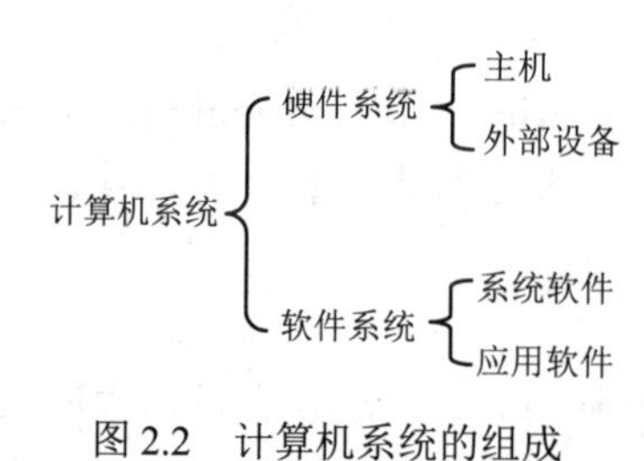

图 2.2 计算机系统的组成

1. 硬件系统

组成计算机的具有物理属性的部件统称为计算机硬件（hardware），是由电子器件和机电装置等组成的机器系统，是整个计算机的物质基础。硬件也称硬设备，如计算机的主机（由运算器、控制器、存储器组成）、显示器、鼠标、键盘等都是硬件。

2. 软件系统

计算机软件（software）是指实现算法的程序及其文档。要让计算机工作，就要对它发出各种各样的使其“理解”的指令。为完成某项任务而发送的一系列指令的集合就是程序。众多可供经常使用的各种功能的成套程序及其相应的文档组成了计算机的软件系统。

2.2 计算机硬件系统

计算机硬件系统，是指计算机中的电子线路和物理设备。它们是看得见、摸得着的实体，如用集成电路芯片、印刷线路板、接插件、电子元件和导线等装配成的 CPU、存储器及外部设备等。硬件系统是计算机的物理基础。

微型计算机（简称微机）虽然体积小，却具有许多复杂的功能和很高的性能，因此在系统组成上几乎与大型电子计算机系统相同。所以，一台微机的硬件系统必须由五个部分组成，即运算器、控制器、存储器、输入设备和输出设备。微机硬件基本组成如图 2.3 所示。

2.2.1　CPU

微型计算机的 CPU 又称为微处理器（micro-processor）。CPU 是整个计算机系统的控制中心，负责系统的数值运算和逻辑判断等核心工作，并将运算结果分送内存或其他部件，以控制计算机的整体运作。

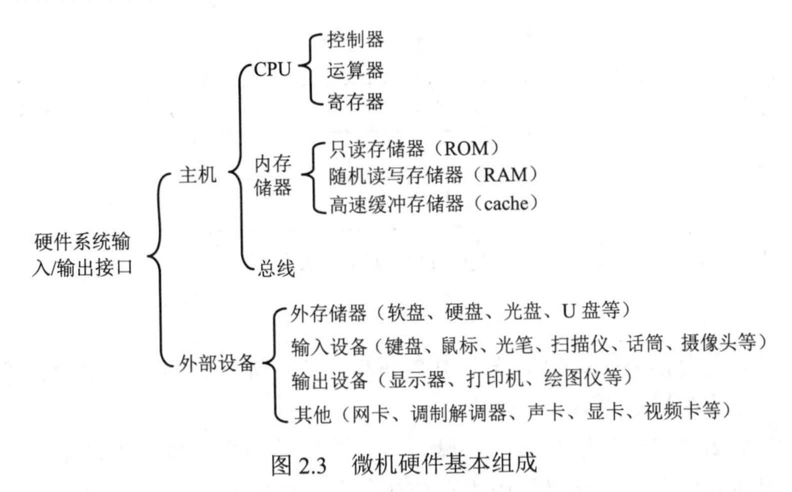

图 2.3　微机硬件基本组成

1. CPU 的一般结构

CPU 外观看上去是一个方形块状物，中间凸起部分是 CPU 核心部分封装的金属壳，在金属封装壳内部是一片指甲大小的、薄薄的硅晶片，称为 CPU 核心。在这块硅片上，密布着上亿个晶体管，它们相互配合、协调工作，完成各种复杂的运算和操作。金属封装壳周围是 CPU 基板，它将 CPU 内部的信号引接到 CPU 引脚上。基板下面有许多密密麻麻的镀金的引脚，它是 CPU 与外部电路连接的通道。大部分 CPU 底部中间有一些电容和电阻。

英特尔公司 2013 年发布的 22nm 工艺制造的 64 位 4 核 CPU Intel Core i7 4770k，外观如图 2.4 所示。

图 2.4　Intel Core i7 4770k

2. CPU 的内部组成

微处理器内部由运算器、控制器和寄存器三个部分组成，如图 2.5 所示。它们通过

CPU 内部总线连接在一起，现代微处理器中还包含高速缓冲存储器。微处理器的各部分集成在一片硅片上。

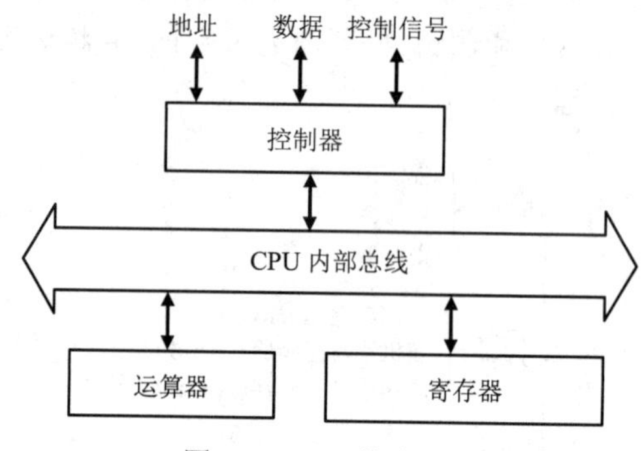

图 2.5　CPU 基本结构

（1）运算器

运算器由算术逻辑单元、通用或专用寄存器组及内部总线三部分组成。其主要功能是进行算术运算和逻辑运算。

算术逻辑单元的内部包括负责加、减、乘、除运算的加法器，以及实现与、或、非等逻辑运算的功能部件。寄存器组用来存放操作数、中间数据及结果数据。内部总线用于 CPU 内部传送数据和指令的传输通道。

（2）控制器

控制器也称控制单元，主要控制计算机的操作，如读取各种指令、完成指令的分析、传送指令及操作数、做出相应的控制、协调 I/O 操作和内存访问等。

（3）寄存器

寄存器用于临时存储指令、地址、数据和计算结果，提供数据的内部存储。

3. CPU 的主要技术参数

CPU 的技术参数是评价性能的有效指标，其主要技术参数如下。

（1）CPU 的字长

CPU 一次所能处理的数据的二进制位数叫字长。目前主流 CPU 的字长为 64 位。

（2）CPU 的主频

CPU 的主频是指内核（整数和浮点运算器）电路的实际工作频率。例如，Intel Core i7 4770k CPU 的主频为 3.5GHz。

（3）制造工艺

制造工艺指制造 CPU 的制程，或指晶体管门电路的尺寸，目前单位为 nm。CPU 的制造工艺决定着 CPU 性能的优劣。目前，主流的 CPU 制程已经达到 22nm，如 Intel Core i7 4770k 就是采用了 22nm 技术，更高的已经达到 14nm。对于 CPU 来说，更小的晶体管制造工艺意味着更高的 CPU 工作频率、更高的处理性能、更低的耗电量、更低的发热量。

（4）高速缓冲存储器（cache）的容量和速率

cache 是指在 CPU 与内存之间设置一级或两级高速小容量存储器，称为高速缓冲存储器。在计算机工作时，系统先将数据由外存储器读入 RAM 中，再由 RAM 读入 cache 中，然后 CPU 直接从 cache 中读取数据进行操作。设置高速缓冲存储器就是为了解决 CPU 与 RAM 的速度不匹配问题。

4. CPU 技术的新发展

CPU 是计算机的核心部件。2004 年以前，技术研发重点放在提升 CPU 的工作频率上，但随即遇到了一系列问题，如能耗问题、发热问题、工艺问题、量子效应问题、兼容问题等；近年来，技术研发重点转向多核 CPU、64 位 CPU、低功耗 CPU、嵌入式 CPU 等。以下只介绍其中两种。

（1）多核 CPU 技术

与传统的单核 CPU 相比，多核 CPU 带来了更强的并行处理能力，并减少了 CPU 的发热和功耗。在主要 CPU 生产厂商的产品中，双核、4 核甚至 8 核 CPU 已经占据主要地位。

为什么不用单核的设计达到用户对 CPU 性能不断提高的要求呢？这是因为能耗和发热问题限制了单核 CPU 不断提高性能的途径。如果通过提高 CPU 主频来提高 CPU 的性能，就会使 CPU 的功耗以指数（3 次方）的速度急剧上升，很快就会受到“频率高墙”的阻挡。过快的功耗上升使得 CPU 厂商采用多核架构。

多核 CPU 与单核 CPU 很大的不同就是它需要软件的支持，只有在基于线程化的软件上应用多核 CPU 才能发挥出其应有的效能。目前，绝大多数的软件是基于单线程的，多核处理器并不能为这些应用带来任何效率上的提高，因此多核 CPU 的最大问题就是软件问题。

（2）64 位 CPU 技术

64 位 CPU 技术是指 CPU 通过寄存器的数据宽度为 64 位，也就是说 CPU 可以一次处理 64 位数据。

64 位计算主要有两大优点：可以进行更大范围的整数运算和支持更大的内存。不能简单地认为 64 位 CPU 的性能是 32 位 CPU 性能的 2 倍，实际上在 32 位操作系统和应用程序下，32 位 CPU 的性能甚至会更强。要实现真正意义上的 64 位计算，仅有 64 位的 CPU 是不行的，还必须有 64 位的操作系统及 64 位的应用软件，三者缺一不可，缺少任何一种要素都无法实现 64 位计算。

2.2.2 主板

主板又叫母板或系统板，英文名称为 main-board、mother-board 或 system-board。如果把 CPU 看成计算机的大脑，那么主板就是计算机的身躯。它既是一个插槽的集合体，也是整个硬件系统的平台。微机的各个部件都要直接插在主板上或通过电缆连接在主板上，上面一组组的细金属线就是总线的物理体现。主板的中心任务是维系 CPU 与外部设备，使之协同工作，不出差错。在控制芯片组的统一调度之下，CPU 首先接收各种外来数据或命令，经过运算处理，再经由 PCI、AGP、PCI-E 等总线接口，把运算结果高速、准确地传输到指定的外部设备上。所有主板在工作原理、主要器件的设置上都差不多。主板是微型计算机系统的主体和控制中心，它几乎集合了全部系统的功能，控制着各部分之间的指令流和数据流。可以说，主板的类型和档次决定着整个微机系统的类型和档次，主板的性能直接影响着整个微机系统的性能。

主板上的插座是扩展槽，扩展槽除了保证计算机的基本功能外，主要用来扩充和升级计算机，如声卡、视频卡、传真卡等。一般来说，用户的计算机最好能够保证有两个或两个以上的空余扩展槽，可以使自己的计算机功能得到扩展。

接口是计算机的输入输出的重要通道，它的性能直接影响到计算机的性能。计算机接口一般位于机箱的后部，主要接口有串行口、并行口、键盘接口、鼠标接口、显示器接口。

随着计算机的不断发展，不同型号的微机主板结构是不一样的。典型的主板系统逻辑结构如图 2.6 所示。

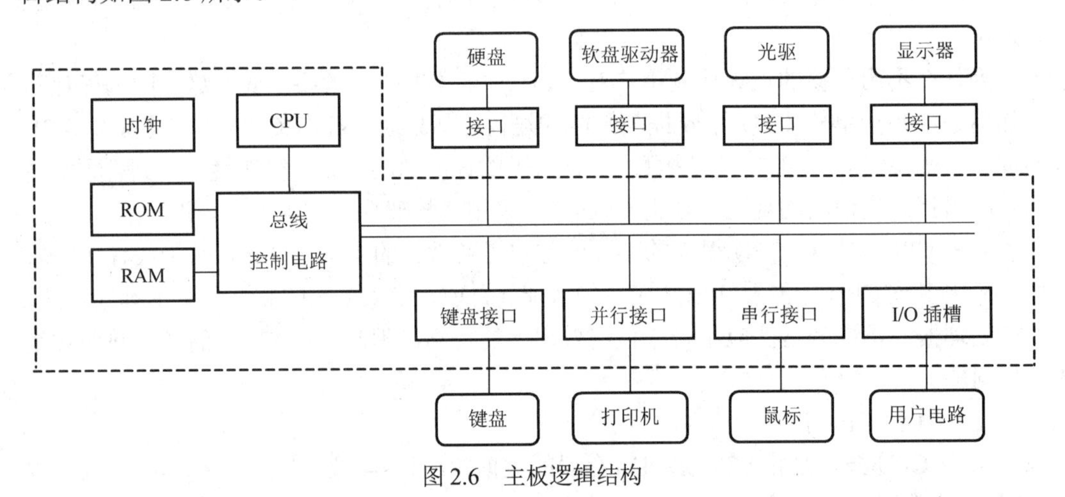

图 2.6 主板逻辑结构

主板有 XT、AT、ATX、BTX 等类型，目前市场主流为 ATX 主板，如图 2.7 所示。不同类型的 CPU 往往需要不同类型的主板与之匹配。主板性能的高低主要由北桥芯片（northbridge，也叫主桥）决定，北桥芯片性能的高低对主板总体技术性能有举足轻重的影响。一般来说，芯片组的名称就是以北桥芯片的名称来命名的。例如，英特尔 GM45 芯片组的北桥芯片是 G45，酷睿 i7 处理器 X58 系列的北桥芯片是 X58，此外还有 P45、P43、X48、790GX、790FX、780G 等。NVIDIA 还有 780i、790i 等。主板功能的多少，往往取决于南桥芯片与主板上的一些专用芯片，南桥芯片负责 I/O 总线之间的通信，如 PCI 总线、USB、LAN、ATA、SATA、音频控制器、键盘控制器、实时时钟控制器、高级电源管理等。这些技术一般比较稳定，所以不同芯片组中可能南桥芯片是一样的，不同的只是北桥芯片。

图 2.7　ATX 主板结构

主板主要部件如下。

1. 芯片组

芯片组是主板的灵魂，由一组超大规模集成电路芯片构成。芯片组控制和协调整个计算机系统的正常运转和各个部件的选型，它被固定在母板上，不能像 CPU、内存储器等进行简单的升级换代。

芯片组的作用是在基本输入/输出系统（basic input/output system，BIOS）和操作系统的控制下，按照统一规定的技术标准和规范为计算机中的 CPU、内存储器、显卡等部件建立可靠的安装、运行环境，为各种接口的外部设备提供可靠的连接。

2. CPU 插座

CPU 插座用于固定连接 CPU 芯片。由于集成化程度和制造工艺的不断提高，越来越多的功能被集成到 CPU 上。为了使 CPU 安装更加方便，现在 CPU 插座基本采用零插槽式设计。如果另配 CPU，则必须注意和主机板 CPU 插座相匹配。

目前，CPU 均采用 Socket 插座，Socket 插座根据 CPU 引脚的多少进行编号。Intel Core i7 4770k 处理器所采用的接口类型为 Socket LGA 1150 插槽。LGA 1150 的插座上有 1150 个突出的金属接触位，处理器上则与之对应有 1150 个金属触点。

3. 内存插槽

随着内存扩展板的标准化，主板给内存预留专用插槽，只要购买所需数量与主板插槽匹配的内存条，如 SDRAM（168 线）、DDR（184 线）、DDR2/3（240 线），就可以实现扩充内存和即插即用。

4. 总线扩展槽

主板上有一系列的扩展槽，用来连接各种功能插卡。用户可以根据自己的需要在扩展槽上插入各种用途的插卡，如显示卡、声卡、防病毒卡、网卡等，以扩展微型计算机的各种功能。任何插卡插入扩展槽后，都可以通过系统总线与 CPU 连接，在操作系统的支持下实现即插即用。这种开放的体系结构为用户组合各种功能设备提供了方便。

5. 输入/输出接口

微机接口的作用是使微机的主机系统与外部设备、网络及其他的用户系统进行有效连接，以便进行数据和信息的交换。例如，键盘采用串行方式与主机交换信息，打印机采用并行方式与主机交换信息。

输入/输出接口是 CPU 与外部设备之间交换信息的连接电路，它们通过总线与 CPU 相连，简称 I/O 接口。I/O 接口分为总线接口和通信接口两类。当需要外部设备或用户电路与 CPU 之间进行数据、信息交换及控制操作时，应使用微机总线把外部设备和用户电路连接起来，这时就需要使用微机总线接口；当微机系统与其他系统直接进行数字通信时使用通信接口。

总线接口，是指把微机总线通过电路插座提供给用户的一种总线插座，供插入各种功能卡。

通信接口是指微机系统与其他系统直接进行数字通信的接口电路，通常分为串行通信接口和并行通信接口两种，即串口和并口。串口用于把像 Modem 这种低速外部设备与微型计算机连接，传送信息的方式是依次进行。串口的标准是电子工业协会（electronic industry association，EIA）RS-232-C 标准。串口的连接器有 D 型 9 针插座和 D 型 25 针插座两种，位于计算机主机箱的后面板上。键盘、鼠标连接在串口上。并口多用于连接打印机等高速外部设备，传送信息的方式是按字节进行，即 8 个二进制位同时进行。打印机一般采用并口与计算机通信，并口也位于计算机主机箱的后面板上。

2.2.3 存储器

现代计算机系统中的存储器在总体上可分为两大类：内存储器和外存储器。内存储器位于系统主机板上，可以直接同 CPU 进行信息交换。其主要特点：运行速度较快，容量相对较小，系统关机（电源断开）后其内部存放的信息会丢失。外存储器虽然也安装在主机箱中，但它已属于外部设备的范畴。原因是它与 CPU 之间不能直接进行信息交换，而必须通过一个中间环节——接口电路进行。外存储器的主要特点：存储容量大，存取速度相对内存储器要慢很多，但存储的信息很稳定，无须电源支撑，系统关机后信息依然保存。

这两类存储器除工作原理、存储方式、存取速度等方面均不相同外，在制造材料上也不一样。内存储器由半导体材料制造，故也称半导体存储器。外存储器通常以磁性材料（如硬磁盘、软磁盘、磁带等）为主，也有用其他材料制造的，如用金属及合成材料制作的光盘、采用半导体材料制作的可移动闪速存储器（U盘）等。

1. 内存储器

内存储器也称为主存或内存，是微型机的一个重要组成部分。计算机执行的所有程序和操作的数据都要先放入内存储器，因此其工作速度和存储容量对系统的整体性能、系统所能解决问题的规模和效率都有很大的影响。它是直接与CPU相联系的存储设备，是微型计算机工作的基础，位于主板上。内存储器是计算机的主要技术指标之一，其容量大小和性能直接影响程序运行情况。内存储器的主要技术指标如下。

（1）内存储器的容量

在内存储器中有大量的存储单元，每个存储单元可存放1位二进制数据，8个存储单元称为1字节。内存储器的容量是指存储单元中的字节数，通常以KB、MB、GB作为内存储器的容量单位。

（2）内存储器的类型

内存储器均是半导体存储器，可分为以下两种。

1）只读存储器（read only memory，ROM）。ROM是只能读出事先所存数据的固态半导体存储器。一般是装入整机前事先写好的，整机工作过程中只能读出，而不像RAM那样能快速方便地加以改写。ROM所存数据稳定，断电后所存数据也不会改变；其结构较简单，读出较方便，因而常用于存储各种固定程序和数据。

一台计算机在通电启动时要用程序负责完成对各部分硬件的自检、引导和设置系统的输入/输出接口功能，才能使计算机完成进一步的启动过程，这部分程序称为基本输入/输出系统（BIOS），由计算机主板生产厂商固化在ROM中，一般情况下用户是不能修改这部分程序的。

2）随机存储器（random access memory，RAM）。RAM存储单元的数据内容可按需随意存入或取出，且存取的数度与存储单元的位置无关。这种存储器在断电时将丢失其存储内容，故主要用于存储短时间使用的程序。通常所说的2GB内存就是指RAM。目前，内存储器的存储容量有2GB、4GB、8GB、16GB等。使用时只要将内存条（图2.8）插在主板的内存插槽上即可。

内存储器主要有两个特点：一是内存储器中的数据可以反复使用，只有向内存储器写入新数据时，内存储器中的内容才被更新；二是内存储器中的信息会随着计算机的断电自然消失。所以，内存储器是计算机处理数据的临时存储区。要想长期保存数据，必须将数据保存在外存储器中。

2. 外存储器

外存储器即外存，也称辅存，是内存储器的延伸，其主要作用是长期存放计算机工作所需要的系统文件、应用程序、用户程序、文档和数据等。当 CPU 需要执行某部分程序和数据时，由外存储器调入内存储器以供 CPU 访问，可见外存储器的作用是扩大存储系统容量。

目前，常用的外存储器有硬盘（如可移动硬盘）、光盘和移动存储器等。通常一台微型计算机至少安装一个硬盘存储器和一个光盘驱动器。硬盘存储器的特点是存储容量大、读写速度快、密封性好、可靠性高、使用方便，有些软件在硬盘上安装一次便能长期运行。

（1）硬盘

1）机械硬盘。通常所说的硬盘是机械硬盘，分为 3.5in（1in=2.54cm）台式机硬盘、2.5in 笔记本硬盘、1.8in 微型硬盘、1.3in 微型硬盘和 1.0in 微型硬盘。机械硬盘的外观如图 2.9 所示。在应用中发现，系统显示出来的硬盘容量（volume）往往比硬盘的标称容量小，这是由不同的单位转换关系造成的。硬盘容量的单位是 GB 或 TB。在计算机中 1GB=1024×1024×1024B，而硬盘厂商通常是按照 1GB=10^9B 进行换算的。两种换算的结果会使硬盘的容量相差 7%左右。也就是说，如果一块标称是 500GB 的机械硬盘，实际具有约 465GB 的容量。

图 2.8 内存条

图 2.9 机械硬盘的外观

硬盘转速（rotational speed）是指硬盘主轴电机的转速，单位是 r/min（rotations per minute，RPM）。转速是决定硬盘内部数据传输率的关键因素，也是区分硬盘档次的重要指标。理论上讲，转速越快，硬盘的速率越快，但过高的转速会导致发热量增大、控制困难等问题。目前，常见的硬盘转速一般有 5400r/min、7200r/min、10 000r/min、12 000r/min 等几种，主流硬盘转速一般为 7200r/min。

2）固态硬盘。固态硬盘是用固体电子存储芯片阵列而制成的硬盘，其接口规范和定义、功能及使用方法与普通机械硬盘完全相同，在产品外形和尺寸上也完全与普通机械硬盘一致。由于固态硬盘没有普通机械硬盘的旋转介质，因而抗震性极佳，同时工作温度范围很宽，扩展温度的电子硬盘可在-45～85℃下工作。固态硬盘广泛应用于军事、车载、工控、视频监控、网络监控、网络终端、电力、医疗、航空、导航设备等领域。现在已有不少平板电脑和笔记本式计算机使用固态硬盘作为存储介质。固态硬盘是未来计算机硬盘使用的首选方向。

（3）光盘

光盘是多媒体数据的重要载体，具有容量大、易保存、携带方便等特点。

光盘通常是在聚碳酸酯基片上覆以极薄的铝膜而成，薄膜层之外还有一层保护作用的塑料层。基片的尺寸通常是直径 12cm 或 8cm，厚 1mm。常用光盘的种类有以下几种。

1）CD（compact disk）。CD 是出现最早的光盘。一般一张 CD 的容量为 650MB，能存储 74min 的数字音乐或电影。现在有的 CD 容量可达到 800MB。

CD-ROM 表示只读 CD。只读意味着用户不能往里写入数据或擦除数据，即作为用户只能访问制造商所记录的数据。

CD-R 表示可写 CD，用户只可以写一次，此后就只能读取，读取次数没有限制。

CD-RW 表示的是可重复读写 CD，读取次数没有限制。

2）DVD（digital video disk 或 digital versatile disk）。最早出现的 DVD 叫数字视频光盘（digital video disk），是一种只读型 DVD 光盘，必须由专用的影碟机播放。DVD 以 MPEG-2 为标准，每张光盘可存储的容量达到 4.7GB 以上。DVD 的基本类型有 DVD-ROM、DVD-Video、DVD-Audio、DVD-R、DVD-RW、DVD-RAM 等。

3）BD（blu-ray disc，蓝光光盘）。蓝光光盘是利用波长较短（405nm）的蓝色激光来读取和写入数据的，并因此而得名，是 DVD 光盘的下一时代光碟格式。在人类对于多媒体的品质要求日趋严格的情况下，蓝光光盘用于高画质的影音及高容量的资料存储。一个单层的蓝光光盘的容量为 25GB 或 27GB，足够刻录一个长达 4h 的高解析度影片。双层可达到 46GB 或 54GB，足够刻录一个长达 8h 的高分辨率影片。

（4）光盘驱动器

读取光盘的设备称为光盘驱动器（简称光驱），如图 2.10 所示。目前，大部分光驱采用 IDE 接口，采用 USB 接口的光驱多用在笔记本式计算机上。按照光驱在计算机上的安装方式划分，可分为内置式光驱和外置式光驱。内置式光驱安装在主机箱中 5.25in 软驱的位置，用 IDE 数据线连接到主板的 IDE 接口。外置式光驱有专门的保护外壳，不用安装到机箱内，一般通过并口线或 USB 电缆连接到主机。

（5）刻录机

随着光存储技术的飞速发展，更先进的光存储设备刻录机已经十分普及，并逐渐代替光驱成为计算机的标准外部设备。目前的刻录机可以分四种：CD 刻录（包含 CD-RW 刻录）、DVD 刻录（包含 DVD-RW 刻录）、HDDVD 刻录及 BD 刻录机。

需要注意的是，不管是哪种类型的刻录机，都要借助专门的刻录软件才能将数据记录在盘上。

（6）可移动外存储器

1）U 盘。U 盘采用一种可读写、非易失的半导体存储器——闪速存储器（flash memory）作为存储媒介，通过通用串行总线（universal serial bus，USB）接口与主机相连，如图 2.11 所示。U 盘因存储容量较大、价格便宜、可热插拔并且小巧的特点，目前成为主要的可移动存储设备之一。

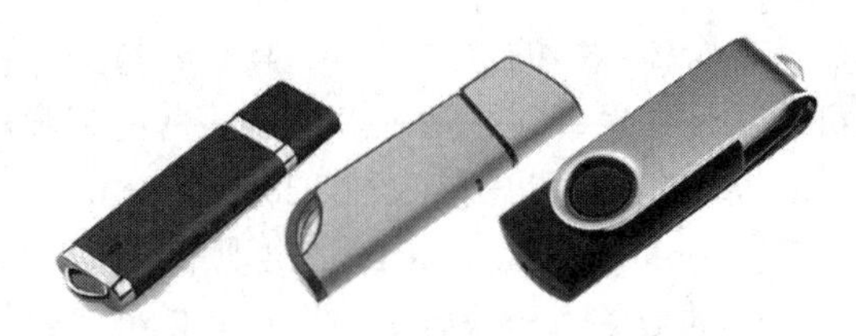

图 2.10 光盘驱动器　　图 2.11 U 盘

目前的 U 盘产品可擦写次数都在 100 万次以上，数据至少可保存 10 年。

2）USB 硬盘（移动硬盘）。虽然 U 盘具有高性能、小体积等优点，但在需要较大数据量存储的情况，其存储容量就不能满足要求。这时可使用另外一种容量更大的可移动硬盘，即采用 USB 接口的 USB 硬盘，如图 2.12 所示。市场上主流移动硬盘为 2.5in 的移动硬盘。

用一个带有 USB 接口的硬盘盒、一个笔记本式计算机专用移动式硬盘，再加一根 USB 接口线，就可构成即插即用的 USB 硬盘。采用笔记本式计算机硬盘的原因是其具有良好的抗震性能且体积较小。现在，USB 硬盘容量通常为 80GB～5TB。这类可移动硬盘的使用方法与 U 盘类似。

3）存储卡。存储卡是用于手机、数码照相机、便携式计算机、摄像头、MP3 和其他数码产品上的独立存储介质，一般是卡片的形态，故统称为存储卡，又称为数码存储卡、数字存储卡、存储卡等，如图 2.13 所示。存储卡具有体积小巧、携带方便、使用简单的优点。同时，由于大多数存储卡具有良好的兼容性，便于在不同的数码产品之间交换数据。近年来，随着数码产品的不断发展，存储卡的存储容量不断得到提升，应用也快速普及。常用的存储卡有记忆棒 MS、CF 卡、MMC 卡、SD 卡、miniSD 卡等。和计算机硬件一样，存储卡也存在兼容性的问题。不同品牌的存储卡与数码设备之间也存在一定的兼容性问题。

图 2.12 USB 硬盘

图 2.13 存储卡

2.2.4 总线和接口

1. 总线

总线是计算机中各种部件之间共享的一组公共数据传输线路。

总线是由多条信号线路组成的，每条信号线路可以传输一个二进制的 0 或 1 信号。例如，32 位的 PCI 总线就意味着有 32 根数据通信线路，可以同时传输 32 位二进制信号。任何一条系统总线都可以分为五个功能组：数据线、地址线、控制线、电源线和地线。数据总线用来在各个设备或者单元之间传输数据和指令，是双向传输的。地址总线用于指定数据总线上数据的来源与去向，一般是单向传输的。控制总线用来控制对数据总线和地址总线的访问与使用，大部分是双向的。

总线的性能可以通过总线宽度和总线频率来描述。总线宽度为一次并行传输的二进制位数。例如，32 位总线一次能传送 32 位数据，64 位总线一次能传送 64 位数据。计算机中总线的宽度有 8 位、16 位、32 位、64 位等。

主板上有七大总线，它们是前端总线（FSB）、内存总线（MB）、Hub 总线（IHA）、图形显示接口总线（PCI-E）、外部设备总线（PCI）、通用串行总线（USB）和少针脚总线（LPC）。总线的工作频率与位宽是非常重要的技术指标。

前端总线由主板上的线路组成，没有插座。前端总线负责 CPU 与北桥芯片之间的通信与数据传输，总线宽度为 64 位，数据传输频率为 100～1066MHz。

内存总线负责北桥芯片与内存条之间的通信和数据传输，总线宽度为 64 位，数据传输频率为 200MHz、266MHz、400MHz、533MHz 或更高。主板上一般有四个 DIMM 内存总线插座，它们用于安装内存条。

PCI-E 是目前计算机流行的一种高速串行总线。PCI-E 总线采用点对点串行连接方式，和以前的并行通信总线不同。它允许和每个设备建立独立的数据传输通道，不用再向整个系统请求带宽，这样也就提高了总线带宽。PCI-E 总线根据接口对位宽的要求不同而有所差异，分为 PCI-E X1、X2、X4、X8、X16、X32。因此，PCI-E 总线的接口长短不同，X1 最小，往上则越长。PCI-E X16 图形总线接口包括两条通道，一条可由显卡单独到北桥芯片，而另一条则可由北桥芯片单独到显卡，每条单独的通道均将拥有 4GB/s 的数据传输带宽。PCI-E X16 总线插座用于安装独立显卡，有些主板将显卡集成在主板北桥芯片内部，因此不需要另外安装独立显卡。

PCI 总线插座一般有 3～5 个，主要用于安装一些功能扩展卡，如声卡、网卡、电视卡、视频卡等。PCI 总线带宽为 32 位，工作频率为 33MHz。

通用串行总线（USB）是一种连接 I/O 串行设备的技术标准，突破了由于 I/O 设备的接口标准不一致和接口数量不足的局限性。自从 1996 年推出后，USB 已成功替代串口和并口，并成为当今个人计算机和大量智能设备的必配的接口之一。USB 可以主动为外部设备提供电源，允许外部设备快速连接，具有即插即用的功能，并允许外部设备的热插拔。USB 3.2 是最新的 USB 规范，该规范由英特尔公司等发起。目前，很多用户经常使用 U 盘、平板电脑、智能手机等，在 Windows 操作系统环境下，直接插入 USB 接口就可使用，系统自动检测设备并安装相关的设备驱动程序。这个功能就是即插即用功能。大多数操作系统支持即插即用技术，避免了用户使用设备时烦琐而复杂的手工安装过程和配置过程。即插即用并不是不需要安装设备驱动程序，而是意味着操作系统能自动检测到设备并自动安装驱动程序。

2. I/O 接口

接口是指计算机系统中，在两个硬件设备之间起连接作用的逻辑电路。接口的功能是在各个组成部分之间进行数据交换。主机与外部设备之间的接口称为输入/输出接口，简称 I/O 接口。

计算机的外部设备多种多样，而系统总线上的数据都是二进制数据，而且外部设备与 CPU 的处理速度相差很大，所以需要在系统总线与 I/O 设备之间设置接口，来进行数据缓冲、速度匹配和数据转换等工作。外部设备与主机之间相互传送的信号有三类：数据信号、状态信号和控制信号。接口中有多个端口，每个端口传送一类数据。从数据传送的方式看，接口可分为串行接口（简称串口）和并行接口（简称并口）两大类。串行接口中，接口和外部设备之间的数据按位进行传送，而接口和主机之间则是以字节或字进行多位并行传送，串行接口能够完成“串—并”和“并—串”之间的转换。

主板上配置的接口有 IDE 硬盘和光驱接口、SATA 串行硬盘接口、COM 串行接口、LPT 并行打印机接口、USB 接口、音箱接口 line out、话筒接口 mic、RJ-45 网络接口、1394 火线接口等。

3. 计算机线路连接

计算机系统的接线可以分为信号线与电源线，信号线的布置应当尽量避免干扰信号源，如电视机、音响设备；电源线应当注意安全性。所有接线都应当接触良好、便于维护。

计算机设备的接线集中在主机后部，如图 2.14 所示，每个插座上都标记了不同的颜色，将插头“对色入座”即可。而且绝大部分的接口有防反插装置。计算机设计规范 ATX 2.03 对计算机接口的现状、位置和颜色都有规定。

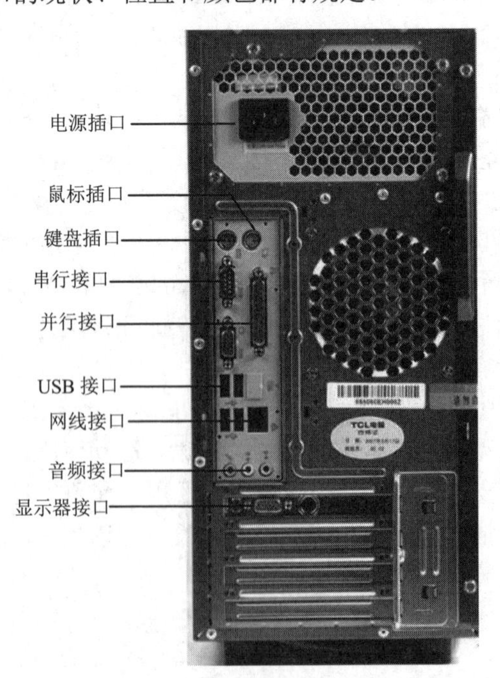

图 2.14 主机的外部接口

计算机后部最上面的是电源线插座，它是一个 3 芯 D 形插座。

目前的计算机一般有多个 USB 接口，鼠标、键盘多采用此类接口。使用 USB 接口的设备越来越多，如数码照相机、扫描仪、打印机、移动硬盘等。因为 USB 接口可以互相串接，传输速度也比较快，且最大的优点是支持带电插拔，所以应用越来越广泛。

串口（COM1，通信）为蓝色、9 针、D 形插座，一般用它连接外置调制解调器、绘图仪或串行打印机。

并口（LPT）为 D 形、桃红色、25 孔，用于连接打印机。

目前大部分主板上集成了声卡，主机背面一般提供三个圆形音频插孔，即线性音频输出接口（line out），一般用于接有源音箱信号线插头；线性音频输入接口（line in），一般用于连接音响的输入插座；话筒信号输入接口（mic），用于接话筒信号线插头。

计算机主机下面的显示信号插座（VGA）为 D 形 3 排 15 孔，插入显示器信号线后，应当拧紧插头上的固定螺钉，这样可以保证信号的可靠连接。计算机各种外部接口如表 2.1 所示。

表 2.1　计算机外部接口

名称	标注	数量	颜色	接口说明
通用串行接口、键盘、鼠标	USB	4	黑	扁形 4 针
串口	COM	1	蓝	D 形 2 排 9 针
并口	LPT	1	桃红	D 形 2 排 25 孔
音频输入	line in	1	绿	圆形口
音频线性输出	line out	1	天蓝	圆形口
话筒音频输入	mic	1	粉红	圆形口
局域网接口	LAN	1	黑	梯形口
显示器接口	VGA	1	蓝	D 形 3 排 15 孔

2.2.5　输入/输出设备

微处理器在运行中所需要的程序和数据由外部设备输入，而处理的结果则要输出到外部设备中。控制并实现信息输入输出的就是输入输出系统（input/output system，I/O 系统）。

由于外部设备的多样性和复杂性，同时大量的信息传送是在主机与外部设备间进行，输入/输出技术在现代计算机系统中占据了相当重要的地位。本节将简要介绍几种最基本的 I/O 设备。

1. 输入设备

输入（input）设备主要用于把信息与数据转换成电信号，并通过计算机的接口电路将这些信息传送至计算机的存储设备中。常用的输入设备有键盘、鼠标和扫描仪等。

（1）键盘

键盘是计算机系统的一个重要的输入设备，如图 2.15 所示，也是计算机与外界交换信息的主要途径。

目前，键盘向耐用、方便、舒适的方向发展，并且具有防水功能，推出了多媒体键盘、手写键盘、无线键盘和人体工程学键盘等。现在流行的键盘是 101 键和 104 键键盘。

（2）鼠标

鼠标是增强键盘输入功能的重要设备，Windows 的绝大部分操作是基于鼠标来设计的，如图 2.16 所示。目前大量的软件支持并要求使用鼠标，没有鼠标这些软件将难以使用。

图 2.15　键盘

图 2.16　鼠标

按鼠标的工作原理划分，主要包括以下几类。

1）机械鼠标：机械鼠标下部有一个可以滚动的小球，鼠标在桌面上移动时，通过内部橡胶球的滚动带动两侧的转轮。光标随着鼠标的移动而移动，且移动方向一致。这种鼠标原理简单，成本低；但易沾染灰尘，影响移动速度，机械装置容易磨损。目前，多数机械鼠标除了有两个按键外，中间还有一个滚轮，所以这种鼠标也叫滚轮鼠标。

2）光电鼠标：光电鼠标内部有一个发光元件和两个聚焦透镜，发射光经过透镜聚焦后从底部小孔向下射出，照在鼠标下面的平板上，然后反射回鼠标内。当鼠标在平板上移动时，根据平板上反射光的强弱变化，鼠标内部将强弱变化的反射光变成电脉冲，并对电脉冲进行计数，即可测出鼠标移动的距离。新型光电鼠标已经成为市场主流，这种鼠标更适合用于 CAD 制图等精度要求比较高的场合。

3）无线鼠标：无线鼠标不使用电缆来传输数据，而是在鼠标中内置发射器，将数据传输到接收器上，再由接收器传给计算机。无线鼠标的使用者可避免桌面上众多电缆的烦扰，并可远距离使用，但无线鼠标的价格相对较高。

随着蓝牙（bluetooth）无线传输技术的发展，现在的很多笔记本式计算机内置了蓝牙模块，与之对应的蓝牙设备也层出不穷，蓝牙无线鼠标也得到了广泛的应用。

（3）扫描仪

扫描仪是一种光电一体化的高科技产品，是将各种形式的图像信息输入计算机的重要工具。扫描仪由扫描头、主板、机械结构和附件四部分组成，按照其处理的颜色可以分为黑白扫描仪和彩色扫描仪。

2. 输出设备

输出（output）设备将计算机处理的结果通过接口电路以人或机器能识别的信息形式显示或打印出来。常用的输出设备有显示器、打印机和绘图仪等。

（1）显示器

显示器是最重要的输出设备，经过计算机处理的数据信息首先通过它显示出来，以便用户同计算机进行交流。显示器的形状就像电视机一样，按照显示管对角线的尺寸可分为17in、19in、22in或更大尺寸的显示器。显示器也同电视机一样分为单色和彩色两种类型。单色显示器（简称单显）价格便宜，一般用于对色彩要求不高，而又要求长期连续工作的部门，多用作超市收银机，不被家庭用户所接受。

显示器按照显示管分类，分为阴极显示管（cathode ray tube，CRT）显示器（采用电子枪产生图像）、液晶显示器等（liquid crystal display，LCD），如图2.17所示。

（a）CRT 显示器

（b）液晶显示器

图2.17 显示器

分辨率是显示器的一个重要指标，分辨率越高，图像就越清晰。分辨率就是屏幕图像的精密度，是指显示器所能显示的像素。由于屏幕上的点、线和面都是由像素组成的，显示器可显示的像素越多，画面就越精细，同样的屏幕区域内能显示的信息也越多，因此分辨率是一个非常重要的性能指标之一。可以把整个图像想象成一个大型的棋盘，而分辨率的表示方式就是所有经线和纬线交叉点的数目。例如，16：9屏幕比例的显示器分辨率为1600×900像素或1920×1080像素。

液晶显示器按照屏幕长宽比例还可分为普通液晶显示器和宽屏液晶显示器。普通液晶显示器的屏幕长宽比例为4：3，而宽屏液晶显示器的屏幕比例为16：9、15：10或16：10。与普通液晶显示器相比，宽屏液晶显示器的分辨率可以达到更高。

（2）打印机

打印机（图2.18）是计算机的基本输出设备之一，与显示器最大的区别是将信息输出在纸上。打印机并非是计算机不可缺少的一部分，而是仅次于显示器的输出设备。用户经常需要使用打印机将在计算机中创建的文稿、数据信息打印出来。

图 2.18 打印机

（3）绘图仪

绘图仪是一种输出图形硬拷贝的输出设备。绘图仪可以绘制各种平面、立体的图形，已成为计算机辅助设计中不可缺少的设备。绘图仪按工作原理分为笔式绘图仪和喷墨绘图仪。绘图仪主要用于建筑、服装、机械、电子、地质等行业中。

2.2.6 主要技术指标

计算机的主要技术指标有性能、功能、可靠性、兼容性等技术参数，技术指标的好坏由硬件和软件两方面因素决定。

1. 性能指标

性能主要指计算机的速度与容量。计算机运行速度越快，在某一时间内处理的数据就越多，性能也就越好。存储器容量也是衡量性能的一个重要指标，大容量的存储器是由于海量数据的需要。计算机的性能往往可以通过专用的基准测试软件进行测试，主要性能指标有以下几个。

（1）字长

字长是指 CPU 能够同时处理的二进制比特（bit）数目。它直接关系计算机的计算精度、功能和速度。字长越长，计算精度越高，处理能力越强。微型计算机字长有 8 位、16 位、32 位、64 位。

（2）主频

CPU 的标准工作频率就是 CPU 主频。换句话说，主频即 CPU 的时钟频率，CPU 在 1s 内能够完成的工作周期数，这是一个很重要的性能指标。CPU 主频以 GHz（吉赫）为单位计算，1GHz 指每秒 10 亿次（脉冲）。主频越高，单位时间内完成的指令数也越多。目前主流的微型计算机 CPU 主频是 2.8GHz、3.0GHz、3.2GHz。

（3）运算速度

由于计算机执行不同的运算所需要的时间不同，因此只能用等效或平均速度来衡量运算速度。一般以计算机单位时间内执行的指令条数来表示运算速度。

（4）存取周期

存取周期是指对内存储器进行一次读/写操作所需要的时间。

（5）内存储器容量

内存储器容量是指内存储器中能够存储信息的总字节数，以KB、MB、GB、TB为单位，反映了内存储器存储数据的能力。内存储器容量的大小直接影响计算机的整体性能。

2. 功能指标

功能指计算机提供服务的类型。随着计算机的发展，3D图形功能、多媒体功能、网络功能、无线通信功能等都已经在计算机上实现，语音识别、指纹识别、笔识别等功能也在不断探索和解决之中，计算机的功能将越来越多。计算机硬件提供了实现这些功能的基本硬件环境，而功能的多少、实现的方法主要由软件决定。例如，网卡提供了信号传输的硬件基础，而浏览网页、收发邮件、下载文件等功能则由软件实现。

3. 可靠性指标

可靠性指计算机在规定工作环境下和恶劣工作环境下稳定运行的能力。例如，计算机经常性死机或重新启动，说明计算机的可靠性不好。可靠性是一个很难测试的指标，往往只能通过产品的工艺质量、产品的材料质量、厂商的市场信誉来衡量。在某些情况下，也可以通过极限测算的方法进行检测。例如，不同厂商的主板，由于采用同一芯片组，它们的性能相差不大，但是，由于采用不同的工艺流程、不同的电子元件材料、不同的质量管理方法，产品的可靠性将有很大差异。

4. 兼容性指标

兼容性一般包括硬件的兼容、数据和文件的兼容、系统程序和应用程序的兼容、硬件和软件的兼容等。对于用户而言，兼容性越好，则越便于硬件和软件的维护及使用；对于机器而言，更有利于机器的普及和推广。硬件产品的兼容性不好，一般可以通过驱动程序或补丁程序解决；软件产品的不兼容，一般通过软件修正或产品升级解决。

2.3　计算机软件系统

计算机系统由两大部分组成——计算机硬件和计算机软件。如果只有计算机硬件，则称为计算机裸机，无法单独完成各项工作。因此，必须有计算机软件相配合才能完成各种预定的任务。计算机软件是各种程序和相应文档资料的总称。计算机系统的软件极为丰富，通常分为系统软件和应用软件两大类。

2.3.1　系统软件

系统软件支持应用软件的运行，为用户开发应用系统及使用应用软件提供一个平台，用户可以使用，但一般不随意修改它。系统软件一般包括操作系统、语言处理程序、诊断程序和数据库系统等。

1. 操作系统

操作系统（operating system，OS）是最基本、最重要的系统软件，负责管理计算机系统的全部软件资源和硬件资源，合理地组织计算机各部分协调工作，为用户提供操作和编程界面。

随着计算机技术的迅速发展和计算机的广泛应用，用户对操作系统的功能、应用环境、使用方式不断提出新的要求，因而逐步形成了不同类型的操作系统。目前微型计算机、平板电脑常用的操作系统有 Windows 操作系统、Linux 操作系统、Mac 操作系统、Android 操作系统等。

（1）Windows 操作系统

1）Windows 的发展。1981 年，Xerox 公司推出了世界上第一个商用图形用户界面（GUI）的操作系统，用于 Star 8010 工作站，虽然并没有成功，但这标志着 Windows 的起源。

1983 年，苹果公司研制成功在微机上使用的 GUI 系统—— Apple Lisa，此后又推出第二个系统 Apple Macintosh，这也是第一个成功的商业 GUI 系统。

1983 年，微软公司宣布开始研究 Windows 操作系统，并在 1985 年 11 月发布了第一代窗口式多任务系统 Windows 1.0 版本，使个人计算机开始进入图形用户界面时代。实际上，Windows 1.0 版本只是对 MS-DOS 的一个扩展，本身并不是一款操作系统，但提供了有限的多任务能力，并支持鼠标。

1987 年年底，微软公司又推出了 MS Windows 2.0 版本，它具有窗口重叠功能，窗口大小也可以调整，并可把扩展内存和扩充内存作为磁盘高速缓存，从而提高了整台计算机的性能。此外，它还提供了众多应用程序。

1990 年，微软公司发布了全新的 Windows 3.0 版本。Windows 3.0 版本不但拥有全新外观，其保护和增强模式还能够更有效地利用内存。Windows 3.0 版本获得了巨大成功，两年内销售量就达到 1000 万份复制。随后，微软公司发布 Windows 3.1 版本，而且推出了相应的中文版。

1995 年，微软公司推出了 Windows 95 操作系统，这在操作系统发展史上具有里程碑意义，它对 Windows 3.1 版本做了许多重大改进，并在很多方面做了进一步的改进，还集成了网络功能和即插即用功能，是一个全新的 32 位操作系统。Windows 95 操作系统使得 PC 和 Windows 操作系统真正实现了平民化。由于捆绑了 IE，Windows 95 操作系统成为用户访问互联网的“门户”。Windows 95 操作系统还首次引进了“开始”按钮和任务栏。但由于 Windows 95 操作系统移植了 Windows 3.11 操作系统的大部分架构，这就使得它的一部分代码在 32 位模式下运行，另一部分代码则仍然在 16 位模式下运行，造成系统运行时会经常需要在这两种模式间切换。此外，微软公司不断发布补丁软件，解决 Windows 95 操作系统存在的问题。

为提高 Windows 95 操作系统的稳定性，1998 年，微软公司推出了 Windows 98 操作系统。这一系统的最大特点就是把微软公司的 Internet Explorer 技术整合到 Windows 操作系统，使得访问 Internet 资源就像访问本地硬盘一样方便，从而更好地满足了人们越来越多的访问 Internet 资源的需要。

2000 年 2 月 17 日，微软公司正式发布 Windows 2000 操作系统。Windows 2000 操作系统系列包括 Windows 2000 Professional、Windows 2000 Server、Windows 2000 Advanced Server。Windows 2000 操作系统和 Windows 98 操作系统有本质的不同，它是建立在 NT 技术基础上的，其稳定性、可靠性是 Windows 98 操作系统无法比拟的。

2000 年 9 月 14 日，微软公司正式发布 Windows Me 操作系统，它是最后一个基于 DOS 的混合 16 位/32 位的 Windows 9x 系列的 Windows 操作系统。Windows Me 摒弃了 DOS 模式，提升了系统速度，减少了对系统资源的使用。然而这对基于 DOS 源代码的 Windows Me 操作系统造成了不利影响，即造成了系统比 Windows 98 操作系统更不稳定，甚至造成 Windows Me 操作系统运行得比 Windows 98 操作系统慢，并且经常有蓝屏死机现象。

2001 年 10 月 25 日，微软公司发布了新款视窗操作系统——Windows XP 操作系统（视窗操作系统体验版）。Windows XP 操作系统最初有两个版本，即家庭版（home）和专业版（professional）。家庭版的消费对象是家庭用户，专业版则在家庭版的基础上添加了新的面向商业的设计的网络认证、双处理器等特性。字母 XP 表示英文单词的“体验”（experience）。它包括简化的 Windows 2000 操作系统的用户安全特性，并整合了防火墙，以解决长期以来困扰微软公司的安全问题。

Windows Server 2003 操作系统是微软公司继 Windows XP 操作系统后发布的又一个产品。其提供的各种内置服务及重新设计的内核程序与 2000/XP 版本有本质的区别。这个版本专门针对 Web 服务进行优化，并且与.Net 技术紧密结合，提供了快速的开发、部署 Web 服务和应用程序的平台。

Windows Vista 操作系统于 2007 年 1 月发布，采用全新的图形用户界面。但软、硬件厂商没有及时推出支持 Vista 的产品，有关它的负面消息很多，销售也受到严重影响。许多 Windows 操作系统用户仍然坚持使用 Windows XP 操作系统。微软公司于 2007 年发布了 Vista SP1，修正了 Vista 存在的问题。

Windows 7 操作系统于 2009 年 10 月 22 日发布，也发布了服务器版本——Windows Server 2008 R2 操作系统。Windows 7 操作系统做了许多方便用户的设计，如快速最大化、窗口半屏显示、跳转列表（jump list）、系统故障快速修复等。Windows 7 操作系统大幅缩减了 Windows 操作系统的启动时间，提高了开机速度。

Windows 8 操作系统由微软公司于 2012 年 10 月 26 日正式推出，具有革命性变化的操作系统。系统独特的开始界面和触控式交互系统，旨在让计算机操作更加简单和快捷，为用户提供高效易行的工作环境。Windows 8 操作系统大幅改变了以往的操作逻辑，提供更佳的屏幕触控支持。新系统采用全新的 Modern UI（新 Windows UI）风格用户界面，各种应用程序、快捷方式等能以动态方块的样式呈现在屏幕上，用户可自行融入常用的浏览器、社交网络、游戏、操作界面。

Windows 10 是美国微软公司所研发的新一代跨平台及设备应用的操作系统，它是微软发布的最后一个独立 Windows 版本，其共有 7 个发行版本，分别面向不同用户和设备。2017 年 4 月 11 日，微软发布 Windows 10 创意者更新（creators update，build 15063）正式版系统，这款系统是继之前首个正式版、秋季更新版、一周年更新版之后的第四个正式版，也是目前为止最为成熟稳定的版本。

2）Windows 操作系统的组成。Windows 操作系统是由系统文件、外部过程文件和一系列应用程序组成的。系统文件和外部过程文件随系统一起安装到计算机中，而系统文件随着系统的启动直接加载到内存储器供用户使用；外部过程文件则放在外存储器，需要时由外存储器调入内存储器工作。应用程序则以独立的软件方式存在，根据用户的需要安装到系统中，如 Office 套件、Visual Basic、Visual C++等。

3）Windows 操作系统的特点。Windows 操作系统以窗口的形式显示信息，它提供了基于图形的人机对话界面。与早期的操作系统 DOS 相比，Windows 操作系统更容易操作，更能充分有效地利用计算机的各种资源。它的主要特点如下。

① 统一的图形窗口界面和操作方法。Windows 操作系统的用户界面是图形化界面、窗口方式，直观、易学易用。

② 易用性和兼容性。Windows 操作系统通过双击访问应用程序、文档或进行系统设置。单击任务栏上的按钮可以在应用程序之间切换；具有添加硬件、添加和删除程序等多种向导；具有硬件自动检测功能，支持“即插即用”技术；方便用户安装和配置各种硬件设备和应用软件。在系统中可以运行 DOS 应用程序，具有良好的兼容性。

③ 支持多任务、多窗口。在 Windows 操作系统中可以同时运行多个程序，可以同时打开多个窗口，每个窗口代表着一个应用程序或用户文档，窗口之间可以随意切换。

④ 先进的内存管理。Windows 操作系统实现了自动内存管理技术，根据应用程序的大小自动地分配适当的内存空间，使每个应用程序在不同内存空间中运行。

⑤ 数据共享。Windows 操作系统为各程序之间的数据共享提供了剪贴板及对象嵌入和对象链接技术。

⑥ 具有丰富的应用程序。Windows 操作系统自带一些应用程序和实用工具，如写字板、画板、计算器等程序，并与 Internet Explorer 浏览器紧密集成。

⑦ 内置网络和通信功能。支持局域网管理，为其他网络产品提供接口。有内置的网络功能，直接支持联网和网络通信。

⑧ 支持多媒体技术。多媒体已成为操作系统的标准组成的一部分。Windows 操作系统含有多种外部设备驱动程序，支持多种硬件安装、内置对光盘驱动器的支持及自动播放功能、支持多种多媒体接口和数据格式等，是多媒体的理想平台。

（2）Linux 操作系统

1）Linux 操作系统的发展。Linux 操作系统是目前全球最大的一个自由软件，它是一个可与商业 UNIX 和微软公司 Windows 操作系统系列相媲美的操作系统，具有包括完备的网络应用在内的各种功能。

Linux 最初由芬兰人 Linus Torvalds 开发，其源程序在 Internet 上公布以后，激发了全球计算机爱好者的开发热情，许多人下载该源程序并按自己的意愿完善某一方面的功能，再发回到网上，Linux 也因此被雕琢成为一个全球最稳定的、最有发展前景的操作系统。

Linux 操作系统是一个诞生于网络、成长于网络且成熟于网络的操作系统。Linux 操作系统是一套免费使用和自由传播的类 UNIX 操作系统，Linux 操作系统放在 Internet 上，允许自由下载。许多程序设计人员对这个操作系统进行改进、扩充、完善。可以说，这个系统是由成千上万的程序员设计和实现的，其目的是建立不受任何商品化软件的版权制约、全世界都能自由使用的软件产品。

Linux 操作系统之所以受到广大计算机爱好者的喜爱，主要原因有以下三个。

① 它属于自由软件，用户不用支付任何费用就可以获得它和它的源代码，并且可以根据自己的需要对它进行必要的修改，无偿使用，无约束地继续传播。

② 它具有 UNIX 操作系统的全部功能，任何使用 UNIX 操作系统或想要学习 UNIX 操作系统的人都可以从 Linux 操作系统中获益。Linux 操作系统目前在工作站上非常流行，但由于它缺少专业操作系统的技术支持和稳定性，不能用于关键任务的服务器。

③ 它集成了 WWW 服务器、FTP 服务器、数据库等 Internet 的服务，方便用户使用于 Web 应用。

2）Linux 操作系统的特点。经过数十年的发展，Linux 操作系统已经发展得相当完善，并且在科研、教育、政府、商业及个人方面拥有相当多的用户。Linux 操作系统技术特点如下。

① 继承了 UNIX 操作系统的优点，又有了许多更好的改进，有开放、协作的开发模式，能紧跟技术发展潮流，具有极强的生命力。

② 全面支持 TCP/IP，内置通信联网功能，并方便地与 LAN Manager、Windows for Workgroups、Novell Netware 网络集成，使异种机能方便地联网。

③ 完整的 UNIX 操作系统开发平台，支持一系列 UNIX 操作系统开发工具，几乎所有主流语言都已移植到 Linux 下。

④ 提供庞大的管理功能和远程管理功能，支持大量外部设备。

⑤ 支持 32 种文件系统。

⑥ 提供 GUI，有图形接口 X-Window、多种窗口管理器。

⑦ 支持并行处理和实时处理，能充分发挥硬件性能。

⑧ 源代码开放，可以很方便地下载，在 Linux 操作系统平台上开发软件成本低，有利于发展各种特色的操作系统。

Linux 操作系统的中文化也已经取得很大成就，Turbo Linux 公司的 Turbo Linux 操作系统在中文化等领域取得了相当的成绩。国内科研院校和公司也积极投入 Linux 操作系统内核和发布版的研究开发。

（3）苹果操作系统

1）Mac OS 是将 Macintosh 系统应用在计算机上的操作系统。Mac OS 是首个在商用领域成功的图形用户界面操作系统。现行的最新的系统版本是 OS X 10.12。Mac 系统是苹果机专用系统，一般情况下在普通 PC 上无法安装；是基于 UNIX 内核的图形化操作系统，由苹果公司自行开发。苹果机的操作系统的许多特点和服务都体现了苹果公司的理念。

另外，疯狂肆虐的计算机病毒几乎都是针对 Windows 操作系统的，由于 Mac 的架构与 Windows 操作系统不同，很少受到病毒的袭击。苹果公司不仅自己开发系统，也涉及硬件的开发。

2）iOS 操作系统是由苹果公司开发的手持设备操作系统。苹果公司最早于 2007 年 1 月 9 日的 Macworld 大会上公布这个系统，最初是设计给 iPhone 使用的，后来陆续套用到 iPod touch、iPad 及 Apple TV 等苹果产品上。iOS 与苹果的 Mac OS 一样，也是以 Darwin 为基础的，因此同样属于类UNIX的商业操作系统。原本这个系统名为iPhone OS，直到 2010 年 6 月 7 日 WWDC 大会上宣布改名为 iOS。2021 年 9 月，苹果公司正式发布 iOS 15。

（4）Android 操作系统

Android 操作系统是一种基于 Linux 的自由及开放源代码的操作系统，主要使用于移动设备，如智能手机和平板电脑，由 Google 公司和开放手机联盟领导及开发。Android 一词的本义指“机器人”，也是谷歌于 2007 年 11 月 5 日宣布的基于 Linux 平台的开源手机操作系统的名称，该平台由操作系统、中间件、用户界面和应用软件组成。

2. 语言处理程序

人和计算机交流信息使用的语言称为计算机语言或程序设计语言。计算机语言通常分为机器语言、汇编语言和高级语言三类。程序是用某种计算机程序设计语言根据问题的要求编写而成的计算机代码，计算机完成操作的基础就是执行程序。随着计算机语言的进化，程序也越来越趋近于人而脱离机器。对于用高级语言编写的程序，计算机是不能直接识别和执行的。要执行高级语言编写的程序，首先要将该程序通过语言处理程序翻译成计算机能识别和执行的二进制机器指令，然后供计算机执行。不同的高级语言对应不同的语言处理程序。例如，Turbo C 是 DOS 系统下的 C 语言处理程序；Visual C++ 是 Windows 系统下的 C 语言处理程序。

3. 诊断程序

诊断程序主要用于对计算机系统硬件进行检测，能对 CPU、内存储器、驱动器、显示器、键盘及 I/O 接口的性能和故障进行检测。

4. 数据库系统

数据库系统是 20 世纪 60 年代后期才产生并发展起来的，是计算机科学中发展较快的领域之一，主要面向解决数据处理的非数值计算问题。目前，其主要用于档案管理、财务管理、图书资料管理及仓库管理等的数据管理。

这类数据的特点是数据量比较大，数据处理的主要内容为数据的存储、查询、修改、排序和分类等。数据库技术是针对这类数据的处理而产生和发展起来的，至今仍在不断地发展和完善。

5. 网络管理软件

网络管理软件主要是指网络通信协议及网络操作系统。其主要功能是支持终端与计算机、计算机与计算机及计算机与网络之间的通信，提供各种网络管理服务，实现资源共享，并保障计算机网络的畅通无阻和安全使用。

2.3.2　应用软件

除了系统软件以外的所有软件都称为应用软件，是由计算机生产厂家或软件公司为支持某一应用领域、解决某个实际问题而专门研制的应用程序。应用软件是人们使用各种各样的程序语言编写的，如 Office 套件、标准函数库、计算机辅助设计软件、图形处理软件、解压缩软件、反病毒软件等。用户通过这些应用软件完成自己的任务。例如，利用 Office 套件创建文档、利用反病毒软件清理计算机病毒、利用解压缩软件解压缩文件、利用 Outlook 收发电子邮件、利用图形处理软件绘制图形等。

近些年来，随着计算机应用领域越来越广，辅助各行各业的应用开发的软件犹如雨后春笋层出不穷，如多媒体制作软件、财务管理软件、大型工程设计软件、服装裁剪软件、网络服务工具及管理信息系统等。这些应用软件不需要用户学习计算机编程，直接使用就能够解决本行业中存在的各种问题。

常用的通用应用软件可分为以下几类。

1）办公自动化软件。应用较为广泛的有微软公司开发的 Office 软件，它由几个软件组成，如文字处理软件 Word、电子表格软件 Excel 等。国内优秀的办公自动化软件有 WPS 等，IBM 公司的 Lotus 也是一套非常优秀的办公自动化软件。

2）多媒体应用软件。包括图像处理软件 Photoshop、动画设计软件 Flash、音频处理软件 Audition、视频处理软件 Premiere、多媒体创作软件 Authorware 等。

3）辅助设计软件，如机械、建筑设计辅助软件 AutoCAD，网络拓扑设计软件 Visio，电子电路辅助设计软件 Protel 等。

4）企业应用软件，如用友财务管理软件、SPSS 统计分析软件等。

5）网络应用软件，如网页浏览器软件 IE、即时通信软件 QQ、网络下载软件迅雷等。

6）安全防护软件，如 360 杀毒软件、天网防火墙软件等。

7）系统工具软件，如文件压缩与解压软件 WinRAR、数据恢复软件 EasyRecovery、系统优化软件 Windows 优化大师、磁盘克隆软件 Ghost 等。

8）娱乐休闲软件，如各种游戏软件、电子杂志、音频、视频等。

9）程序开发软件，如 Visual Studio、JCreator、Java 等。

2.4 网络信息安全技术

在当今的信息社会，信息技术飞速发展、广泛应用，信息安全，特别是网络信息安全已经与每个人的日常生活紧密相关。越来越多的公司通过使用互联网来经营其业务，行政机关和政府部门借助计算机存储重要的信息和数据，个人则利用计算机与多样化的终端设备享受互联网带来的快捷和便利。但是网络的开放性、互联性和匿名性等特征，致使大到重要的行政、军事信息，小到个人的隐私信息等各类敏感信息，不可避免地在互联网上传递和存储。对计算机罪犯和黑客而言，这些都是他们所侵犯的目标。若没有对这些信息进行恰当的保护，以满足其安全性的要求，则个人、公司、各类组织乃至国家将会面临巨大的经济风险和信任风险。因此，现代网络信息的安全性和可靠性问题已经成为世界各国共同关注的焦点，也成为热门研究和人才需要的新领域。以下将主要介绍信息安全的基本概念和信息安全技术等内容，使读者了解信息安全的重要性和防范技术，掌握计算机病毒的识别和防治技术。

2.4.1 网络信息安全概述

1. 网络信息安全的概念

网络信息安全，是指依靠网络管理控制与技术措施，使系统中的硬件、软件和数据受到保护，不因偶然和恶意的原因而遭到破坏、更改和泄漏，保证系统连续正常运行，从而确保网络上数据信息的保密性、完整性、可用性、可控性和不可否认性。信息安全就是使信息在产生、传输、存储及处理的过程中不被泄露或者破坏。

2. 网络信息安全的技术特征

网络信息安全的概念中所提到的完整性、保密性、可用性、可控性和不可否认性是网络信息安全的基本特性和目标，反映了网络安全的基本要素、属性和技术方面的重要特征。

（1）完整性

网络信息安全的完整性，是指信息在存储、传输、交换和处理各环节中保持非修改、非破坏及非对视等特性，确保信息保持原样性。

（2）保密性

网络信息安全的保密性，是指严密控制各个可能泄密的环节，杜绝私密及有用信息在产生、传输、处理及存储过程中泄露给非授权的个人和实体。

（3）可用性

网络信息安全的可用性，是指网络信息能被授权使用者所使用，既能在系统运行时被正确地存取，也能在系统遭受攻击和破坏时恢复使用。

（4）可控性

网络信息安全的可控性，是指能有效控制流通于网络系统中的信息传播和具体内容的特性，对越权利用网络信息资源的行为进行抵制。

（5）不可否认性

网络信息安全的不可否认性也称为可审查性，是指网络通信双方在信息交换的过程中，保证参与者都不能否认自己的真实身份、所提供信息原样性及完成的操作和承诺。

3. 信息系统面临的安全威胁

1）基本威胁。安全的基本目标是实现信息的保密性、完整性和可用性。对信息系统来说，这三个基本目标的威胁就是基本威胁。

① 信息泄露：敏感数据有意或无意泄露、丢失或透露给某个未授权的实体。信息泄露包括信息在传输中被丢失或泄露；通过信息流向、流量、通信频度和长度等参数的分析，推测出有用信息。

② 完整性破坏：以非法手段取得对信息的管理权，通过未授权的创建、修改、删除等操作而使数据的完整性受到破坏。

③ 拒绝服务：信息或信息系统资源等的被利用价值或服务能力下降或丧失。

④ 未授权访问：未授权实体非法访问信息系统资源，或授权实体超越权限访问信息系统资源。非法访问主要有假冒和盗用合法身份攻击，非法进入网络系统进行操作，合法用户以未授权的方式进行操作等形式。

2）黑客攻击。黑客（hacker）源于英语动词hack，他们通常具有硬件和软件的高级知识，并有能力通过创新的方法剖析系统。网络黑客的主要攻击手法有获取口令、放置木马程序、WWW的欺骗技术、电子邮件攻击、通过一个结点攻击另一结点、网络监听、寻找系统漏洞、利用账号进行攻击、窃取特权。

3）安全管理问题。管理策略不够完善，用户安全意识淡薄，对计算机安全不重视。

4）网络犯罪。网络人口的增长惊人，但是，这种新的通信技术尚未规范，也带来很多法律问题。各国网络的广泛使用，网络人口的比例越来越高，素质又参差不齐，网络也会成为一种新型的犯罪工具、犯罪场所和犯罪对象。

4. 产生安全威胁的主要途径

1）浏览网页。在浏览过某网页之后，有时浏览器主页被修改，或者每次打开浏览器都被迫访问某一固定网站，或者浏览器遇到错误需要关闭，或者出现黑屏、蓝屏，或者处于死机状态，或者打开多个窗口并被强制安装一些不想安装的软件。如果出现以上多种现象，那么计算机安全已受到威胁，已经感染了恶意代码。

2）使用即时通信工具。即时通信工具已经从原来纯娱乐休闲工具变成生活工作的必备工具，这些工具包括QQ、微信等。由于用户数量众多，再加上即时通信软件本身的安全缺陷，如内建有联系人清单，使得恶意代码可以方便地获取传播目标，这些缺陷都能被恶意代码利用来传播自身，对计算机安全造成威胁。

3）浏览邮件。由于Internet的广泛使用，电子邮件使用频繁，最常见的是通过电子邮件交换Word格式的文档。黑客也随之找到了恶意代码的载体，电子邮件携带病毒、木马及其他恶意程序，会导致收件者的计算机被黑客入侵。

4）下载文件。大家经常从网络下载工具、资料、音乐文件、游戏安装包，而这些文件都可能包含恶意代码。很多病毒是依靠这种方式同时使成千上万台计算机感染的。这是因为在这些平台上发布的文件往往没有进行严格的安全管理，没有对用户上传的文件进行安全验证，或者即使进行了验证，但是黑客使用了病毒变形、加壳等技术逃过杀毒软件的查杀。

5）使用移动存储介质。随着时代发展，移动设备也成为新的攻击目标。而U盘因其超大的存储量，逐渐成为使用最广泛、最频繁的存储介质，为计算机病毒的传播提供了更便捷的方式，如自动播放（autorun）技术经常受到病毒木马的青睐。

如果将中毒的U盘插入计算机时，里面潜伏的恶意程序就会执行并感染系统，并且以后插入此计算机的U盘也会感染此病毒。例如，2007年年初肆虐的“熊猫烧香”病毒就使用了自动播放技术来增强其传播能力。

2.4.2 信息安全技术

网络的快速发展和广泛应用，对网络安全的威胁越来越强大，使得网络安全防护问题日益突出。为了保证计算机网络与信息的安全，就必须认真研究黑客、病毒攻击和防护技术，采用可行有效的技术和措施，来保障网络及其信息的安全。网络信息安全问题涉及的内容十分广泛，既有技术方面的问题，也有管理方面的问题，要加强对这两个方面问题的防范。技术方面的防范主要侧重于防范外部非法用户的攻击，管理方面的防范则侧重于内部人为因素的管理。如何更有效地保护重要的信息数据、提高计算机网络系统的安全性已经成为所有计算机网络应用必须考虑和解决的一个重要问题。

常见的网络安全防范技术有网络访问控制技术、信息加密技术、认证技术、密钥管理与分配技术、信息系统安全检测技术、反病毒技术和防火墙技术等。这里主要讨论加解密技术、消息认证技术、数字签名技术、电子数字证书和防火墙技术。

1. 加解密技术

加解密技术是最基本的安全技术，其主要功能是提供机密性服务，但在实现其他安全服务时也会使用加密技术。密码学是研究如何实现秘密通信的科学，包括两个分支，即密码编码学和密码分析学。密码编码学是对信息进行编码实现信息保密性的科学；而密码分析学是研究、分析、破译密码的科学。

对需要保密的消息进行编码的过程称为加密，编码的规则称为加密算法。需要加密的消息称为明文，明文加密后的形式称为密文。将密文恢复成明文的过程称为解密，解密的规则称为解密算法。加密算法和解密算法通常在一对密钥控制下进行，分别称为加密密钥和解密密钥。

一个密码系统包括所有可能的明文、密文、密钥、加密算法和解密算法。密码系统从原理上可分为两大类，即单密钥系统和双密钥系统。

单密钥系统又称为对称密码系统或秘密密钥密码系统，单密钥系统的加密密钥和解密密钥相同。单密钥系统的加密、解密过程如图2.19所示。

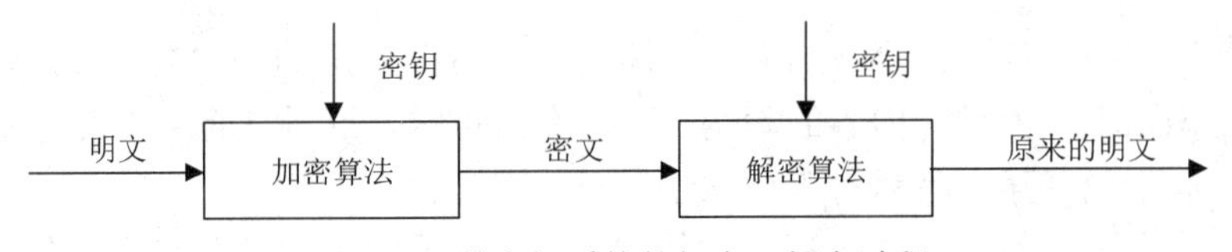

图 2.19　单密钥系统的加密、解密过程

对明文的加密有两种形式，一种是对明文按字符逐位加密，称为流密码或序列密码；另一种是先对明文消息分组，再逐组加密，称为分组密码。

双密钥系统又称为非对称密码系统或公开密钥密码系统。双密钥系统有两个密钥，一个是公开的，用 K_1 表示；另一个是私人密钥，用 K_2 表示，由采用此系统的人掌握。从公开的密钥推不出私人密钥。双密钥系统的加密、解密过程如图 2.20 所示。

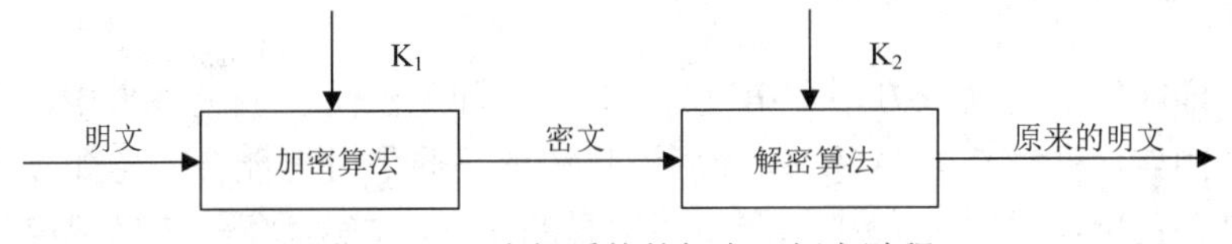

图 2.20　双密钥系统的加密、解密过程

双密钥系统的主要特点是将加密密钥和解密密钥分开，即用公开的密钥 K_1 加密消息，发送给持有相应私人密钥 K_2 的人，只有持有私人密钥 K_2 的人才能解密。

随着 1977 年美国国家标准局公布了由 IBM 公司研制的数字加密标准（DES）加密算法，私钥密码体制也得到了很大的发展。之后的 20 年，DES 一直扮演着商用保密通信和计算机通信中最常用加密算法的角色。虽然 DES 的安全性已经受到威胁（56bit 密钥的 DES 可在 23h 之内被破译），但是 DES 的思想推动了其他私钥体制的出现。随着攻击技术的发展，DES 本身又有发展，如衍生出可抗差分分析攻击的变形 DES 及密钥长度为 128bit 的三重 DES 等。

RSA 公司已将新一代分组加密算法 RC6 提交给美国国家标准与技术研究院作为新的加密标准 AES（advanced encryption standard）。AES 加密算法即密码学中的高级加密标准，又称 Rijndael 加密法，是美国联邦政府采用的一种区块加密标准。这个标准用来替代原先的 DES，已经被多方分析且广为世界所使用。经过五年的甄选流程，高级加密标准由美国国家标准与技术研究院于 2001 年 11 月 26 日发布于 FIPS PUB 197，并在 2002 年 5 月 26 日成为有效的标准。

2. 消息认证技术

消息认证就是验证消息的完整性，当接收方收到发送方的报文时，接收方能够验证收到的报文是真实的和未被篡改的。它包含两个含义：一个是验证信息的发送者是真正的而不是冒充的，即数据起源认证；二是验证信息在传送过程中未被篡改、重放或延迟等。

数据完整性机制有两种类型：一种用来保护单个数据单元的完整性；另一种既保护单个数据单元的完整性，又保护一个连接上整个数据单元流序列的完整性。

消息认证的检验内容应包括：认证报文的信源和信宿、报文内容是否遭到偶然或有意篡改、报文的序号是否正确、报文的到达时间是否在指定的期限内。总之，消息认证使接收者能识别报文的源、内容的真伪、时间有效性等。这种认证只在相互通信的双方之间进行，而不允许第三者进行上述认证。

为了防止人工操作和传输过程中的偶然错误，可采用多次输入和多次传输比较法进行检验，也可采用冗余检验法进行检测。这些都是比较简单的保持完整性的方法。

在数据块中加入冗余信息的过程称为差错编码。只具有检错功能，但不能确定错误位置，也不能纠正错误，称检错码。具有纠错功能，将无效码字恢复成距离它最近的有效码字，但不是100%正确，称纠错码。检错码和纠错码都是检验数据完整性的一个简单易行的有效方法。

3. 数字签名技术

消息认证能保护通信双方不受第三方的攻击，却无法防止通信双方中的一方对另一方的欺骗。例如，通信双方 A 和 B 使用消息认证码通信时可能会发生如下欺骗：A 伪造一则消息并使用与 B 共享的密钥产生该消息的认证码，然后生成该消息来自 B；同样，B 也可以对自己发送给 A 的消息予以否认。因此，除了认证之外还需要其他机制来防止通信双方的抵赖行为，最常见的解决方案就是数字签名。

数字签名体制是以电子签名形式存储消息的方法，所签名的消息能够在通信网络中传输。数字签名与传统的手写签名有以下几点不同。

1）手写签名是被签文件的物理组成部分；而数字签名不是被签消息的物理部分，因而需要将签名连接到被签消息上。

2）手写签名是通过将它与真实的签名进行比较来验证；而数字签名是利用已经公开的验证算法来验证。

3）手写签名纸质文件的复制品与原品是不同的；而数字签名消息的复制品与其本身是一样的。

与手写签名类似，一个数字签名至少应满足以下三个基本条件：①签名者不能否认自己的签名；②接收者能够验证签名，而其他任何人都不能伪造签名；③当关于签名的真伪发生争执时，存在一个仲裁机构或第三方能够解决争执。

4. 电子数字证书

电子数字证书是建立网络信任关系的关键。电子数字证书将用户基本信息（用户名、电子邮件地址）与用户公钥有机地绑定在一起，绑定功能通过发布证书的权威机构的数字签名来完成。用户之间通过交换数字证书建立信任关系。各种网络安全服务（如 HTTP、安全电子邮件）均应建立在电子数字证书架构或平台之上。

5. 防火墙技术

防火墙技术是指通过一组设备（可能包含软件和硬件）介入被保护者和可能的攻击者之间，对被保护者和可能的攻击者之间的网络通信进行主动的限制，达到对被保护者的保护作用。这里可能的攻击者一方面包含现实的或潜在的蓄意攻击者，另一方面也包含被保护者的合作者。

防火墙将内部网络与外部网络分开，用于限制被保护的内部网络与外部网络之间进行信息存取、信息传递等操作。构成防火墙的可能有软件也可能有硬件或两者都有。防火墙是目前所有保护网络的方法中最能被普遍接受的方法，95%的入侵者无法突破防火墙。

防火墙主要包括服务访问政策、包过滤、验证工具和应用网关四个组成部分。能根据制定的访问政策对流经它的信息进行监控和验证，从而保护内部网络不受外界的非法访问与攻击。

防火墙的主要功能有以下几点。

1）建立一个集中的监视点、阻塞点。对所流经它的数据包进行过滤和检查，过滤不安全的服务及非授权用户。

2）保护内部信息，防止外泄。利用防火墙能隐蔽那些泄露内部细节如 Finger、DNS 等服务。防火墙能阻塞有关内部网络中的 DNS 信息，如此主机的域名和 IP 地址就不会被外界所了解。

3）强化网络安全策略。安全方案配置以防火墙为中心，可以把所有安全软件（如加密、口令、审计、身份认证等）配置在防火墙上。防火墙的集中安全管理比将网络安全问题分散到各个主机上更经济。

4）监控审计。由于内、外网络之间的数据包必经防火墙，故防火墙能记录这些数据并把它们写入日志系统，还能统计对其的使用情况。当有可疑动作产生时，防火墙能发出适当的报警，还会提供网络是否受到攻击和监测的详细信息。

防火墙可以阻止外界对内部资源的非法访问，也可以防止内部对外部的不安全访问。它能允许被“同意”的人和数据进入网络，同时将不被“同意”的人和数据拒之门外，最大限度地阻止网络中的黑客访问网络，防止他们更改、复制、毁坏重要信息。

防火墙的主要类型包括包过滤防火墙、应用层网关防火墙和复合型防火墙三种类型。

包过滤防火墙设置在网络层，可以在路由器上实现包过滤。应用层网关防火墙又称代理防火墙，是内部网和外部网的隔离点，起着监视和隔离应用层通信流的作用，也常结合过滤器的功能，是目前较流行的一种防火墙。复合型防火墙是为了满足更高的安全性要求，把基于包过滤的方法与基于应用代理的方法结合起来，形成复合型防火墙的产品，能从数据链路层到应用层进行全方位的安全处理。

2.5 计算机病毒

2.5.1 计算机病毒的概念、分类、症状及举例

1. 概念

计算机病毒隐藏在计算机系统中，利用系统资源进行繁殖，并破坏或干扰计算机系统的正常运行。由于计算机病毒是人为设计的程序，通过自我复制来传播，满足一定条

件即被激活，从而给计算机系统造成一定损害甚至严重破坏。这种程序的活动方式与生物学中的病毒相似，所以被称为计算机病毒。

我国于 1994 年 2 月 18 日颁布实施的《中华人民共和国计算机信息系统安全保护条例》（已于 2011 年被修订）第二十八条中对计算机病毒有明确的定义：“计算机病毒，是指编制或者在计算机程序中插入的破坏计算机功能或者毁坏数据，影响计算机使用，并能自我复制的一组计算机指令或者程序代码。”计算机病毒具有以下特性。

1）寄生性：计算机病毒寄生在其他程序之中，当执行这个程序时，病毒就起破坏作用，而在未启动这个程序之前，它是不易被人发觉的。

2）传染性：计算机病毒不仅具有破坏性，还具有传染性，一旦病毒被复制或产生变种，其速度之快令人难以预防。

3）潜伏性：计算机病毒具有很强的隐蔽性，有的可以通过病毒软件检查出来，有的根本就查不出来，有的时隐时现、变化无常，这类病毒处理起来通常很困难。

4）破坏性：计算机中毒后，可能会导致正常的程序无法运行，把计算机内的文件删除或使计算机受到不同程度的损坏。

2. 分类

对计算机病毒的分类方法很多，下面介绍几种常见的分类。

（1）按破坏性分类

1）良性病毒：只是为了表现自己而并不破坏系统数据，只占用系统 CPU 资源或干扰系统工作的一类计算机病毒。通常表现为显示信息、奏乐、发出声响，能够自我复制，但不影响系统运行。

2）恶性病毒：病毒制造者在主观上故意对被感染的计算机实施破坏，这类病毒一旦发作就会破坏系统的数据、删除程序或系统文件、加密磁盘或格式化系统盘，使系统处于瘫痪状态。

（2）按寄生方式分类

1）引导型病毒：系统引导时病毒装入内存储器，同时获得对系统的控制权，对外传播病毒，并且在一定条件下发作，实施破坏。

2）文件型（外壳型）病毒：也称为寄生病毒。将自身包围在系统可执行文件的周围，对原文件不做修改，运行可执行文件时，病毒程序首先被运行，进入系统中，获得对系统的控制权。通常感染 COM、EXE、SYS 等类型的文件。其特点是附着于正常程序文件，成为程序文件的一个外壳或部件，这是较为常见的传染方式。

3）源码型病毒：较为少见，亦难以编写。它能攻击高级语言编写的源程序，在源码被编译之前，插入源程序中，并随源程序一起编译、连接成可执行文件。经编译之后，成为合法程序的一部分。此时生成的可执行文件已经带有病毒。

4）入侵型病毒：将自身插入现有程序之中，使其变成合法程序的一部分。因此，这类病毒只攻击某些特定程序，针对性强，一般情况下难以被发现，清除起来较困难。

（3）按广义病毒概念分类

1）蠕虫（worm）病毒：监测 IP 地址，传染途径是网络和电子邮件。不改变文件和资料信息，利用网络从一台机器的内存储器传播到其他机器的内存储器，一般除了内存储器外不占用其他资源。蠕虫病毒会自动寻找更多的计算机并对其进行感染，那些被感染的机器又会作为感染源，以进一步感染其他计算机。2007 年流行的“熊猫烧香”病毒就是一种经过多次变种的蠕虫病毒。

2）逻辑炸弹（logic bomb）：条件触发，定时器。计算机病毒一旦被激活，就会立刻发生作用。触发条件是多样化的，可以是内部时钟、系统日期、用户标识符，也可能是系统的一次通信等。

3）特洛伊木马（trojan horse）：隐含在应用程序中的一段程序，当它被执行时，会破坏网络的安全性。它是一种基于远程控制的黑客工具，木马通常寄生于用户的计算机系统中，盗窃用户信息，并通过网络发送给黑客。在黑客进行的各种攻击行为中，木马都起到了“开路先锋”的作用。

4）陷门（trapdoor）：在某个系统或者某个文件中设置的机关，即秘密入口，使得知道陷门的人可以不经过通常的安全检查访问过程而获得访问。当陷门被程序员用来获得非授权访问时，陷门就变成了威胁。

5）细菌（germ）：不断繁殖，直至填满整个网络的存储系统。

3. 感染病毒的症状

计算机遭遇病毒感染后可能出现的症状如下：启动或运行速度明显变慢；文件的长度、内容、属性、日期无故改变；系统出现异常死机或死机次数增多；丢失文件；计算机存储系统的存储容量异常或有不明常驻程序；整个目录变成一堆乱码；硬盘的指示灯无缘无故地亮了；计算机系统蜂鸣器出现异常声响；没有做写操作时出现“磁盘写保护”信息；系统不认识磁盘或是硬盘不能开机；自动生成一些特殊文件；无缘无故地出现打印故障。

4. 典型病毒举例

（1）“冲击波”病毒

“冲击波”病毒爆发于 2002 年，当年 8 月 12 日被瑞星全球反病毒监测网率先截获。该病毒运行时会不停地利用 IP 扫描技术寻找网络上系统为 Windows 2000 或 XP 的计算机，找到后就利用 DCOM RPC 缓冲区漏洞攻击该系统。一旦攻击成功，病毒体将会被传送到计算机中进行感染，使系统操作异常、不停重启，甚至导致系统崩溃。

（2）“熊猫烧香”病毒

“熊猫烧香”病毒是一种经过多次变种的蠕虫病毒，2006 年 10 月 16 日由李俊编写，2007 年 1 月初肆虐网络，它主要通过下载的档案传播，对计算机程序、系统破坏严重。由于中毒计算机的.exe 可执行文件会显示“熊猫烧香”图标，因此被称为“熊猫烧香”病毒。其原病毒只会对 EXE 文件图标进行替换，并不会对系统本身进行破坏。而其病毒的变种，中毒后会使计算机出现蓝屏、频繁重启及系统硬盘中数据文件被破坏等现象。

（3）“灰鸽子”病毒

“灰鸽子”病毒是一种集多种控制方法于一身的木马病毒，一旦用户计算机不幸感染，其一举一动都会在黑客的监控之下，窃取账号、密码、照片、重要文件都轻而易举。更甚的是，它们可以连续捕获远程计算机屏幕，还能监控被控计算机的摄像头，自动开机（不开显示器）并利用摄像头进行录像。当在合法情况下使用时，“灰鸽子”是一款优秀的远程控制软件。但如果用它做一些非法的事，“灰鸽子”就成了很强大的黑客工具。

（4）U 盘病毒

U 盘病毒，又称 autorun 病毒，就是通过 U 盘产生 autorun.inf 进行传播的病毒。自从发现 U 盘有 autorun.inf 漏洞之后，U 盘病毒的数量与日俱增。U 盘病毒并不是只存在于 U 盘上，中毒的计算机每个分区下面同样有 U 盘病毒，计算机和 U 盘交叉传播。随着 U 盘、移动硬盘、存储卡等移动存储设备的普及，U 盘病毒已经成为现在比较流行的计算机病毒之一。

（5）“鬼影”病毒

2010 年 3 月 15 日，金山安全实验室捕获一种被命名为“鬼影”的计算机病毒，该病毒寄生于磁盘主引导纪录，一旦成功运行，在进程中和系统启动加载项里找不到任何异常。即使格式化重装系统，也无法彻底清除该病毒。该病毒犹如“鬼影”一般“阴魂不散”，所以称为鬼影病毒。

（6）“AV 终结者”病毒

“AV 终结者”病毒即“帕虫”病毒，是一系列反击杀毒软件、破坏系统安全模式、植入木马下载器的病毒。“AV 终结者”名称中的“AV”即为英文“anti-virus”（反病毒）的缩写。

“AV 终结者”集流行的病毒技术于一身，破坏过程经过了严密的“策划”，首先摧毁用户计算机的安全防御体系，之后自动连接到指定的网站，大量下载各类木马病毒，盗号木马、广告木马、风险程序接踵而来，使用户的网银、网游、QQ 账号密码及机密文件都处于极度危险之中。

（7）QQ 群蠕虫病毒

QQ 群蠕虫病毒是一种利用 QQ 群共享漏洞传播“流氓”软件和劫持 IE 主页的恶意程序，QQ 用户一旦感染了该病毒，便会向 QQ 群上传该病毒，以“一传十，十传百”的手法扩散。该病毒的最终目的是在中毒计算机上安装一大堆“流氓”软件以牟取暴利。

（8）手机病毒

手机病毒是一种具有传染性、破坏性的手机程序，可利用发送短信和彩信、电子邮件、浏览网站、下载铃声等方式进行传播，会导致用户手机死机、关机、个人资料被删、向外发送垃圾邮件泄露个人信息、自动拨打电话、发短（彩）信等进行恶意扣费，甚至会损毁 SIM 卡、芯片等硬件，导致使用者无法正常使用手机。

智能手机的普及加速了手机病毒的扩散，常见的有安卓短信卧底、Geinimi 后门病毒、MSO.PJApps 病毒，这些都是针对 Android 系统的病毒。

2.5.2 计算机病毒的防治

计算机病毒的防治可以从三个方面进行：病毒预防、病毒检测和病毒清除。

1. 病毒预防

病毒预防指依据系统特征，采用相应的系统安全措施预防病毒入侵计算机。计算机病毒的传染是通过一定途径实现的，为此要以预防为主，制定出一系列安全措施，堵塞计算机病毒的传染途径，降低病毒的传染概率，而且即使受到传染，也可以立即采取有效措施将病毒消除，使病毒造成的危害降低到最低限度。对用户来说，抗病毒最有效的方法是备份，最有效的手段是加快病毒库升级。

（1）从管理上预防病毒

从管理上预防病毒、控制病毒的入侵，主要从以下几方面进行。

第一，机器要由专人负责管理；第二，对于外来的机器和软件要进行病毒检测；第三，不使用来历不明的软件，也不要使用非法解密或复制的软件；第四，谨慎地使用公用软件和共享软件；第五，对游戏程序要严格控制；第六，定期检测磁盘上的系统区和文件并及时消除病毒；第七，系统中的数据盘和系统盘要定期进行备份；第八，网络上的计算机用户要遵守网络的使用规定，不能随意在网络上使用外来软件。

（2）从技术上预防病毒

前面讲述的管理措施能够在一定程度上预防和抑制计算机病毒的传播，但它是以牺牲数据共享的灵活性而换得的系统安全，这会给使用者带来一定程度的不便。因而要形成一种在管理方法、技术措施及安全性方面都合理的折中方案，达到计算机系统资源的相对安全和充分共享，而且不影响计算机的运行效率。在技术手段上对病毒的预防有硬件保护和软件预防两种方法。

任何计算机病毒对系统的入侵都是利用内存储器提供的自由空间及操作系统所提供的相应的中断功能来达到传染的目的。因此，可以通过增加硬件设备来保护系统，此硬件设备既能监视内存储器中的常驻程序，又能阻止对外存储器的异常写操作，这样就能达到对计算机病毒预防的目的。防病毒卡就是一种硬件保护手段，将它插在主板的 I/O 插槽上，可在系统的整个运行过程中密切监视系统的异常状态。

2. 病毒检测

病毒检测指针对一定的环境，能够准确地检测出存在的病毒，此环境包括文件、内存、引导区（含主引导区）、网络等。计算机病毒的检测通常采用手工检测和自动检测两种方法。

（1）手工检测

手工检测是指通过一些软件工具提供的功能进行病毒的检测。这种方法比较复杂，需要检测者熟知机器指令和操作系统，因而无法普及。它的基本过程是利用工具软件，对易遭病毒攻击和修改的内存储器及磁盘的有关部分进行检查，通过与在正常情况下的状态进行对比分析，判断是否被病毒感染。用这种方法检测病毒费时、费力，但可以检测识别未知病毒，以及检测一些自动检测工具不能识别的新病毒。

（2）自动检测

自动检测是指通过病毒诊断软件来识别系统是否含有病毒的方法。自动检测相对比较简单，一般用户都可以进行。这种方法可以方便地检测出大量的病毒，但是，自动检测工具只能识别已知病毒，不能识别未知病毒。

两种方法比较而言，手工检测方法操作难度大、技术复杂，需要操作人员有一定的软件分析经验及对操作系统有较深入的了解。自动检测方法操作简单、使用方便，适合于一般的计算机用户使用。但是，由于计算机病毒的种类较多，再加上不断出现病毒变种，自动检测方法不可能检测所有未知的病毒，这时只能用手工方法进行病毒的检测。其实，自动检测也是在手工检测成功的基础上把手工检测方法程序化后得到的。因此，手工检测病毒是最基本和最有力的工具。

3. 病毒清除

病毒清除指依据不同类型的病毒对感染对象的修改，按照病毒的感染特征所进行的恢复。恢复过程中未被病毒修改的内容不能被破坏。感染对象包括可执行文件、文档文件、内存储器、引导区（含主引导区）、网络等。如果发现计算机被病毒感染，则应立即清除。通常用人工处理或反病毒软件两种方式进行清除。

（1）人工处理

人工处理的方法：用正常的文件覆盖被病毒感染的文件；删除被病毒感染的文件；重新格式化磁盘，但这种方法有一定的危险性，容易造成对文件数据的破坏。

（2）反病毒软件

用反病毒软件对病毒进行清除是一种较好的方法。下面介绍一些常用的反病毒软件。

1）360 安全卫士：使用很方便，也是免费的。对正在发生或者即将发生的程序，360 安全卫士有提前抵御的本领，而且拦截网页木马也非常有效。

2）瑞星杀毒：面对病毒有坚韧的防御能力，包括卡卡对木马的抵御能力很强，更注重保护软件本身的安全。

3）金山毒霸：在查杀病毒与木马方面比瑞星准确，在查杀“流氓”软件的速度方面比瑞星快。

4）avast：扫描的速度快，系统占用率低，容易上手，查杀病毒、木马的能力较强。免费的时间也很长。

5）BitDefender：查杀病毒、木马的速度非常快，低配置也能跑得非常快，而且对未知病毒、木马的查找非常准确。

6）NOD32：静默的时候系统占用率低，扫描速度快，对未知病毒木马的查杀能力非常高，适合推广。

7）大蜘蛛：几乎完全免费，是一部扫描病毒的程序。它不像其他杀毒软件一样有防御体系，而是专门为查杀病毒存在的，而且准确率相当高，使用也非常方便，容易上手。

这些反病毒软件操作简单、行之有效，但对某些病毒的变种不能清除，应使用专门的反病毒软件进行清除。

习　题

一、判断题

1．计算机的主机内一般包括主板、CPU、内存储器、显卡、声卡、硬盘、光驱、数据线、信号线、电源等设备。（　　）

2．CPU 的主频（时钟频率）是影响计算机性能的重要技术指标，主频越高，运算速度越快。（　　）

3．64 位 CPU 的性能一定是 32 位 CPU 性能的 2 倍。（　　）

4．硬盘通常安装在计算机的主机箱中，所以硬盘属于内存储器。（　　）

5．一个完整的计算机系统是由硬件系统和软件系统组成的。（　　）

6．信息安全属性包括保密性、完整性、可用性和可控性、语义正确性。（　　）

7．计算机病毒具有传染性、寄生性、免疫性、潜伏性的特征。（　　）

8．计算机病毒也是一种程序，一台计算机用反病毒软件清除病毒后，就不会被传染新的病毒。（　　）

9．计算机病毒具有传染性，通过网络传染计算机病毒，其破坏性远高于单机系统。（　　）

10．防火墙是安装在网络中的一个硬件设备。（　　）

二、选择题

1．市场上主流的独立显卡大多是（　　）接口。

A．PCI　　B．PCI-E　　C．AGP　　D．USB

2．负责计算机内部之间的各种算术运算和逻辑运算的功能主要是由硬件（　　）来实现的。

A．CPU　　B．主板　　C．内存储器　　D．硬盘

3．下列选项中，不属于输入设备的是（　　）。

A．键盘　　B．鼠标　　C．扫描仪　　D．打印机

4．（　　）的特点是存储容量大、读写速度快、密封性好、可靠性高、使用方便，有些软件在其上安装一次便能长期使用运行。

A．内存储器　　B．硬盘存储器　　C．光盘　　D．闪存储器

5．（　　）是最基本、最重要的系统软件，它负责管理计算机系统的全部软件资源和硬件资源，合理地组织计算机各部分协调工作，为用户提供操作和编程界面。

A．操作系统　　B．语言处理程序　　C．数据库系统　　D．诊断程序

6．任何程序都必须加载到（　　）中才能被 CPU 执行。

A．磁盘　　B．硬盘　　C．内存储器　　D．外存储器

7. （　　）是用于手机、数码照相机、便携式计算机、摄像头、MP3 和其他数码产品上的独立存储介质。

A．内存条　　B．硬盘　　C．光盘　　D．存储卡

8. 下列对计算机病毒的叙述中，正确的是（　　）。

A．不破坏数据，只破坏文件　　B．有些病毒无破坏性

C．都破坏.exe 文件　　D．都具有破坏性

9. 计算机病毒的传播途径不可能是（　　）。

A．计算机网络　　B．纸质文件

C．磁盘　　D．感染病毒的计算机

三、填空题

1. 计算机病毒是指能够侵入计算机系统并在计算机系统中潜伏、传播、破坏系统正常工作的一种具有繁殖能力的________。

2. 当磁盘感染病毒，用各种清除病毒软件都不能清除病毒时，则应该对此磁盘________。

3. 为确保学校局域网的信息安全，防止来自 Internet 的黑客入侵，应采用的安全措施是设置________。

4. 保障信息安全最基本、最核心的技术措施是________。

5. 攻击者用传输数据来冲击网络接口，使服务器过于繁忙以至于不能应答请求的攻击方式是________。

6. ________是计算机中各种部件之间共享的一组公共数据传输线路。

7. ________是主要用于图形数据处理、传输数据给显示器并控制显示器的数据组织方式。

8. 一条指令在计算机中的执行过程被称为________。

9. 软件系统可分为两大类：________和应用软件。

10. 运算器的核心部分是________。

四、简答题

CPU 的主要技术参数有哪些？

第 3 章 Windows 7 操作系统应用

Windows 7 操作系统是由微软公司开发的操作系统，核心版本号为 Windows NT 6.1。Windows 7 操作系统可供家庭及商业工作环境、笔记本式计算机、平板电脑、多媒体中心等使用。2009 年 10 月 22 日，微软公司于美国正式发布 Windows 7 操作系统。Windows 7 操作系统继承了上一代操作系统 Windows Vista 的部分特性，在加强系统的安全性与稳定性的同时，重新对性能组建进行了完善和优化，已达到一个新的高度。本章将以 Windows 7 操作系统为基础，介绍操作系统的程序管理、文件管理、设备管理和存储管理等功能，使学生进一步了解 Windows 7 操作系统的功能和特点，掌握 Windows 7 操作系统的基本操作。

3.1 Windows 7 操作系统基础

3.1.1 Windows 7 操作系统的常见版本

1）Windows 7 Home Basic（家庭普通版）。主要特性有无线应用程序、增强视觉体验（设有完整的 Aero 效果）、高级网络支持（Ad-hoc 无线网络和互联网连接支持 ICS）、移动中心（mobility center）。该版本主要面向中、低级家庭计算机，有些功能不支持应用，如玻璃特效、实时缩略图预览、Internet 连接共享等。

2）Windows 7 Home Premium（家庭高级版）。在家庭普通版的基础上，新增了 Aero Glass 高级界面、高级窗口导航、改进的媒体格式支持、媒体中心和媒体流增强（包括 Play To）、多点触摸、更好的手写识别等功能。包含功能：玻璃特效；多点触控功能；多媒体功能；组建家庭网络组。

3）Windows 7 Professional（专业版）。该版本主要面向计算机爱好者和企业用户，在家庭高级版的基础上提升了一些功能，如支持加入管理网络（domain join）、高级网络备份等数据保护功能、位置感知打印技术（可在家庭或办公网络上自动选择合适的打印机）、脱机文件夹、演示模式等。

4）Windows 7 Ultimate（旗舰版）。拥有 Windows 7 操作系统家庭高级版和 Windows 7 操作系统专业版的所有功能，对计算机的硬件要求较高。

3.1.2 Windows Aero

Windows Aero 是 Windows 操作系统重新设计的用户界面，透明玻璃感让使用者获得美好的视觉体验。Aero 是 authentic（真实）、energetic（动感）、reflective（具反射性）及 open（开阔）的首字母缩写，意为具立体感、令人震撼、具透视感和开阔的用户界面。Windows Aero 可用于使用兼容图形适配器并运行 Windows Vista 操作系统和 Windows 7 操作系统的计算机。Windows Aero 操作系统提供高质量的用户体验，大大方便用户浏览和处理信息，并提供更加流畅、稳定的桌面体验。低配置计算机（尤其是显卡内存低的）无法运行 Aero。

Aero 包括以下几种特效。

1）透明磨砂玻璃效果，如图 3.1 所示。

图 3.1 透明磨砂玻璃效果

2）Windows Flip 3D 窗口切换。按住键盘 Windows 徽标键不放，然后按 Tab 键，可切换当前窗口，如图 3.2 所示。

图 3.2 Windows Flip 3D 窗口切换

3）Aero Peek 桌面预览。将鼠标移动至桌面右下角透明区域处，出现“显示桌面”字样，此时桌面窗口进入透明预览状态，如图 3.3 所示。单击该区域相当于 Windows 之前版本的“显示桌面”功能。

4）任务栏缩略图及预览。将鼠标放在任务栏图标上，将显示正在运行的响应程序预览界面，如图 3.4 所示。

图 3.3　Aero Peek 桌面预览

图 3.4　任务栏缩略图及预览

3.1.3　任务栏和"开始"菜单

Windows 7 操作系统在任务栏方面进行了较大程度的改进和更新，将 Windows 7 操作系统之前版本的操作系统一直沿用的快速启动栏和任务选项进行合并处理，这样通过任务栏即可快速查看各个程序的运行状态、历史信息等，同时对于系统托盘的显示风格也进行了一定程度的改良操作，特别是在执行复制文件过程中，对应窗口还会在最小化的同时显示复制进度等功能。任务栏如图 3.5 所示。

图 3.5　Windows 7 操作系统任务栏

任务栏预览功能：把鼠标指针放在对应的图标上，可以预览所要显示的窗口，单击其中的窗口即可将其设为当前操作界面。

Windows 7 操作系统的任务栏预览功能更加简单和直观，用户可以通过右击任务栏，在弹出的快捷菜单中选择“属性”选项，弹出“任务栏和「开始」菜单属性”对话框，在此对话框中可以分别对任务栏、「开始」菜单和工具栏进行设置，如图 3.6 所示。

Windows 7 操作系统的“开始”菜单也有很多创新，如将各种程序进行归类、管理更便捷、调用文件更快速，如图 3.7 所示。

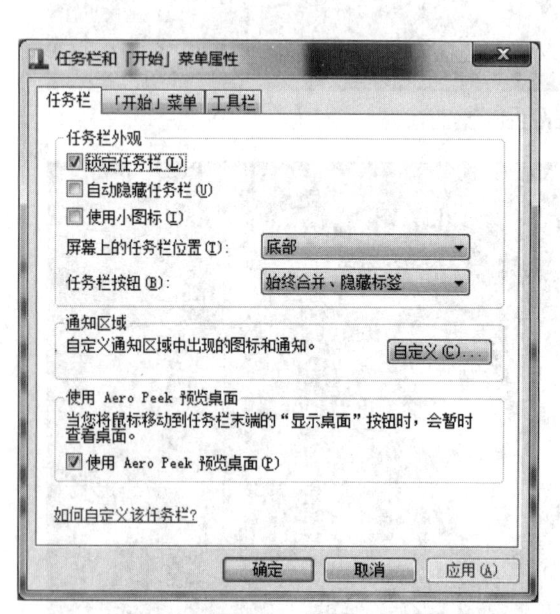

图 3.6　“任务栏和「开始」菜单属性”对话框

图 3.7　“开始”菜单

3.2　Windows 7 操作系统的基本功能

3.2.1　程序管理

程序是为完成某项活动规定的方法。描述程序的文件称为程序文件，程序文件存储的是程序，包括源程序和可执行程序。

1. 程序的启动与退出

启动应用程序有多种方法。例如，单击“开始”菜单中列出的程序；双击桌面或文件夹中的应用程序或快捷方式图标；右击图标，在弹出的快捷菜单中选择“打开”选项；单击快速启动栏中的应用程序图标。

退出程序或关闭运行的程序或窗口同样有很多方法，如按 Alt+F4 组合键；单击程序窗口的“关闭”按钮；打开应用程序“文件”菜单，选择“关闭”或“退出”选项。

2. 任务管理器

任务管理器提供有关计算机上运行的程序和进程信息，用户可以通过它查看正在运行的程序状态、终止已经停止响应的程序、结束程序或进程、显示计算机性能，如 CPU、内存储器的使用情况。

可以通过按 Ctrl+Alt+Delete 组合键在弹出界面选择“启动任务管理器”选项，或按 Ctrl+Shift+Esc 组合键或右击任务栏空白处，在弹出的快捷菜单中选择“启动任务管理器”选项，即可弹出“Windows 任务管理器”窗口，如图 3.8 所示。

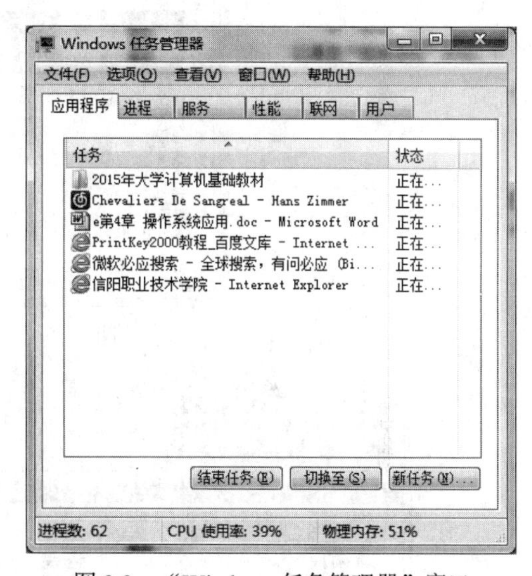

图 3.8　“Windows 任务管理器”窗口

“Windows 任务管理器”窗口中包括以下六个选项卡。

1）“应用程序”选项卡。该选项卡列出了当前正在运行的全部应用程序及文件夹图标、名称及状态。选择其中一个程序后，单击“结束任务”按钮即可结束该任务的运行。单击“切换至”按钮可以使该任务对应的应用程序窗口成为活动窗口。单击“新任务”按钮将弹出“创建新任务”对话框，功能上相当于在“开始”菜单中选择“运行”选项弹出的“运行”对话框，可以通过输入文件名或命令提示符打开相应的程序，如图 3.9 所示。

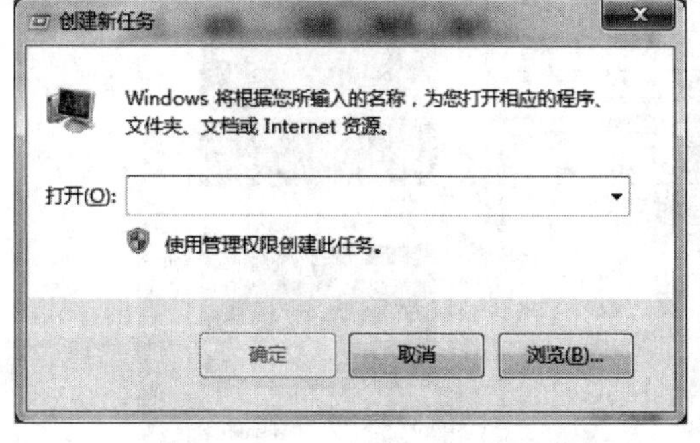

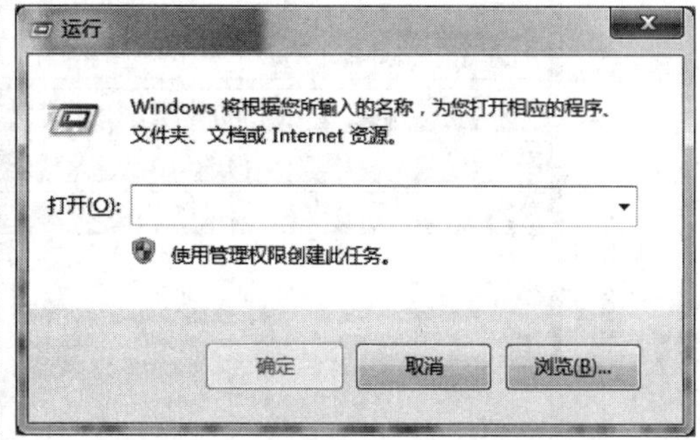

图 3.9　“创建新任务”对话框和“运行”对话框

2）“进程”选项卡。在“进程”选项卡下可以勾选“显示所有用户的进程”复选框，也可以单击“结束进程”按钮。

3）“服务”选项卡。选择“服务”选项卡，单击“服务”按钮，此时会弹出“服务”窗口，可以启动或停止计算机系统中的服务。

4）“性能”选项卡，如图 3.10 所示。该选项卡显示计算机性能的动态概述，对 CPU 和内存储器的使用情况进行实时监控。单击“性能”选项卡下的“资源监视器”按钮，弹出“资源监视器”窗口，如图 3.11 所示，可以实时监控计算机的 CPU、内存、磁盘、网络等方面的动态数据信息。

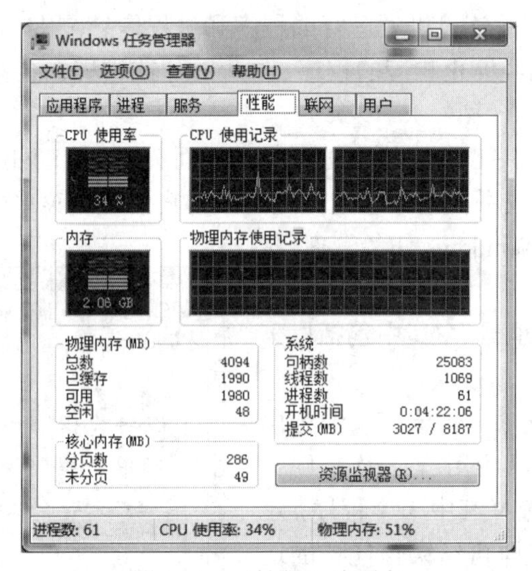

图 3.10　“性能”选项卡

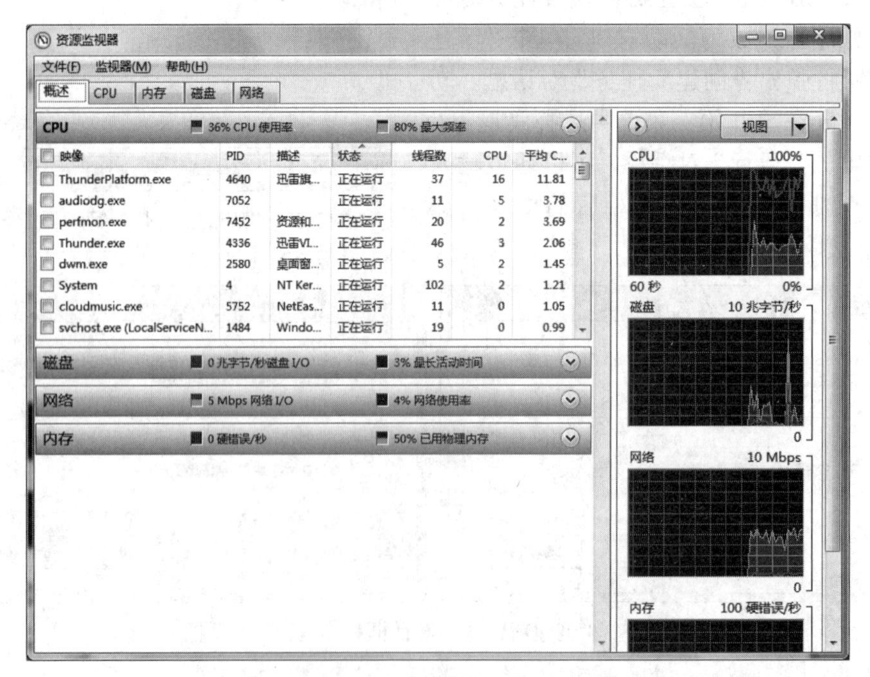

图 3.11　“资源监视器”窗口

5）“联网”选项卡。该选项卡可以查看网络使用率、线路速度和连接状态。

6）“用户”选项卡。该选项卡可以查看用户活动状态，可以选择断开、注销或发送信息。

3.2.2　文件和文件夹管理

1. 文件

文件是存储在一定介质上的、具有某种逻辑结构的、完整的、以文件名为标识的信息集合。它可以是程序所使用的一组数据，也可以是用户创建的文档、图形、动画、音频、视频等。文件是操作系统管理信息和独立进行存取的基本单位，能够使计算机区分不同的信息组，是数据的集合。

2. 文件夹

文件夹是图形用户界面中程序和文件的容器，用于存放程序、文档、快捷方式和子文件夹。文件夹是磁盘上组织程序和文档的一种手段，是用来组织磁盘文件的一种数据结构。在 Windows 7 操作系统中，文件夹是按树状结构来组织管理的，如图 3.12 所示。

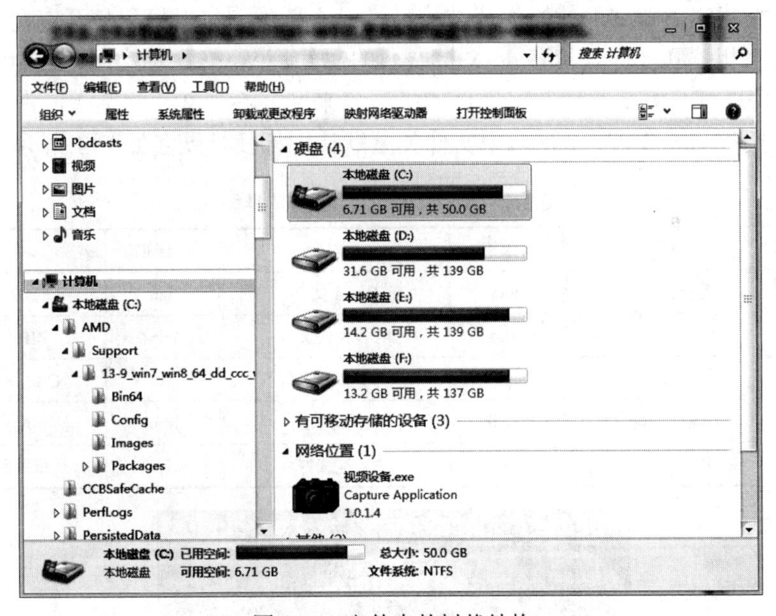

图 3.12　文件夹的树状结构

3. 文件名

每个文件有且仅有一个文件名，操作系统通过文件名实现对文件的存取。文件名的格式为

<主文件名>[.扩展名]

文件名总长度不能超过 255 个字符。其中，主文件名一般是用户自定义或系统生成的有特定含义的名称，组成主文件名的字符包括 26 个英文字母（不区分大小写）、

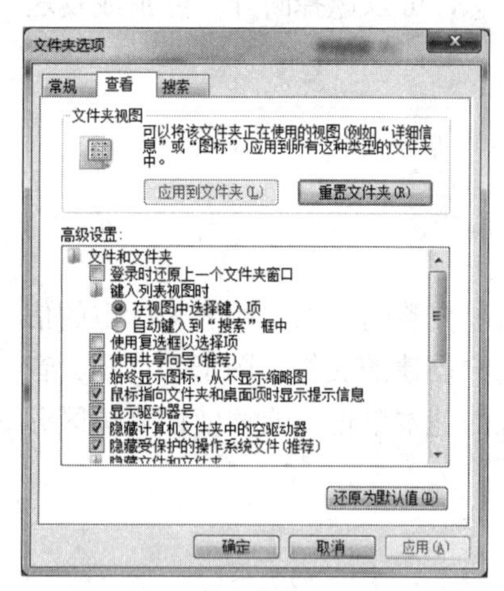

图 3.13 “文件夹选项”对话框

数字（0～9）、汉字和一些特殊字符，但不能包含以下 9 种字符：\、/、:、*、?、"、<、>、|。

扩展名也称类型名或后缀，一般由系统给定，有见名知类的作用，由英文字母组成。对于系统给定的扩展名不能随意改动，否则系统将不能识别。通常情况下，操作系统默认不显示文件的扩展名，可以通过选择文件夹菜单中的“工具”→“文件夹选项”选项，弹出“文件夹选项”对话框，如图 3.13 所示，选择“查看”选项卡，在“高级设置”选项组中取消勾选“隐藏已知文件类型的扩展名”复选框，然后依次单击“应用”和“确定”按钮，即可显示文件扩展名。

4. 文件类型

文件的类型多种多样，不同类型的文件具有不同的用途。在 Windows 操作系统环境下，文件类型指定了对文件的操作或结构特性。文件类型可以标识打开该文件的程序，与文件扩展名相关联。例如，具有.docx 扩展名的文件是 Word 文档类型，可以用 Microsoft Word 2010 程序打开编辑。通常用文件的扩展名来区分不同文件的类型，常用文件扩展名及其文件类型如表 3.1 所示，常用文件类型默认图标及扩展名如图 3.14 所示。

表 3.1 常用文件扩展名及其类型

扩展名	类型	扩展名	类型	扩展名	类型
.jpg	图像文件	.docx	Word 文件	.bat	批处理文件
.bmp	位图文件	. xlsx	电子表格文件	.zip	ZIP 压缩文件
.hlp	帮助文件	.pptx	演示文稿文件	.c	C 语言程序文件
.exe	可执行文件	.accdb	数据库文件	.html	网页文件
.rar	RAR 压缩文件	.txt	文本文件	.sys	系统配置文件

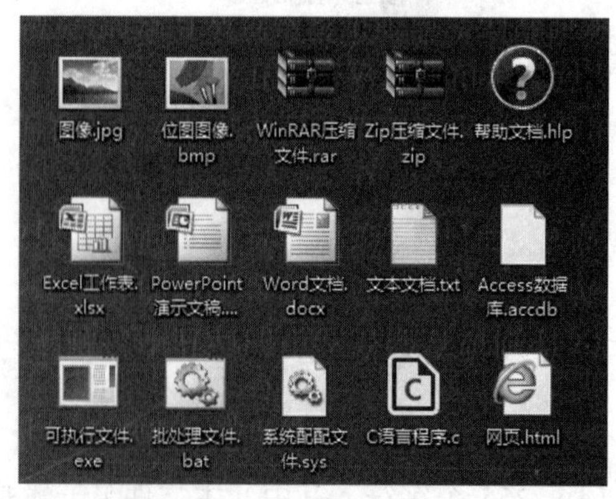

图 3.14 常用文件类型默认图标及扩展名

5. 文件名通配符

当查找文件或文件夹时，可以使用通配符来代替一个或多个字符。当不知道完整的文件名时可以使用通配符代替一个或多个字符。通配符有两个：星号（*）和问号（?）。

星号（*）代表名称为 0 个或多个字符。例如，已知某文件是以 sut 开始的，但不记得文件名其余部分，则可以输入“sut*”作为查找关键字，用以表示以 sut 开始的所有文件。如想搜索指定类型的文件，则可以输入“*.pptx”作为查找关键字，表示查找所有扩展名为.pptx 的幻灯片文档。

问号（?）代表名称为 0 个或 1 个字符。例如，输入“sut?.pptx”，表示查找以 sut 开头，主文件名最长为 4 个字符并且扩展名为.pptx 的所有文件。

6. 文件和文件夹属性

要查看文件属性，可以右击文件，在弹出的快捷菜单中选择“属性”选项，弹出文件属性对话框，如图 3.15 所示。文件属性对话框包括存储文件的文件类型、打开方式、位置、大小、占用空间、创建时间、修改时间、访问时间等信息，同时可以对文件进行只读、隐藏、存档、压缩或加密等操作。

文件夹属性打开方法与文件类似，如图 3.16 所示。通过“共享”选项卡的设置可以将该文件夹设置为“共享”，供网络上的其他人访问。“自定义”选项卡可以对文件夹进行优化，设置文件夹图片，更改文件夹图标。

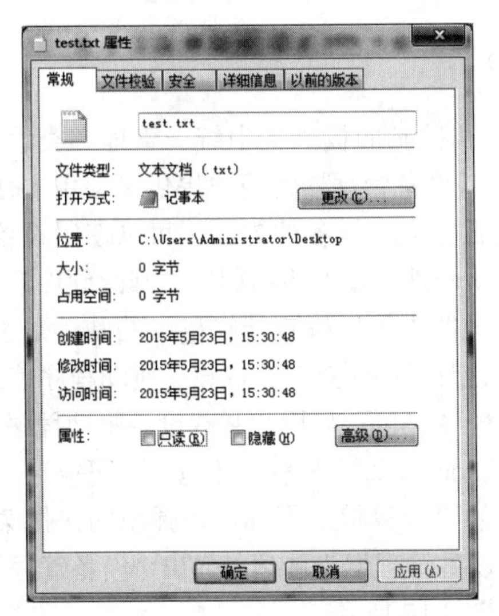

图 3.15　文件属性对话框

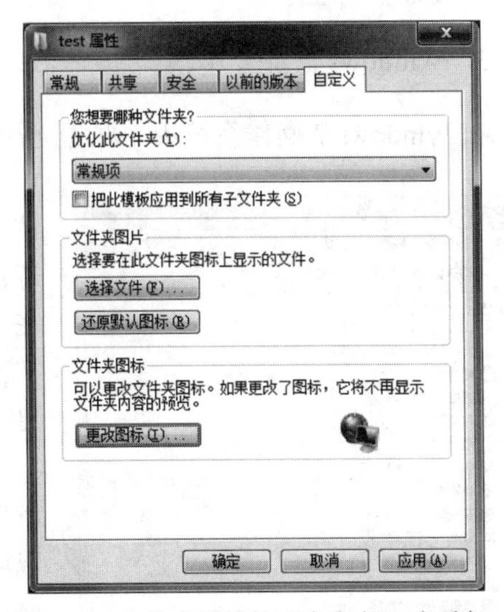

图 3.16　文件夹属性的“自定义”选项卡

3.2.3　设备管理

1. 设备管理的概念和功能

设备管理是操作系统中用户与外部设备之间的接口，是对计算机系统中除了 CPU

和内存储器以外的所有 I/O 设备的管理。由于 I/O 设备种类繁多，特性和操作方式相差很大，设备管理成为操作系统中最繁杂且与硬件密切相关的部分。

设备管理主要实现以下几种功能。

1）设备分配与回收，记录设备的状态，根据用户的请求和设备的类型，采用一定的分配算法，选择一条数据通路。

2）建立统一的独立于设备的接口。

3）完成设备驱动程序，实现真正的 I/O 操作。

4）处理外部设备的中断请求。

5）管理 I/O 缓冲区。

2. 设备驱动程序

设备驱动程序是操作系统管理和驱动设备的程序，与设备密切相关的代码放在设备驱动程序中，每个设备驱动程序处理一种设备类型。其基本任务：实现 CPU 和设备控制器之间的通信，即 CPU 向设备控制器发出 I/O 指令，要求它完成指定的操作，并能接收设备控制器发来的中断请求，给予及时的响应和处理。

不同的设备有不同的设备驱动程序，但设备驱动程序大多分为两部分，即能驱动 I/O 设备工作的驱动程序和设备中断处理 I/O 完成后的工作程序。在安装操作系统时，计算机会自动检测设备并安装相关的设备驱动程序，若用户以后需要添加新设备，应再安装相应的设备驱动程序。

3. Windows 设备管理器

在 Windows 7 操作系统中，通过设备管理器和控制面板来集中统一管理各类设备。Windows 7 设备管理器为用户提供了使用方便、统一的而且独立于设备的界面。可以使用设备管理器来更新硬件设备的驱动程序、修改硬件设置。在设备管理器中可以确定计算机中的硬件是否正常工作，更改硬件配置，获取设备驱动程序信息，更新驱动程序，禁用、启用和卸载设备驱动程序等。

在 Windows 7 操作系统环境下，可以通过右击桌面上的“计算机”图标，在弹出的快捷菜单中选择“设备管理器”选项，弹出“设备管理器”窗口，如图 3.17 所示。

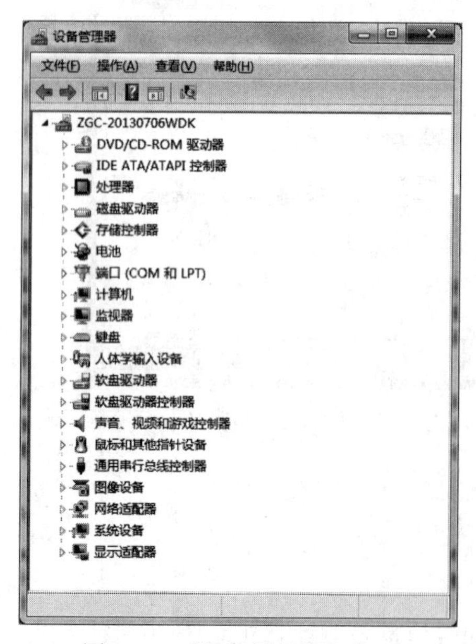

图 3.17 “设备管理器”窗口

3.2.4 磁盘管理

1. 磁盘分区

磁盘分区是指将一个磁盘划分成几个分区，即把一个磁盘驱动器划分成几个逻辑上独立的驱动器，如图 3.18 所示。在 Windows 7 操作系统环境下，硬盘被分成独立的四个分区，即 C、D、E、F。磁盘分区也称为卷，若磁盘不分区，则整个磁盘就是一个卷。

图 3.18　磁盘分区

在 Windows 7 操作系统环境下，一个硬盘可分为一个磁盘主分区和一个磁盘扩展分区，也可以只有一个磁盘主分区。扩展分区可以根据需要再细分为若干个逻辑分区。

在 Windows 7 操作系统中可以通过“计算机管理”功能对磁盘分区进行管理。可以右击“计算机”图标，在弹出的快捷菜单中选择“管理”选项，即可弹出“计算机管理”窗口，然后选择“磁盘管理”选项，进入磁盘管理界面，如图 3.19 所示。

从图 3.19 中可以看出，本机有四个 NTFS 文件系统的磁盘分区，其中 C 盘为主分区，D、E、F 盘为逻辑分区。

2. 磁盘清理

Windows 操作系统在使用过程中会将一些特定的不必要文件保留在临时文件夹中；或者在磁盘中保留了以前安装但现在不再使用的 Windows 操作系统组件；或者磁盘驱动器空间耗尽导致磁盘空间不足。以上情况需要在不损害任何程序的前提下，减少磁盘中的文件数来腾出更多的空间。可以使用“磁盘清理”功能来清理磁盘，包括删除已下载的程序文件、Internet 临时文件、备份文件、日志文件并清空回收站，如图 3.20 所示。通过选择“开始”→“所有程序”→“附件”→“系统工具”→“磁盘清理”选项，或在要进行磁盘清理的盘符上右击，在弹出的快捷菜单中选择“属性”→“常规”→“磁盘清理”选项，如图 3.21 所示。

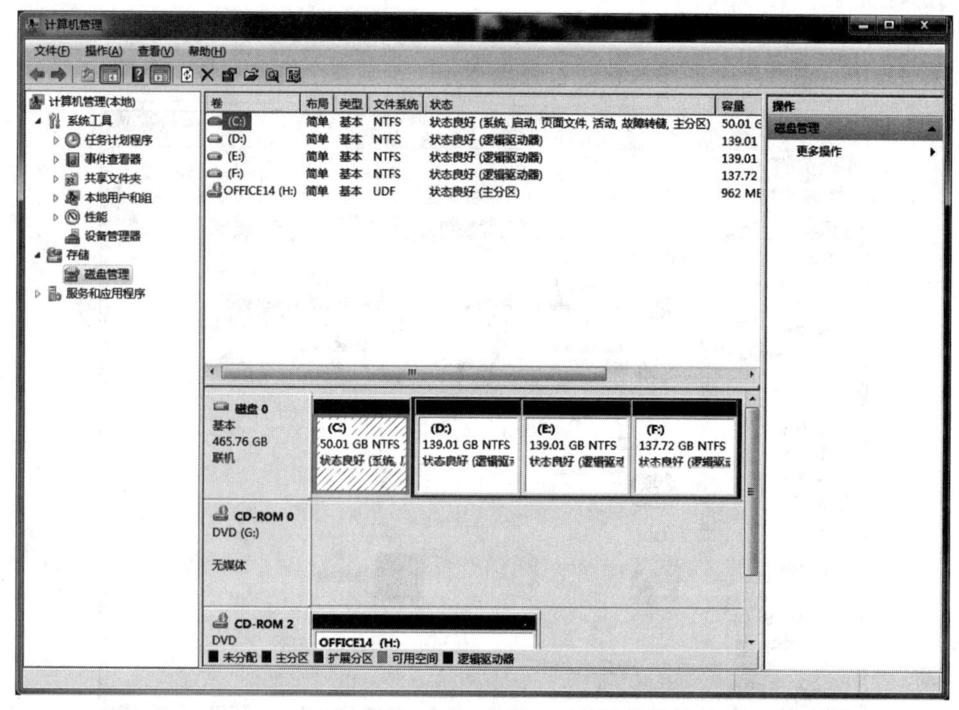

图 3.19 “计算机管理”磁盘管理功能界面

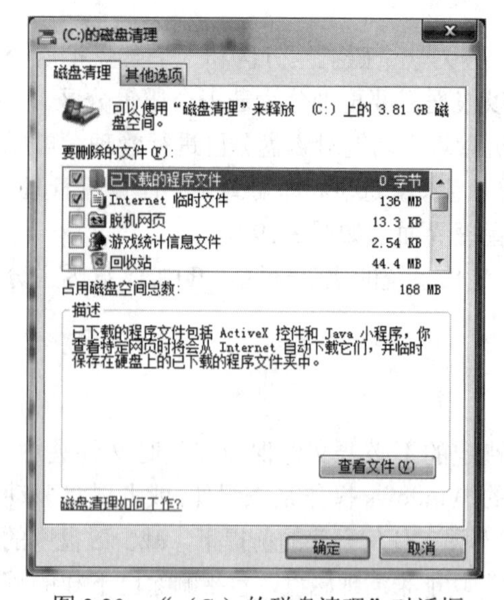

图 3.20 “(C:)的磁盘清理”对话框

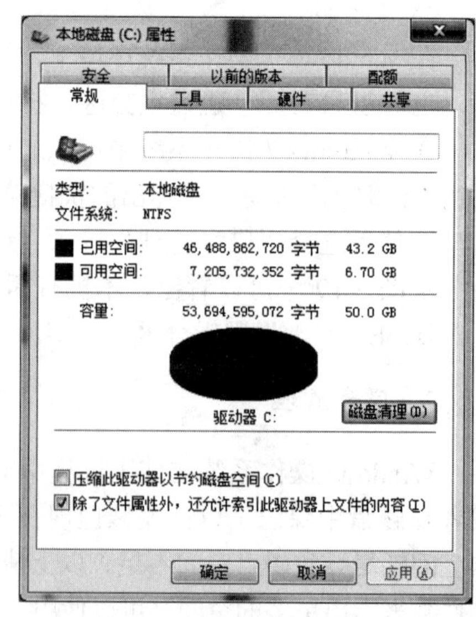

图 3.21 “本地磁盘(C:)属性”对话框

3. 磁盘碎片整理

计算机会在对文件来说足够大的第一个连续可用空间上存储文件。如果没有足够的可用空间，计算机会将尽可能多的文件保存在最大的可用空间上，然后将剩余数据保存在下一个可用空间上，并以此类推。当磁盘中大部分空间被用作存储文件和文件夹后，大部分的新文件则被存储在卷中的碎片中。删除文件后，在存储新文件时，剩余的空间将随机填充。这样，同一磁盘文件的各个部分可能分散在磁盘的不同区域。当磁盘中有大量碎片时，系统对磁盘的访问速度将减慢，并降低了磁盘操作的综合性能。

磁盘碎片整理功能可以分析本地磁盘、合并碎片文件，以便每个文件都可以占用磁盘上单独而连续的磁盘空间。可以通过选择“开始”→“所有程序”→“附件”→“系统工具”→“磁盘碎片整理程序”选项进行磁盘碎片整理，“磁盘碎片整理程序”窗口如图 3.22 所示。经过碎片整理，系统可以更有效地访问文件和文件夹，以及更有效地保存新的文件和文件夹。磁盘碎片整理程序还将合并磁盘上的可用空间，以减少新文件出现碎片的可能性。合并文件和文件夹碎片的过程称为碎片整理。

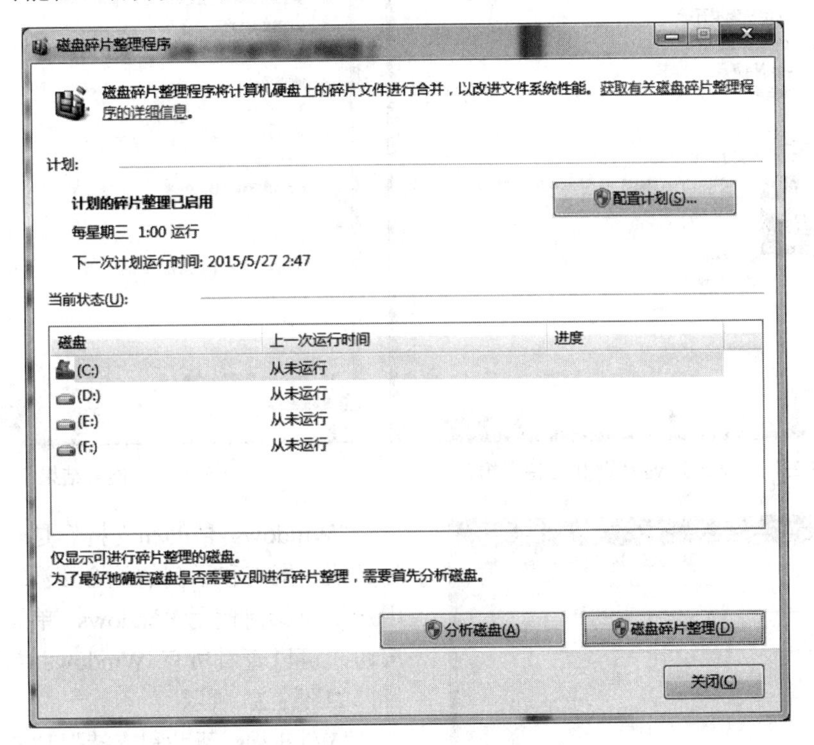

图 3.22　“磁盘碎片整理程序”窗口

碎片整理花费的时间取决于磁盘的大小、磁盘中文件的数量和大小、碎片的数量和可用的本地系统资源。首先，分析磁盘，可以在对文件和文件夹进行碎片整理之前找到所有的碎片文件和文件夹；其次，可以观察磁盘上的碎片是如何生成的，并决定是否从磁盘的碎片整理中受益。

3.3　Windows 7 操作系统帮助和支持

Windows 7 操作系统为所有功能提供了广泛的帮助。可以通过选择“开始”→“帮助和支持”选项或在桌面状态下按 F1 键弹出 Windows 7 的“Windows 帮助和支持”窗口，如图 3.23 所示。在“搜索帮助”文本框中输入需要的帮助主题关键字就可以找到相关的信息。例如，输入关键字“画图”，再单击搜索按钮或按 Enter 键，即可找到相应的内容。搜索结果如图 3.24 所示。

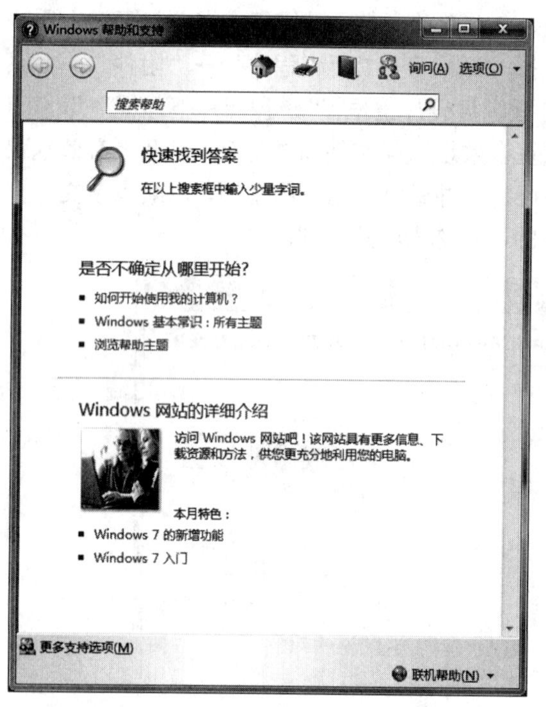

图 3.23　“Windows 帮助和支持”窗口

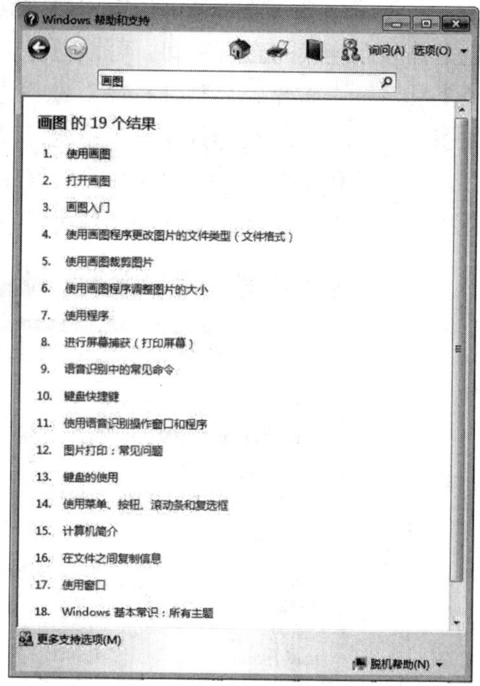

图 3.24　搜索结果

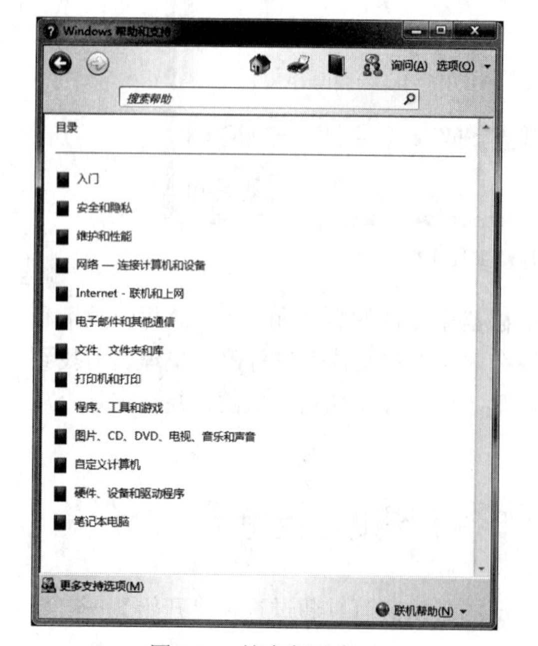

图 3.25　搜索帮助窗口

“Windows 帮助和支持”是一个有关实际建议、指南和示例的综合资源，它能帮助用户学习如何使用 Windows。单击浏览帮助按钮，可以查看所有 Windows 帮助资源项目，如图 3.25 所示。

“Windows 帮助和支持”功能是全面提供各种工具和信息的资源，不但可以单击查找帮助，通过单击询问按钮，还可以访问互联网向 Microsoft 技术支持人员寻求帮助，可以与其他 Windows 用户利用 Windows 新闻组交换问题和答案。

习　题

一、判断题

1. 在计算机系统中，资源包括硬件资源和外部设备资源两类。（　　）
2. 正版 Windows 7 操作系统不需要激活即可使用。（　　）
3. 记事本文件的默认扩展名为.txt。（　　）
4. 计算机在工作状态下重新启动，可采用热启动，即同时按下 Delete、Ctrl 和 Alt 三个键。（　　）
5. 任何一台计算机都可以安装 Windows 7 操作系统。（　　）
6. 计算机辅助教学的英文缩写是 CAM。（　　）
7. 在 Windows 7 操作系统中，单击第一个文件后，按住 Ctrl 键，再单击最后一个文件，可以选定一组连续的文件。（　　）
8. 计算机软件按其用途及实现的功能不同可分为系统软件和应用软件两大类。（　　）
9. Windows Aero 是 Windows 操作系统重新设计的用户界面，透明玻璃感使使用者获得美好的视觉体验。（　　）
10. 任务管理器提供有关计算机上运行的程序和进程信息，一般用户可以通过它来查看正在运行的程序状态、终止已经停止响应的程序、结束程序或进程、显示计算机性能。（　　）

二、选择题

1. 操作系统是（　　）。

A．应用软件　　B．系统软件　　C．工具软件　　D．杀毒软件

2. 操作系统的作用是（　　）。

A．对计算机存储器进行管理　　B．实现软硬件的转换

C．对外部设备进行管理　　D．控制和管理资源的使用

3. 操作系统是（　　）的接口。

A．用户与软件　　B．系统软件与应用软件

C．主机与外部设备　　D．用户与计算机

4. 在中文 Windows 7 操作系统环境下，下列文件名中不正确的是（　　）。

A．abc.bak　　B．计算机_操作.doc

C．myfile>new.txt　　D．myfile1+myfile2

5. 下列软件中，（　　）不是操作系统软件。

A．Windows 7　　B．UNIX　　C．Linux　　D．Office 2010

6. 在 Windows 7 操作系统中，若将剪贴板上的信息粘贴到某个文档窗口的插入点处，正确的操作是（　　）。

A．按 Ctrl+V 组合键　　B．按 Ctrl+Z 组合键
C．按 Ctrl+C 组合键　　D．按 Ctrl+X 组合键

7. 在 Windows 7 操作系统中，可使用桌面上的（　　）图标来浏览和查看系统提供的所有软硬件资源。

A．“网络”　　B．“回收站”　　C．“计算机”　　D．“我的电脑”

8. 在 Windows 7 操作系统中，选定某一文件夹，再选择“文件”→“删除”选项，则（　　）。

A．只删除文件夹而不删除其所包含的文件
B．删除文件夹内的某一程序文件
C．删除文件夹所包含的所有文件而不删除文件夹
D．删除文件夹及其所包含的全部文件与子文件夹

9. 在 Windows 7 操作系统中，使用搜索功能查找硬盘中的所有 Word 文档，可以在搜索栏里输入关键字（　　）。

A．*.docx　　B．?.docx　　C．&.docx　　D．#.docx

10. 可以通过按（　　）组合键在弹出界面选择“启动任务管理器”选项，弹出“Windows 任务管理器”窗口。

A．Ctrl+Alt+Shift　　B．Ctrl+Alt+Home
C．Ctrl+Alt+Delete　　D．Ctrl+Alt+Enter

三、填空题

1. 在 Windows 7 操作系统中，文件夹是按________来组织管理的。

2. ________是目前全球最大的一个自由软件，是可与商业 UNIX 和微软 Windows 系列相媲美的操作系统，具有包括完备的网络应用在内的各种功能。

3. ________是用户对计算机进行配置的重要工具，默认安装了许多管理程序，还有一些应用程序和设备会安装自己的管理程序，以简化这些设备或应用程序的管理和配置任务。

4. Windows 7 操作系统是由________公司开发的，具有革命性变化的操作系统。

5. 按照 Windows 7 操作系统，系统磁盘分区必须为________格式。

6. Windows 7 操作系统中的 Aero Peek 桌面预览，将鼠标指针移动至桌面右下角透明区域处，出现“________”字样，此时桌面窗口进入透明预览状态。

7. Windows Flip 3D 窗口切换，按住________键，然后按 Tab 键，可切换当前窗口。

8. ________是图形用户界面中程序和文件的容器，用于存放程序、文档、快捷方式和子文件夹。

9. 通常用文件的________来区分不同文件的类型。

10. 可以通过选择“开始”→“帮助和支持”选项或在桌面状态下按________键来启动 Windows 7 操作系统的“Windows 帮助和支持”窗口。

Word 2010 文字处理

Microsoft Office 2010（以下简称 Office 2010）是微软公司推出的新一代办公软件，开发代号为 Office 14。该软件共有 6 个版本，分别是初级版、家庭及学生版、家庭及商业版、标准版、专业版和专业高级版，Office 2010 可支持 32 位和 64 位 Windows Vista 及 Windows 7 操作系统，仅支持 32 位 Windows XP 操作系统，不支持 64 位 Windows XP 操作系统。

Office 2010 在旧版本的基础上有很大的改变。首先，在界面上，Office 2010 将采用 Ribbon 新界面主题，界面简洁明快，标识更新为全橙色。其次，Office 2010 进行了功能优化，如具有改进的菜单和工具、增强的图形和格式设置。还增加了许多新的功能，特别是在线应用功能，可以使用户更加方便、更加自由地表达自己的想法、解决问题及与他人联系。Office 2010 包括了 Word、Excel、PowerPoint、Outlook、Publisher、OneNote、Access 等组件。本章重点介绍 Word 2010。

4.1 Word 2010 概述

4.1.1 Word 2010 的新功能

Word 2010 提供了许多编辑工具，可以使用户更轻松地制作出比以前任何版本都精美的具有专业水准的文档。它除继承旧版本中的功能外，还增加了许多新的功能：

1）新增“文件”标签，管理文件更方便。

2）新增字体特效，让文字不再枯燥。

3）新增图片简化处理功能，让图片更亮丽。

4）快速抠图的工具——“删除背景”功能。

5）方便的截图功能。

6）优化的 SmartArt 图形功能。

7）多语言的翻译功能。

8）即见即得的打印预览效果。

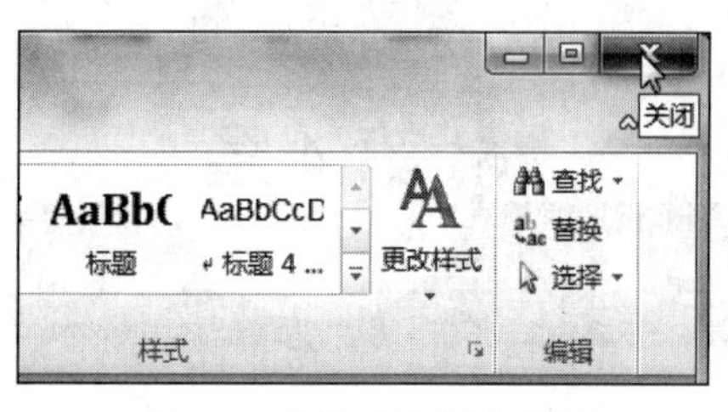

图 4.1 单击“关闭”按钮

4.1.2 Word 2010 的启动和退出

1）启动 Word 2010 应用程序。

2）退出 Word 2010 应用程序，如图 4.1 所示。

4.1.3 Word 2010 窗口的基本操作

启动 Word 2010 程序，弹出工作窗口，如图 4.2 所示。

Word 2010 工作窗口主要包括标题栏、快速访问工具栏、功能区、标尺、文档编辑区、状态栏等。

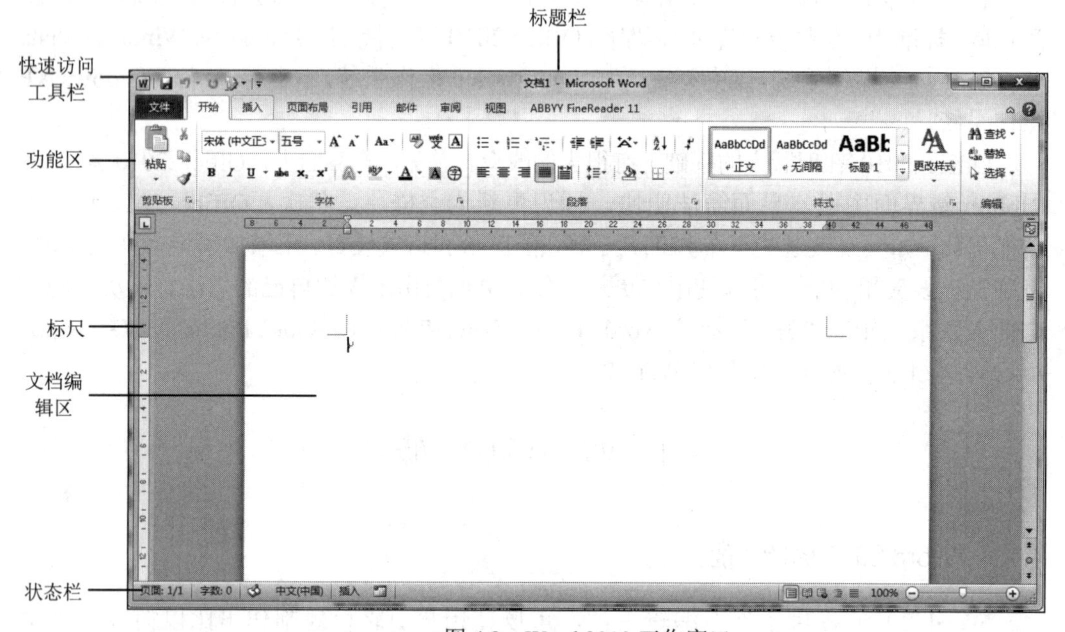

图 4.2 Word 2010 工作窗口

4.1.4 Word 2010 文件视图

在 Word 2010 中提供了多种视图模式供用户选择，这些视图模式包括页面视图、阅读版式视图、Web 版式视图、大纲视图、草稿视图等视图方式。

用户可以在“视图”功能区中选择需要的文档视图模式，也可以在 Word 2010 文档窗口的右下方单击视图按钮选择视图。

1. 页面视图

页面视图可以显示 Word 2010 文档的打印结果外观，主要包括页眉、页脚、图形对象、分栏设置、页面边距等元素，是最接近打印结果的页面视图，如图 4.3 所示。

2. 阅读版式视图

阅读版式视图以图书的分栏样式显示 Word 2010 文档，“文件”按钮、功能区等窗口元素被隐藏起来。

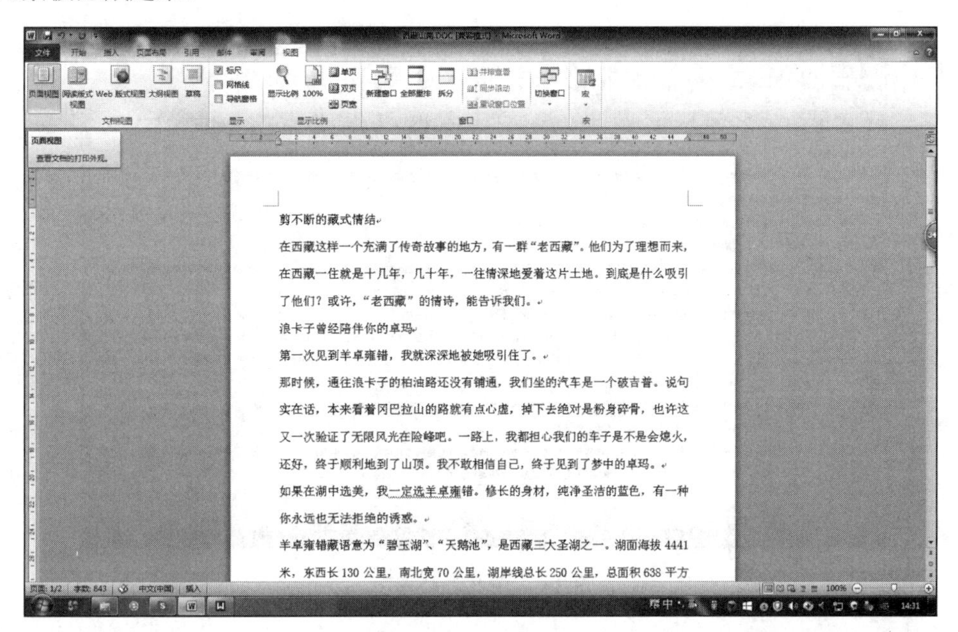

图 4.3　页面视图

在阅读版式视图中，用户还可以单击“工具”按钮选择各种阅读工具，如图 4.4 所示。

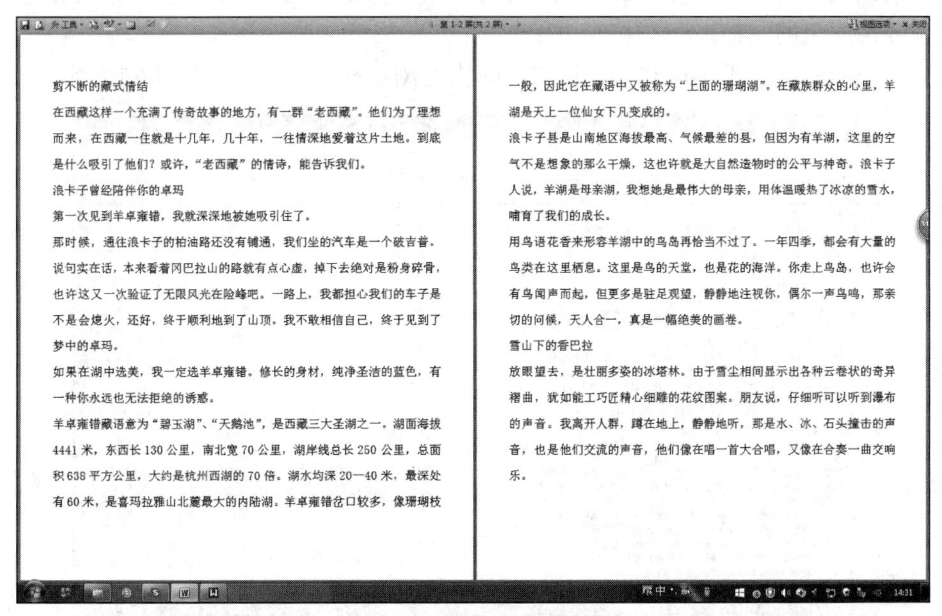

图 4.4　阅读版式视图

3. Web 版式视图

Web 版式视图以网页的形式显示 Word 2010 文档，适用于发送电子邮件和创建网页，如图 4.5 所示。

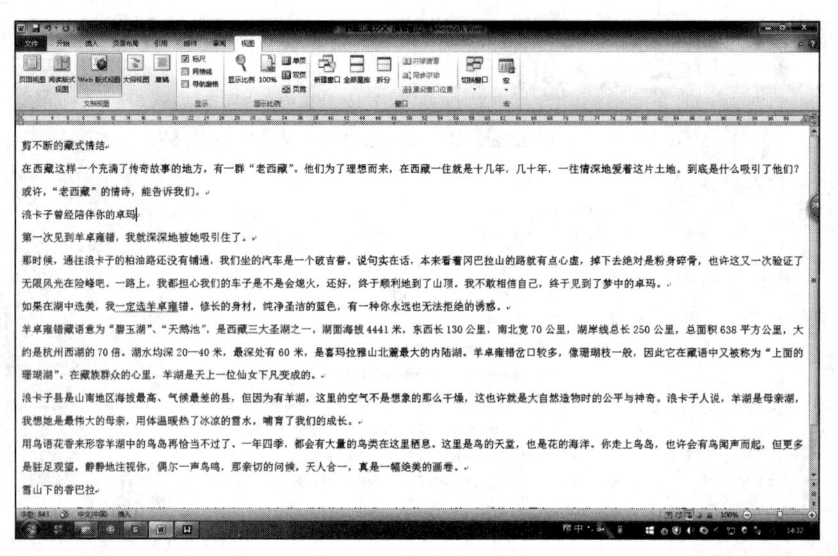

图 4.5 Web 版式视图

4. 大纲视图

大纲视图主要用于设置 Word 2010 文档和显示标题的层级结构，并可以方便地折叠和展开各种层级的文档。

大纲视图广泛用于 Word 2010 长文档的快速浏览和设置中，如图 4.6 所示。

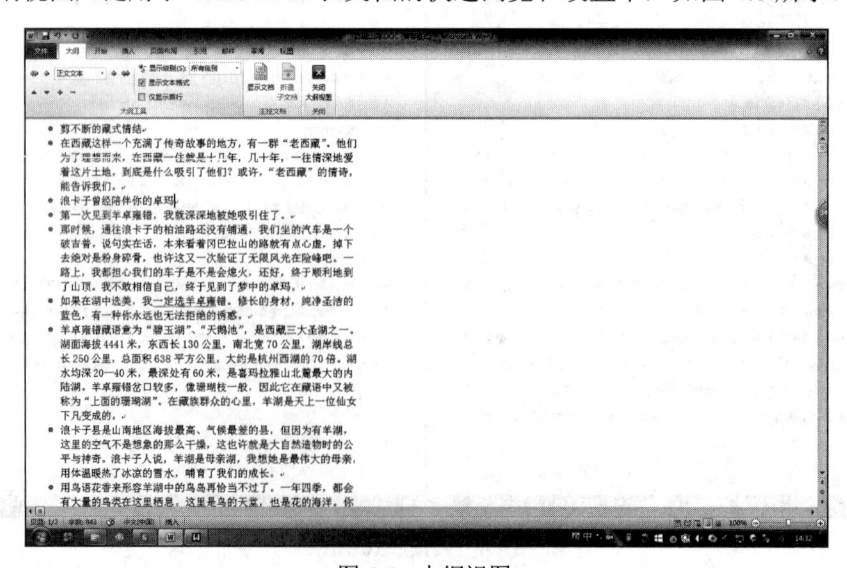

图 4.6 大纲视图

5. 草稿视图

草稿视图（图 4.7）取消了页面边距、分栏、页眉页脚、图片等元素，仅显示标题和正文，是最节省计算机系统硬件资源的视图方式。

现在计算机系统的硬件配置都比较高，基本上不存在由于硬件配置偏低而使 Word 2010 运行遇到障碍的问题。

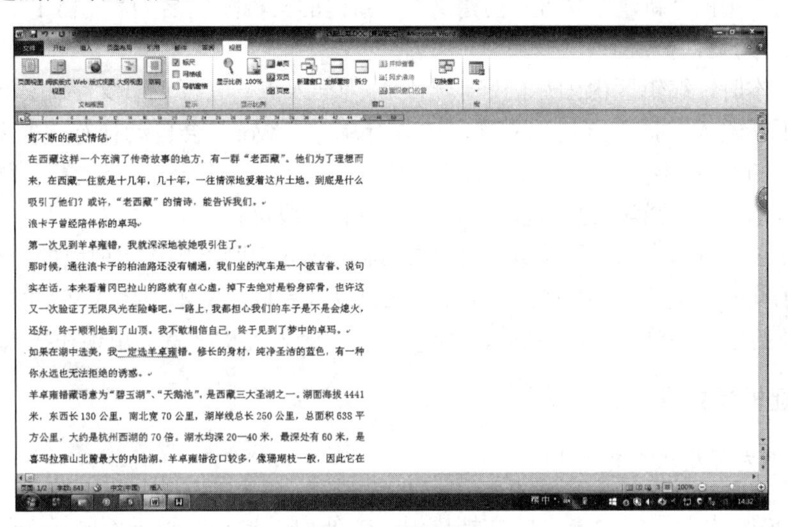

图 4.7 草稿视图

4.1.5 Word 2010 帮助系统

利用“帮助”功能菜单，可得到 Word 的所有的帮助信息。单击“帮助”按钮，弹出“帮助”任务窗格，其上有“目录”和“索引”两个选项，用户根据需要打开相应卡片，可获得相关的帮助信息，如图 4.8 所示。

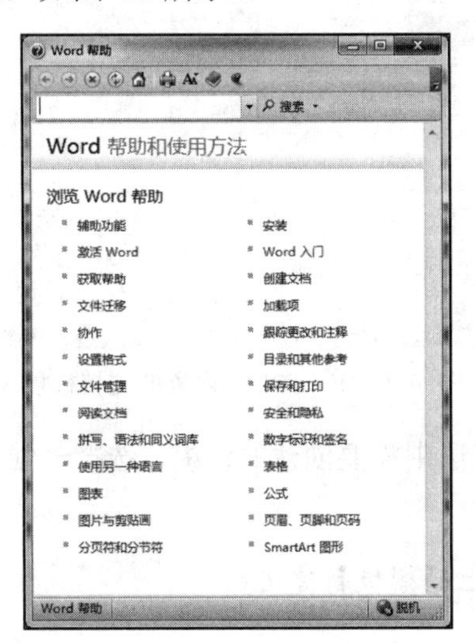

图 4.8 “Word 帮助”窗口

4.2 Word 2010的基本操作

4.2.1 新建空白文档

启动 Word 后，会自动建立一个新文档。也可以选择“文件”→“新建”选项或单击快速启动栏中的“新建”按钮来创建文档。新建的文档默认名为“文档 1”，Word 2010 文档以.docx 为文件扩展名。

输入文本时，编辑区内闪烁的竖形光标称为插入点，它标识着文字输入的位置。随着文字的不断输入，插入点自动右移，输入行尾时，Word 会自动换行。需要开始新的一段时，按 Enter 键会产生一个段落标记，插入点移到下一行行首。选择“开始”→“段落”→“显示/隐藏段落标记”选项，可显示或隐藏段落标记。

如果在录入过程中出现了错误，可以按 Backspace 键删除插入点前面的一个字符，按 Delete 键可删除插入点后面的字符。当需要在已录入完成的文本中插入文字时，应将鼠标指针指向新的位置并单击，然后输入文字，这样新录入的文字就会出现在插入点位置。

4.2.2 新建模板文档

1. 使用内置模板新建文档

Word 2010 内置了很多丰富的文档模板，方便用于建立适用于不同场合的文档。

启动 Word 2010 后，选择“文件”→“新建”选项，可以看到 Word 2010 内置的文档模板，如“空白文档”“博客文章”等，最常见的模板就是“空白文档”，如图 4.9 所示。

图 4.9 Word 2010 内置的文档模板

双击相应的模板名称或选中需要创建的模板，选择“创建”选项，用户即可创建需要的文档类型。

2. 使用 Office Online 上的模板新建文档

除了内置模板外，Word 2010 还提供了 Office Online 上的模板，包括 Office.com 模

板，如“会议议程”“证书、奖状”等。用户也可以通过输入关键字进行在线搜索，创建需要的文档类型。如图 4.10 所示。

图 4.10　Office Online 上的模板

双击相应的模板名称或选中需要创建的模板，选择“创建”选项，用户即可创建需要的文档类型。

4.2.3　保存为默认文档类型

在对创建的文档进行保存时，可以将文档保存为某一类型的文档，并将其设置为默认的文档保存类型，如图 4.11 所示。

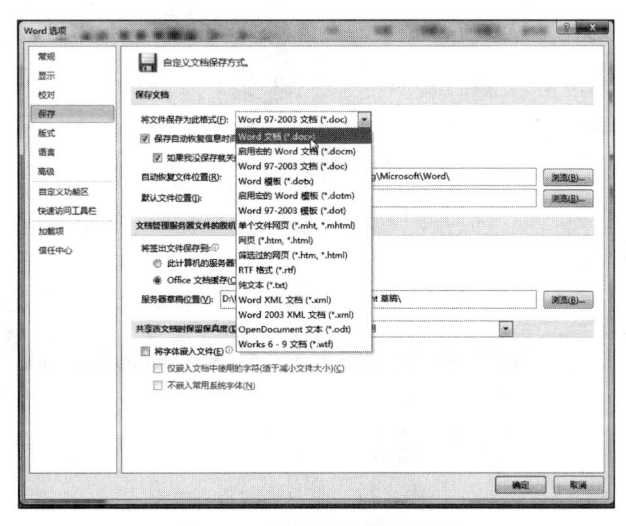

图 4.11　设置默认保存类型

4.2.4 保存支持低版本的文档类型

如果想要在只安装了 Office 低级版本，如 2003 版本的计算机上打开 Word 2010 文档，可以将文档保存为支持低版本的“Word 97-2003 文档（*.doc）”，如图 4.12 所示。

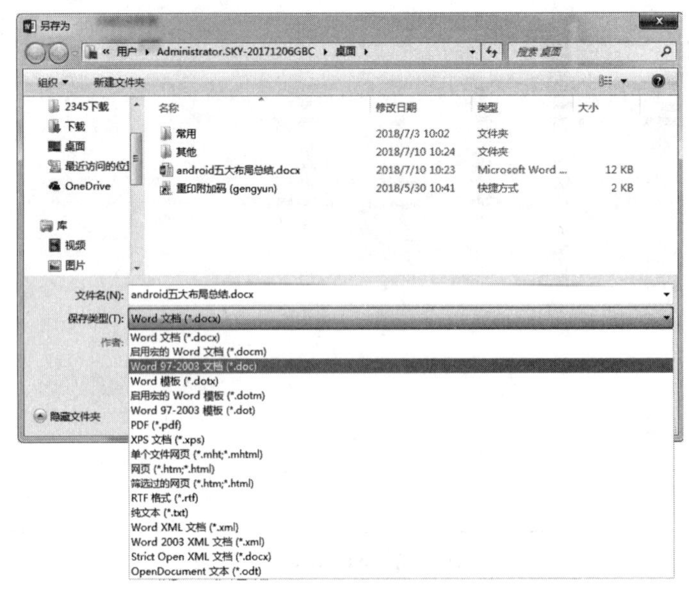

图 4.12 保存为低版本文档类型

4.2.5 将文档保存为网页类型

如果想以网页的形式打开文档，可以将文档保存为网页形式，如图 4.13 所示。

图 4.13 保存为网页

4.2.6　将文档保存为 PDF 类型

为了防止文档被他人更改，可以将文档保存为 PDF 类型的文件，如图 4.14 所示。

图 4.14　创建 PDF 文件

4.3　Word 2010 文本操作与编辑

除了利用 Word 进行一般的表格处理工作外，数据计算功能是其主要功能之一。

公式就是进行计算和分析的等式，可以对数据进行加、减、乘、除等运算，也可以对文本进行比较等。

函数是 Word 预定义的内置公式，可以进行数学、文本和逻辑运算或查找工作表的数据，与直接公式进行比较，使用函数的运算速度更快，同时降低出错的概率。

4.3.1　文本输入与特殊符号的输入

1. 输入中文

输入中文时先不必考虑格式，对于中文文本，段落开始可先空两个汉字，即输入四个半角空格。当输入一段内容后，按 Enter 键可分段插入一个段落标记。如果在前一段的开头输入了空格，段落首行将自动缩进。输入满一页将自动分页，如果对分页的内容进行增删，这些文本会在页面间重新调整。

按 Ctrl+Enter 组合键可强制分页，即加入一个分页符，确保文档在此处分页，如图 4.15 所示。

2. 自动更正

选择“文件”→“选项”→“校对”选项，可以打开如图 4.16 所示的界面设置自动更正，自动检测更正输入错误、错误拼写的单词和不正确的英文大写。例如，如果输入

“teh”和一个空格，“自动更正”功能会将输入的内容替换为“the”。如果输入“This is theh ouse”和一个空格，“自动更正”功能会将输入的内容替换为“This is the house”。

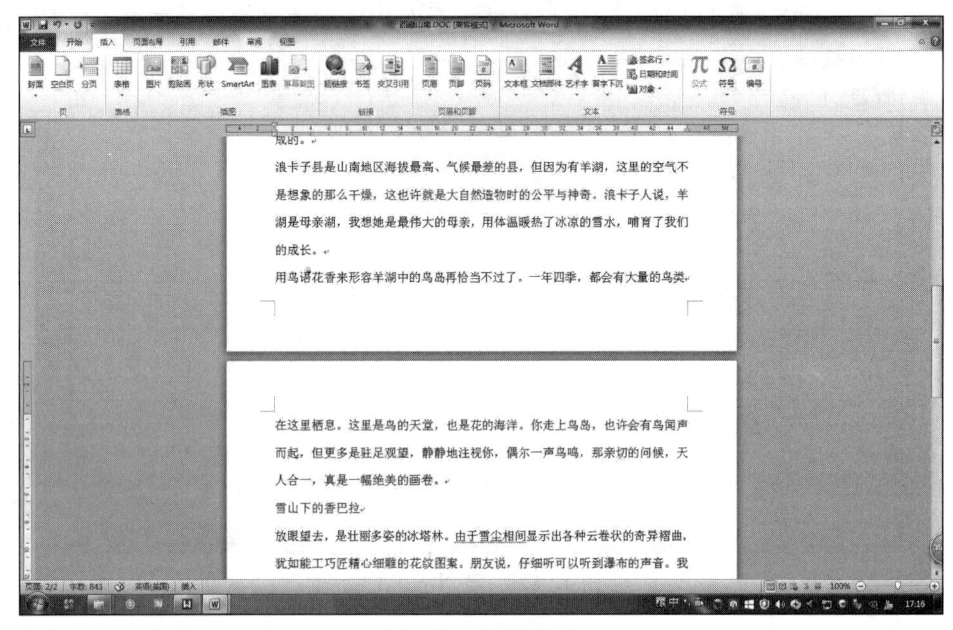

图 4.15 强制分页

图 4.16 设置自动更正的界面

也可使用“自动更正”快速插入在内置“自动更正”词条中列出的符号。例如，输入“(c)”插入©。

设置自动更正的操作步骤如下：单击“自动更正选项”按钮，在弹出的对话框中（默认的是“自动更正”选项卡)，如勾选“键入时自动替换”复选框，“替换”的内容设置为“羊山”，“替换为”设置为“羊山新区”，则用户在编辑文本时，一旦输入“羊山”，Word 2010 会自动更正为“羊山新区”，如图 4.17 所示。

图 4.17　自动更正文本

3. 使用自动图文集

使用自动图文集，可以存储和快速插入文字、图形和其他经常使用的对象。例如，选择常用的文本或图片等对象，然后选择“插入”→“文档部件”→“自动图文集”→“将所选内容保存到自动图文集库”选项，如图 4.18 所示。

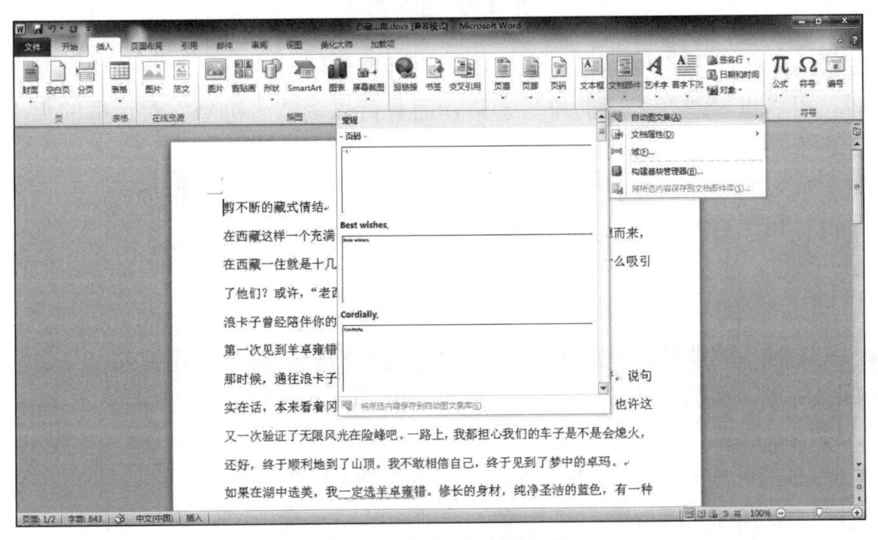

图 4.18　插入自动图文集

同时，Microsoft Word 自带一些内置的自动图文集词条，在“自定义”功能区可以将“自动图文集”添加到工具栏。

4. 插入符号和字符

符号和特殊字符不显示在键盘上，但是在屏幕上和打印时都可以显示。例如，可以插入符号，如 ¼ 和©；特殊字符，如破折号“——”、省略号“……”或不间断空格；以及许多国际通用字符，如 ë 等。

可以插入的符号和字符的类型取决于可用的字体。例如，一些字体可能包含分数(¼)、国际通用字符（Ç、ë）和国际通用货币符号（£、¥）。

内置符号字体包括箭头、项目符号和科学符号。还可以使用附加符号字体，如“Wingdings”“Wingdings 2”“Wingdings 3”等，它包括很多装饰性符号。也可以使用“符号”对话框选择要插入的符号、字符和特殊字符，然后单击“插入”按钮插入，如图 4.19 所示。

图 4.19 插入符号

已经插入的“符号”保存在对话框中的“近期使用过的符号”列表中，再次插入这些符号时，可以直接选择相应的符号即可，而且可以调节“符号”对话框的大小，以便可以看到更多的符号。

还可以通过为符号、字符指定快捷键，以后可通过快捷键直接插入。

还可以使用“自动更正”功能将输入的文本自动替换为符号。

5. 删除和修改字符

输入文本时，需要经常删除字符或词组，比较常见的按键使用方法如下。

按 Delete 键，可将选中文本删除，也可删除插入点后面的一个字符。

按 Backspace 键，可将选中文本删除，也可删除插入点前面的一个字符。

按 Ctrl+Delete 组合键，可将插入点后面的一个词组删除。

按 Ctrl+Backspace 组合键，可将插入点前面的一个词组删除。

4.3.2　文本内容的选择

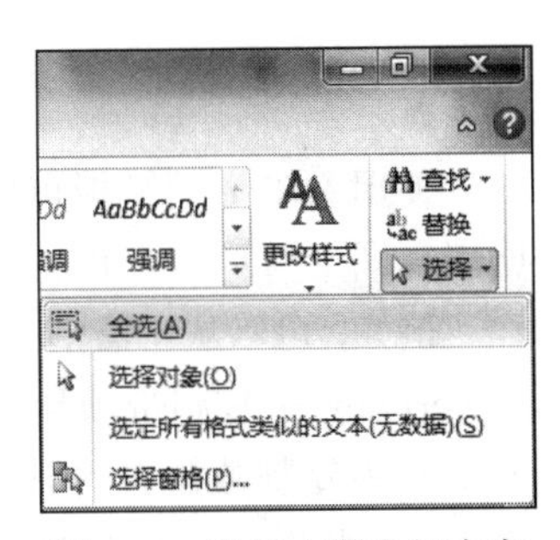

图 4.20　选择文档全部内容

1. 选择文档全部内容

1）利用“全选”选项。选择“开始”→“编辑”→“选择”选项，在弹出的下拉列表中选择“全选”选项，则可以选择文档全部内容，如图 4.20 所示。

2）使用快捷键。也可以用 Ctrl+A 组合键来完成上述操作，选择文档全部内容。

2. 拖动鼠标选择文本

这种方法是最常用，也是最基本、最灵活的方法。用户只需将鼠标指针停留在所要选择的内容的开始部分，然后按住鼠标左键拖动鼠标，直到所要选择部分的结尾处，即所有需要选择的内容都已呈高亮状态，松开鼠标即可。

3. 选择一行

将鼠标指针移动到某一行的左侧，当鼠标指针变为一个指向右边的箭头时，单击即可选中该行。

4. 选择一个段落

将鼠标指针移动到某一个段落的左侧，当鼠标指针变成一个指向右边的箭头时，双击即可选择该段落。另外，还可以将鼠标指针放置在该段中的任意位置，然后连续单击三次，也可选择该段落。

5. 选择不连续的文本

按照上述任意方法选择一段文本后，按住 Ctrl 键，再选择另外一处或多处文本，即可将不相邻的多段文本同时选中。

以上主要介绍了五种利用鼠标（或与快捷键结合）选择文本的方法，还有一些其他选择文本的方法，简要介绍如下。

选择一个单词：双击该单词。

选择一个句子：按住 Ctrl 键，然后单击该句子中的任何位置。

选择较大文本块：单击要选择内容的起始处，滚动到要选择内容的结尾处，然后按住 Shift 键，同时在要结束选择的位置单击。

4.3.3　文本内容复制与粘贴

若要复制所选文字，首先选定文本，按 Ctrl+C 组合键，即可复制文本。

若要粘贴所选文字，选定粘贴位置，按 Ctrl+V 组合键，即可粘贴文本。

4.3.4 Office 剪贴板

使用 Office 剪贴板可以从任意数目的 Office 文档或其他程序中收集文字、表格、数据表、图形等内容，再将其粘贴到任意 Office 文档中。

例如，可以从一篇 Word 文档中复制文字，从 Microsoft Excel 中复制数据，从 Microsoft PowerPoint 中复制带项目符号的列表，从 Microsoft FrontPage 中复制文字，从 Microsoft Access 中复制数据表，再切换回 Word，把收集到的部分或全部内容粘贴到 Word 文档中。Office 剪贴板可与标准的“复制”和“粘贴”选项配合使用。只需将一个项目复制到 Office 剪贴板中，然后在任何时候均可将其从 Office 剪贴板中粘贴到任何 Office 文档中。

在退出 Office 之前，收集的项目都将保留在 Office 剪贴板中。

4.3.5 选择性粘贴的使用

在复制文本或者 Word 表格后，可以将其粘贴为指定的样式，这样就需要用到 Word 的“选择性粘贴”功能，如图 4.21 所示。

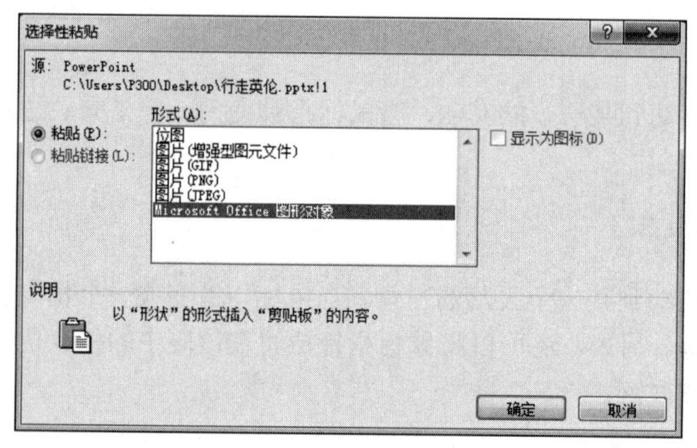

图 4.21 “选择性粘贴”对话框

4.3.6 文本剪切与移动

通过移动可以快速将文本放至合适的位置，具体操作如下。

1. 剪切文本

第一步，选中需要剪切的文本内容。

第二步，对着文本内容右击，在弹出的快捷菜单中选择“剪切”选项，或按 Ctrl+X 组合键。

2. 粘贴文本

第一步，调整光标到粘贴文本的位置。

第二步，右击，在弹出的快捷菜单中选择“粘贴”选项或按 Ctrl+V 组合键。完成后，刚才选中的文本就会被移动到新的位置。

粘贴的含义：①保留源格式是指保留原格式（尤其是网页格式）不变；②合并格式是指保留源内容，但不保留源格式，保存后需要调整；③只保留文本，是指只保留文字，图片什么的都不要。

光标移动键的功能如表 4.1 所示。

表 4.1　光标移动键的功能

按键	插入点的移动
↑/↓，←/→	向上/下移一行，向左/右侧移动一个字符
Ctrl+←/Ctrl+→	左移/右移一个单词
Ctrl+↑/Ctrl+↓	上移/下移一段
PageUp/PageDown	上移/下移一屏（滚动）
Home/End	移至行首/移至行尾
Tab	右移一个单元格（在表格中）
Shift+Tab	左移一个单元格（在表格中）
Alt+Ctrl+PageUp/Alt+Ctrl+PageDown	移至窗口顶端/移至窗口结尾
Ctrl+PageDown/Ctrl+PageUp	移至下页顶端/移至上页顶端
Ctrl+Home/Ctrl+End	移至文档开头/移至文档结尾
Shift+F5	移至上一次关闭文档时插入点所在位置

4.3.7　文件内容查找与定位

在编辑长文档时，为了查找其中某一页的内容，利用鼠标滚动的方法很浪费时间，而利用查找可以快速定位到某一页，操作步骤如下：

第一步，打开 Word 2010 文档，单击“开始”→“编辑”→“查找”的下拉按钮，并选择“转到”选项。

第二步，弹出“查找和替换”对话框，在“定位”选项卡的“定位目标”列表中选择“页”选项，然后在“输入页号”文本框中输入目标页码，并单击“定位”按钮即可。

除此之外，还可以定位到指定的对象。

1. 文件内容查找

1）选择“开始”→“编辑”→“查找”选项。

2）弹出“导航”任务窗格，在“搜索文档”区域中输入需要查找的文本。

3）此时，在文档中查找到的文本便会以黄色突出显示出来。

上述操作如图 4.22 所示。

2. 文件内容定位

当处理长文档时，如果需要快速找到某一指定位置，如固定的页面、指定的批注或脚注等位置，就需要快速定位技术。操作步骤如下。

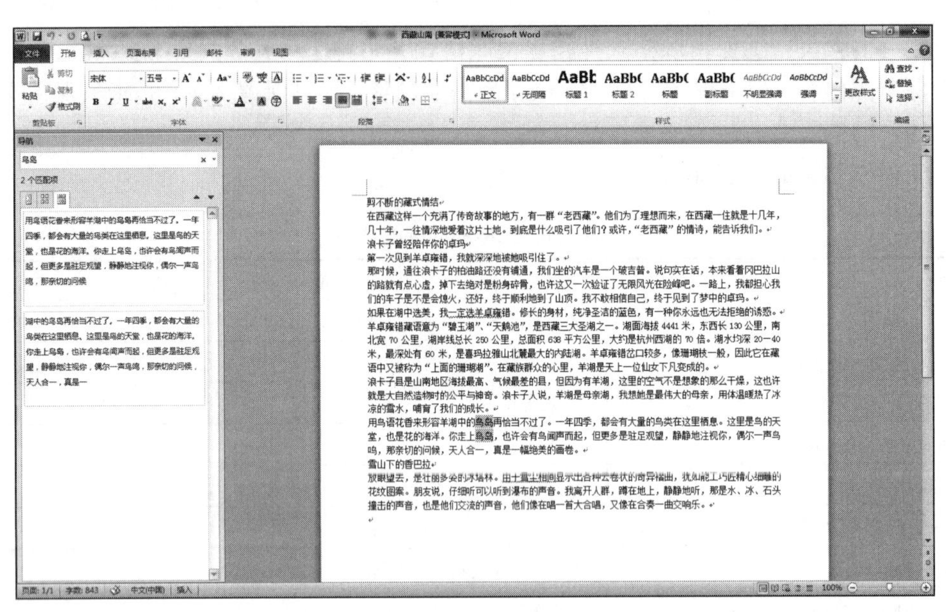

图 4.22 文本查找

1）单击“开始”→“编辑”→“查找”下拉按钮，在弹出的下拉列表中选择“高级查找”选项。

2）在弹出的对话框中选择“定位”选项卡，设置定位目标和相应的值。

3）单击“定位”按钮即可完成相应操作，如图 4.23 所示。

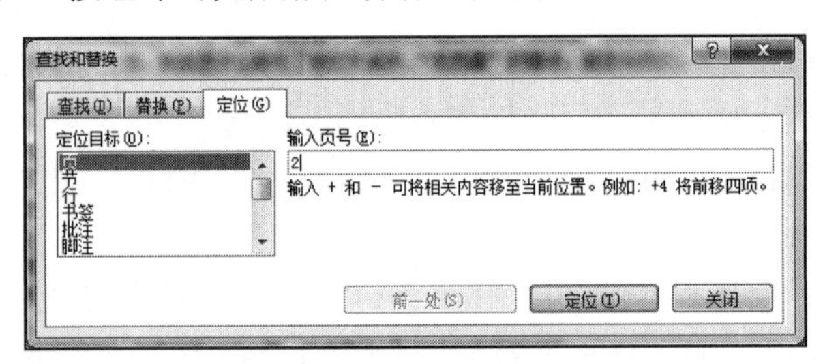

图 4.23 Word 2010 的定位功能

4.3.8 文件内容的替换

当用户需要对整篇文档中所有相同的部分文档进行更改时，可以采用替换的方法快速达到目的。下面具体介绍使用方法。

1. 普通文本替换

1）单击“开始”→“编辑”→“查找”下拉按钮，在弹出的快捷菜单中单击“高级查找”选项。

2）在弹出的对话框中选择“替换”选项，输入需要替换的文本和目标文本。

3）单击“全部替换”按钮即可完成相应操作。

上述操作如图 4.24 所示。

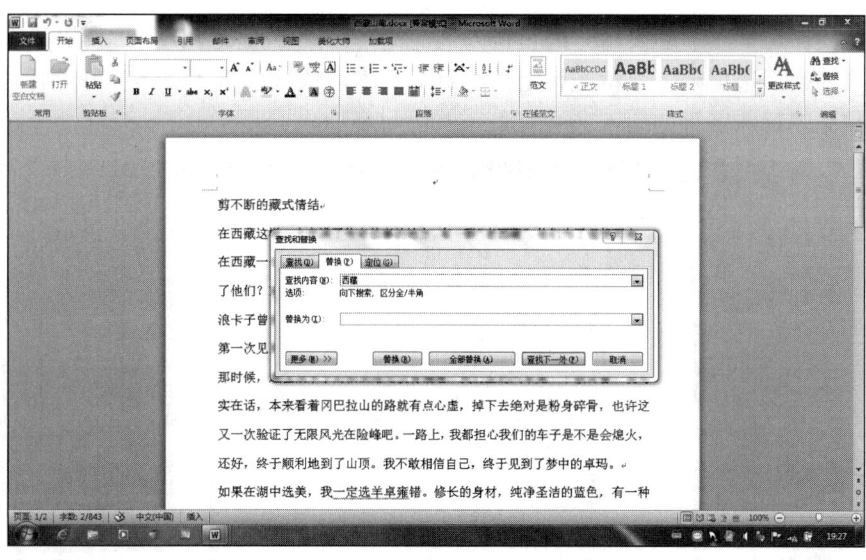

图 4.24　普通文本替换

2. 特殊替换

（1）特殊文本替换

在特定场合，我们需要将普通文本替换为具有特定格式的文本，在字体、字号等方面进行设置，则需要特殊文本替换。具体操作步骤如下：在“查找和替换”对话框的“替换”选项卡下，将光标定位在目标文本，依次单击“更多”→“格式”按钮，进行相应的字体设置，则可完成相应操作，如图 4.25 所示。

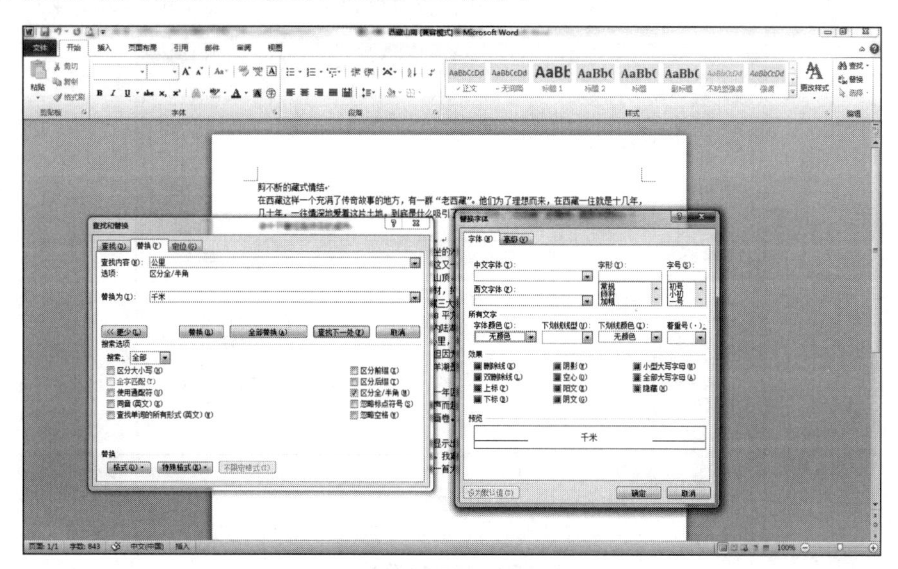

图 4.25　特殊文本替换

（2）特殊字符替换

在某些文档中，需要完成特殊字符替换，如空格、手动换行符等的替换，则需要特殊文本替换。这里以手动换行符的替换为例。具体操作步骤如下：在“查找和替换”对话框的“替换”选项卡下，将光标定位在目标文本，依次单击“更多”→“特殊格式”按钮，常见的特殊字符如图 4.26 所示。

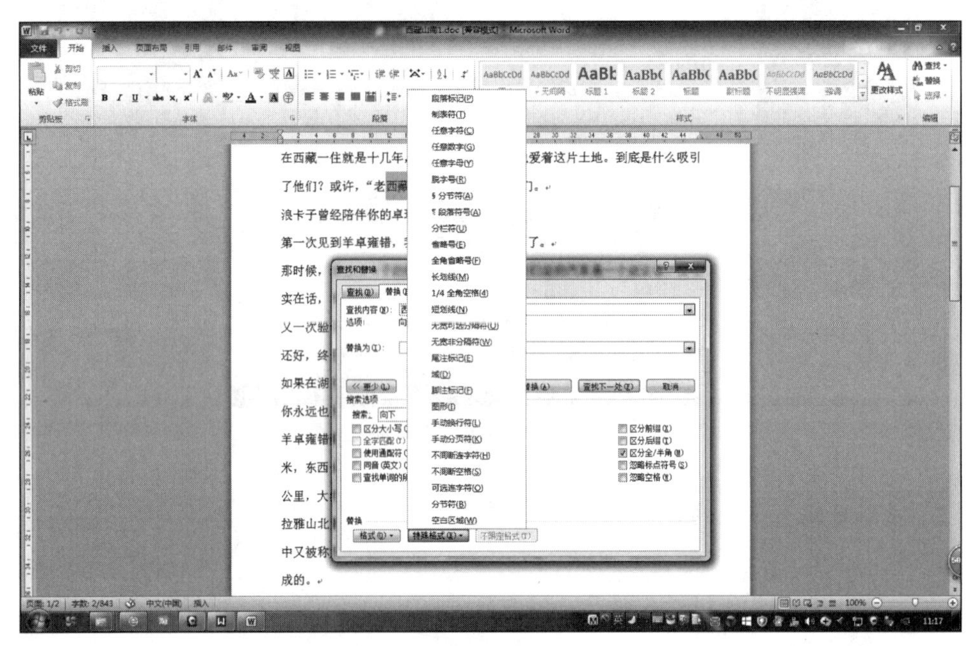

图 4.26　特殊字符

接下来我们将查找的内容选择为“手动换行符”，替换内容选择“段落标记”，然后单击“全部替换”按钮，则可完成整篇文档中手动换行符的替换。操作步骤如图 4.27 所示。

图 4.27　特殊字符替换

4.4 文本与段落格式设置

4.4.1 字体、字号和字形设置

设置字符的基本格式是 Word 对文档进行排版美化的最基本操作，其中包括对文字的字体、字号、字形、字体颜色、字体效果等字体属性的设置。

这些常规设置都包含在 Word 2010 的“开始”选项卡中，如图 4.28 所示。

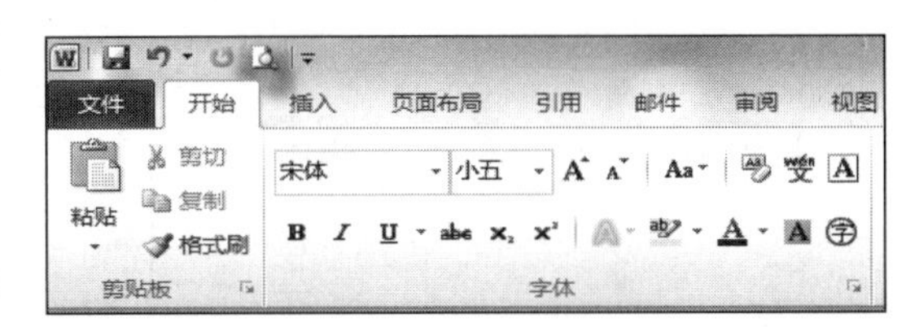

图 4.28 字体选项组

用户可以在“字体”对话框中的“字体”选项卡中设置字体、字形及字号，如图 4.29 所示。

4.4.2 颜色、下划线与文字效果设置

通过设置 Word 2010 的字符属性，可以使文档更加易读，整体结构更加美观。在 Word 2010 中右击，在弹出的快捷菜单中选择“字体”选项，弹出“字体”对话框，如图 4.30 所示，给出了 Word 2010 的字符颜色、下划线及文字效果。在该对话框中，选择颜色、选择下划线操作分别如图 4.31 和图 4.32 所示。

4.4.3 段落格式设置

文本的段落格式与许多因素有关，如页边距、缩进量、水平对齐方式、垂直对齐方式、行间距、段前和段后间距等，使用“段落”对话框可以方便地设置这些值。

图 4.29 设置字体、字形及字号

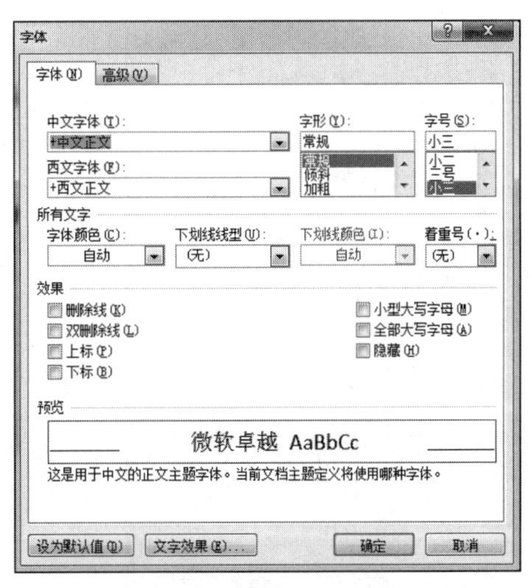

图 4.30 字符属性的部分设置效果

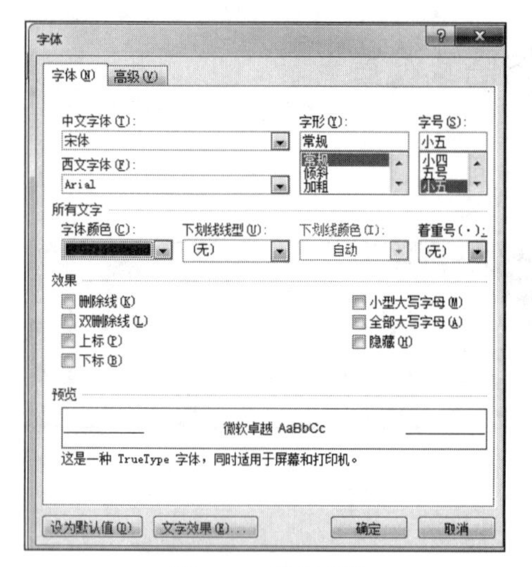

图 4.31　选择颜色

图 4.32　选择下划线

1. 对齐方式

对齐方式分为水平对齐方式和垂直对齐方式，如图 4.33 所示。

2. 文本缩进

文本的输入范围是整个页面除去页边距以外的部分。但有时为了美观，文本还要再向内缩进一段距离，这就是段落缩进。增加或减少缩进量时，改变的是文本和页边距之间的距离。默认状态下，段落左、右缩进量都是零。单击“开始”→“段落”选项组中的对话框启动器按钮，弹出“段落”对话框。在“缩进”选项组中即可对选中的段落设置缩进方式和缩进量，如图 4.34 所示。

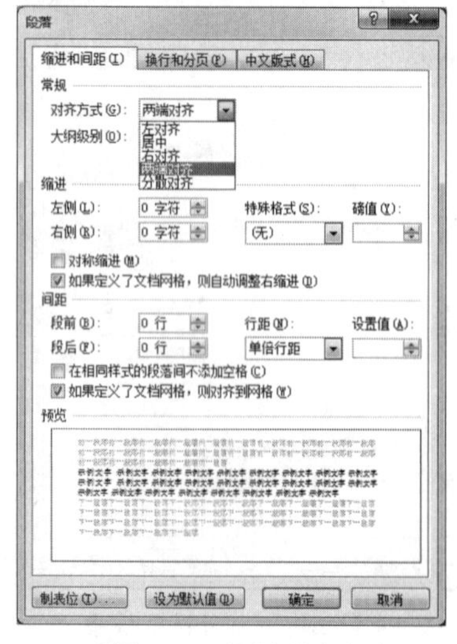

图 4.33　设置对齐方式

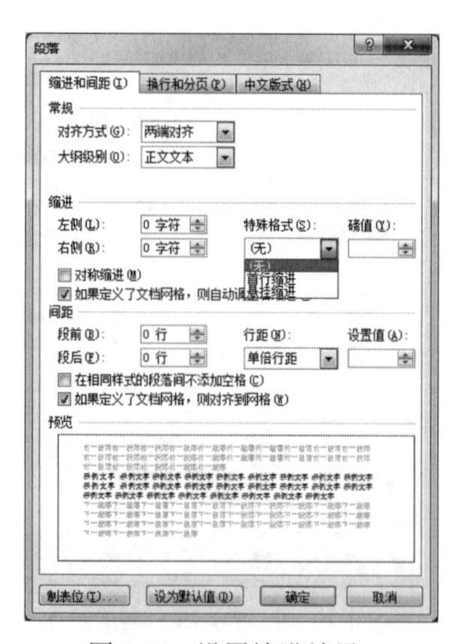

图 4.34　设置缩进效果

4.4.4　段落间距设置

行间距是指从一行文字的底部到另一行文字底部的间距，其大小可以改变。Word 将调整行距以容纳该行中最大的字体和最高的图形。

行距决定了段落中各行文本间的垂直距离。其默认值是单倍行距，意味着间距可容纳所在行的最大字体并附加少许额外间距。如果某行包含大字符、图形或公式，Word 将增加该行的行距。如果出现某些项目显示不完整的情况，可以为其增加行间距，使之完全表示出来。

段间距是指上一段落与下一段落间的间距，段落间距决定了段落的前后空白距离的大小，其大小可以改变。

用户可以在“段落”对话框中的“间距”区域设置段间距，还可以在“行距”下拉列表中设置行间距，如图 4.35 所示。

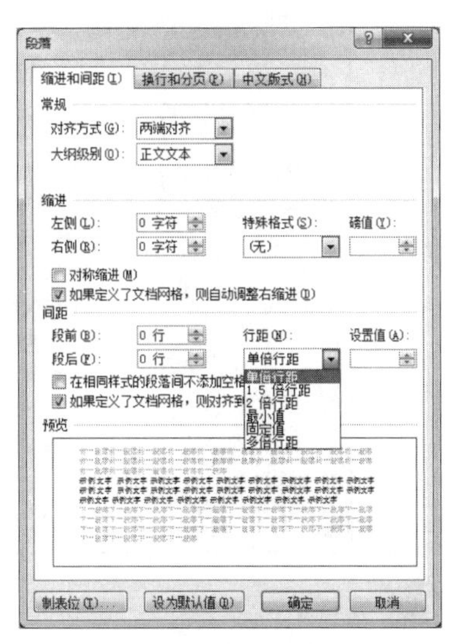

图 4.35　设置行间距

4.4.5　段落边框与底纹设置

用户可以为整段文字设置段落边框和底纹，以对整段文字进行美化设置。单击“开始”→“段落”→“下框线”下拉按钮，在弹出的下拉列表中选择“边框和底纹”选项，如图 4.36 和图 4.37 所示。

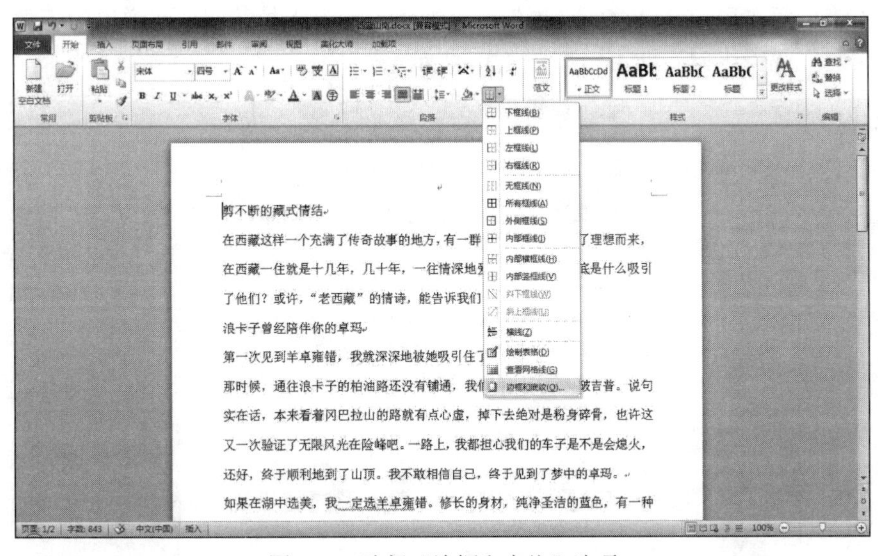

图 4.36　选择“边框和底纹”选项

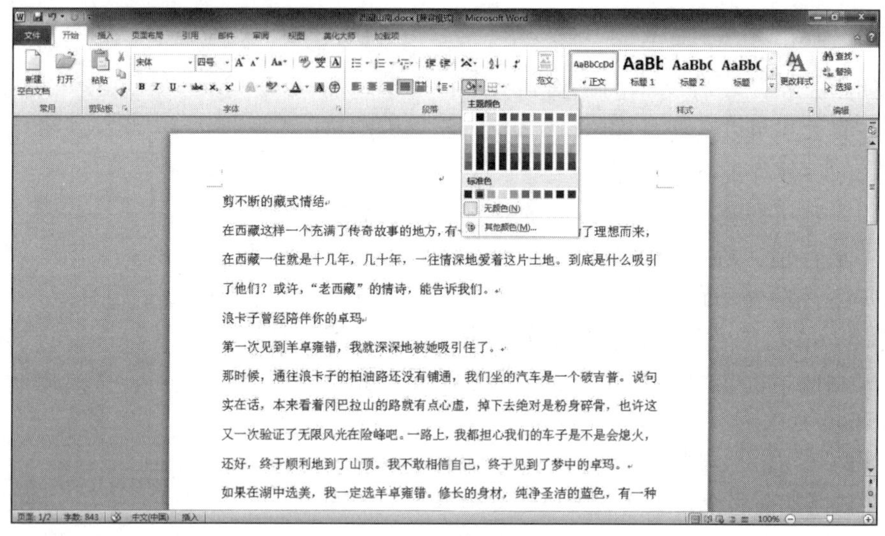

图 4.37　选择底纹样式

4.5　页面版式设置

4.5.1　设置纸张方向

设置页面的主要内容包括页边距、选择页面的方向（纵向或横向）、选择纸张的大小等。

单击“页面布局”→“页面设置”→“纸张方向”下拉按钮，在弹出的下拉菜单中选择“横向”或“纵向”即可，如图 4.38 所示。

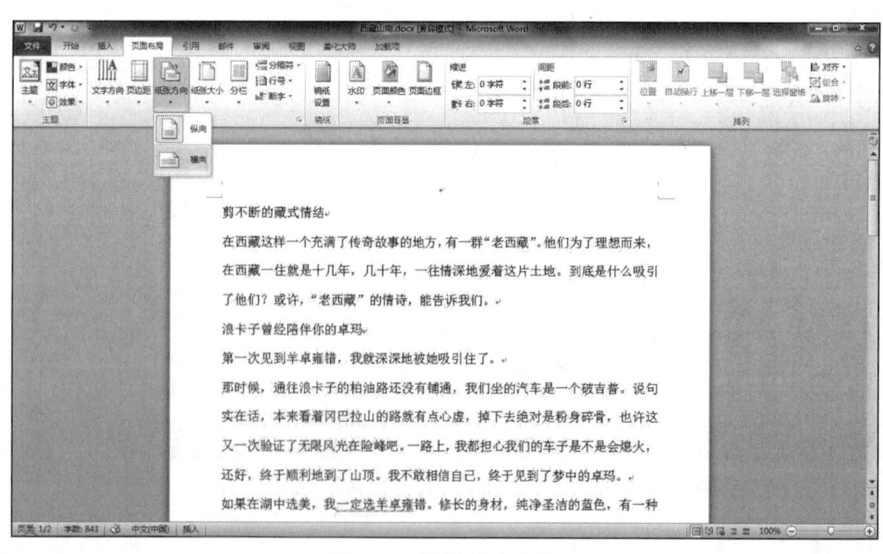

图 4.38　设置纸张方向

4.5.2　设置纸张大小

Word 2010 中包含不同的纸张样式，用户可以根据实际需要设置文档的纸张大小，如图 4.39 所示。

4.5.3　设置页边距

页边距是页面四周的空白区域（用上、下、左、右的距离指定），如图 4.40 所示。通常可在页边距内部的可打印区域中插入文字和图形，也可以将某些项目放置在页边距区域中，如页眉、页脚、页码等。

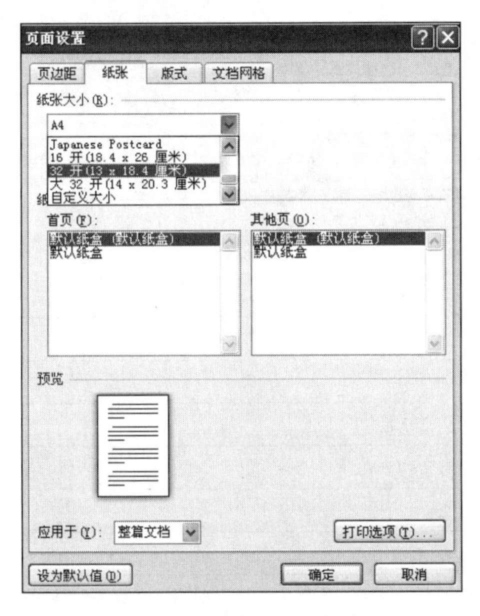

图 4.39　选择 32 开纸张

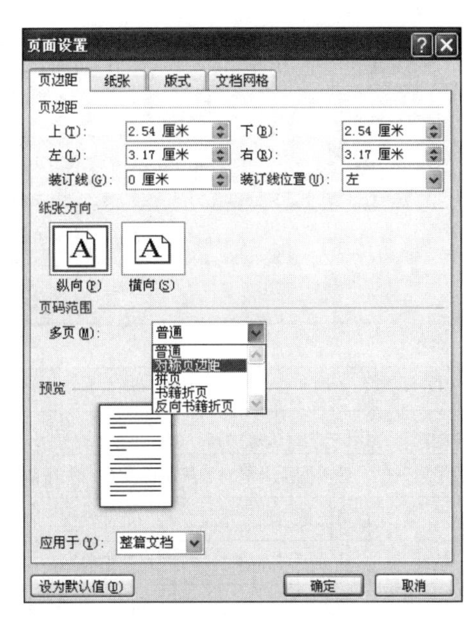

图 4.40　设置页边距

4.5.4　设置分栏效果

1. 分页与分节

当文字填满整页时，Word 会自动按照用户所设置页面的大小自动分页，以美化文档的视觉效果。但是，系统自动分页的结果并不一定符合用户的要求，此时需要使用强制分页和分节功能。

用户可以单击“页面布局”→“页面设置”→“分隔符”下拉按钮，在下拉列表中选择对应的分页与分节效果，如图 4.41 所示。关于分页与分节符的功能可以参考表 4.2。

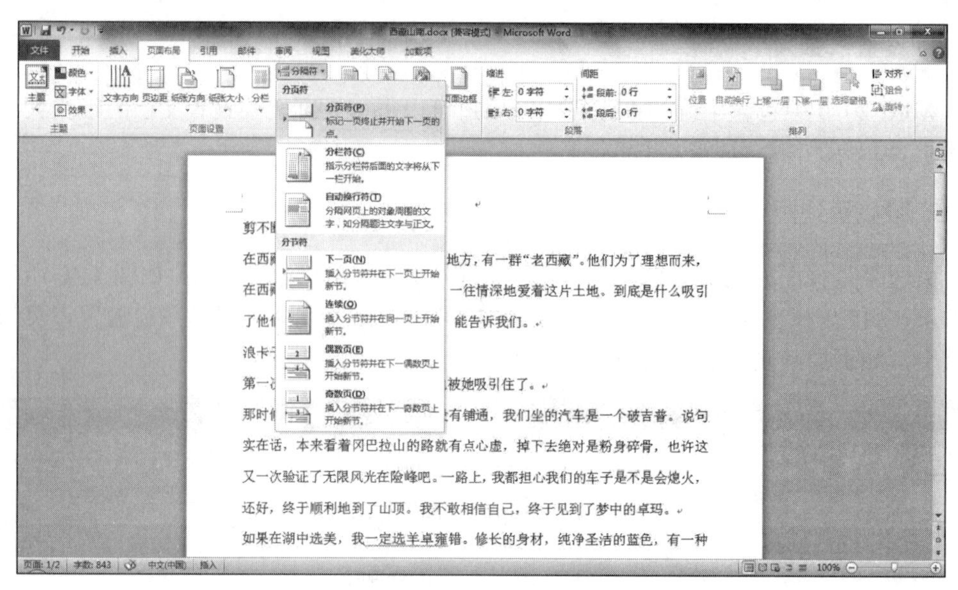

图 4.41　分页与分节符

表 4.2　分页与分节符的功能

名称	功能
分页符	选择“分页符”选项后，标记一页终止并开始下一页
分栏符	选择“分栏符”选项后，其光标后面的文字将从下一栏开始
自动换行符	分隔网页上的对象周围的文字，如分隔题注文字与正文
下一页	分节符后的文本从新的一页开始
连续	新页中与其前面一节同处于当前页
偶数页	新页中的文本显示或打印在下一个偶数页上，如果该分节符已经在一个偶数页上，则其下面的奇数页为一空页
奇数页	新页中的文本显示或打印在下一个奇数页上，如果该分节符已经在一个奇数页上，则其下面的偶数页为一空页

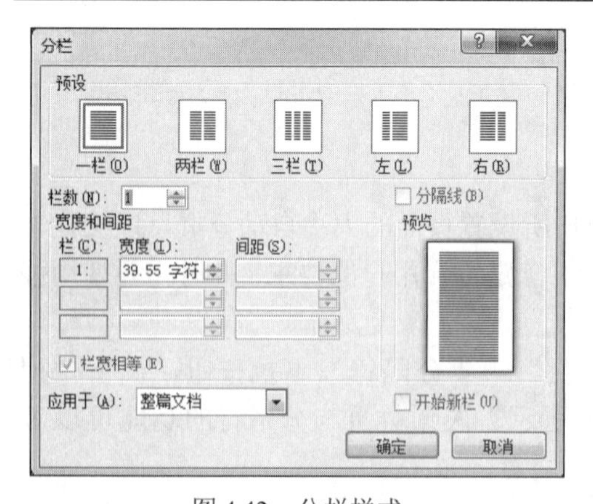

图 4.42　分栏样式

2. 分栏

新生成的 Word 空白文档的分栏格式是一栏，但可以进行复杂的分栏排版，可在同一页中进行多种分栏样式，如图 4.42 所示。

3. 创建新闻稿样式分栏

选中待分栏区域（本例选择全文），在弹出的“分栏”对话框中选择“三栏”，单击“确定”按钮后即可实现如图 4.43 所示的新闻稿样式分栏。

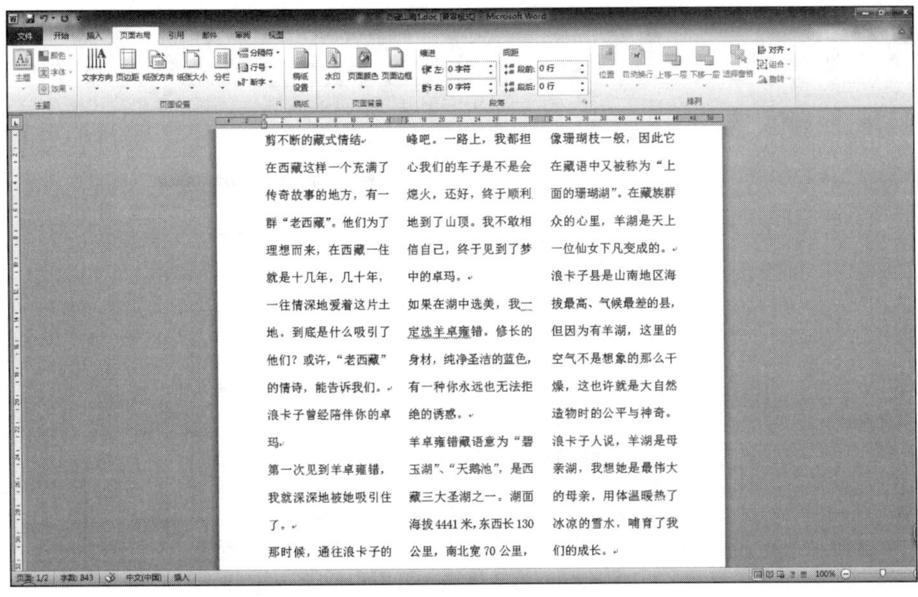

图 4.43　新闻稿样式分栏

4.5.5　插入页眉和页脚

页眉和页脚是文档中每个页面页边距的顶部和底部区域。

可以在页眉和页脚中插入文本或图形，如页码、章节标题、日期、公司徽标、文档标题、文件名或作者名等，这些信息通常打印在文档中每页的顶部或底部。

通过选择“插入”→“页眉和页脚”选项，可以在“页眉和页脚”选项组中进行操作。

1. 创建每页都相同的页眉和页脚

在整个文档中插入预设的页眉或页脚的操作方法十分相似，操作步骤如下。

1）在 Word 2010 的功能区中，选择“插入”选项卡。

2）在“页眉和页脚”选项组中，选择“页眉”选项。

3）在打开的“页眉库”中以图示的方式罗列出许多内置的页眉样式，如图 4.44 所示，从中选择一个合适的页眉样式，如“新闻纸”。

4）此时所选页眉样式就被应用到文档中的每一页。

同样，选择“插入”→“页眉和页脚”→“页脚”选项，在打开的内置“页脚库”中可以选择合适的页脚设计，然后将其插入整个文档中。

另外，在文档中插入页眉或页脚后，Word 2010 会自动出现“页眉和页脚工具”中的“设计”选项卡，在这个选项卡中单击“关闭”选项组中的“关闭页眉和页脚”按钮，即可关闭页眉和页脚区域。

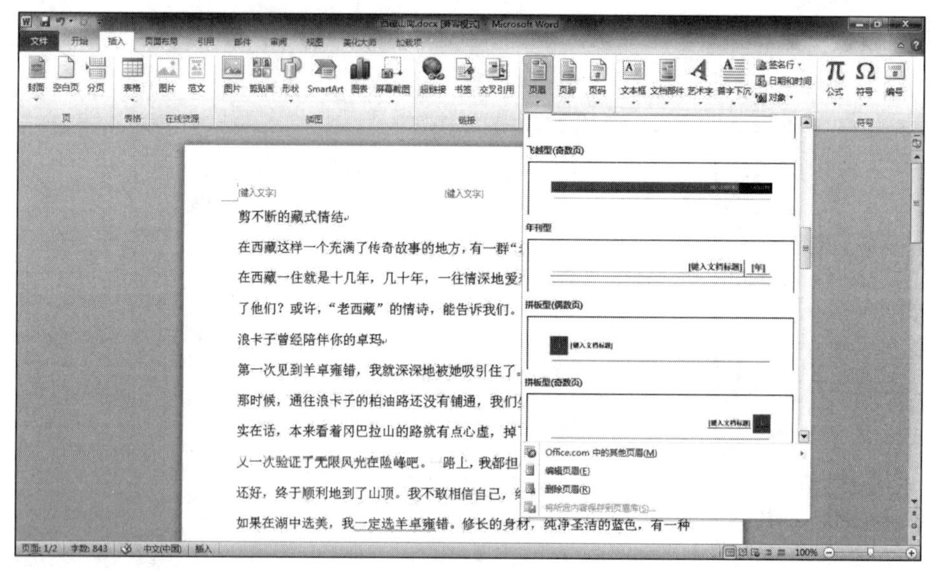

图 4.44　为文档插入页眉和页脚

2. 为奇偶页创建不同的页眉或页脚

有时一个文档中的奇偶页上需要使用不同的页眉或页脚。例如，在制作书籍资料时，用户选择在奇数页上显示书籍名称，而在偶数页上显示章节标题。要对奇偶页使用不同的页眉或页脚，可以按照如下操作步骤进行设置。

1）在文档中，双击已经插入在文档中的页眉或页脚区域，此时在功能区中自动出现“页眉和页脚工具”中的“设计”选项卡。

2）在“选项”选项组中勾选“奇偶页不同”复选框，这样用户就可以分别创建奇数页和偶数页的页眉（或页脚）。

在“页眉和页脚工具”中的“设计”选项卡中提供了“导航”选项组，选择“转至页眉”选项或“转至页脚”选项可以在页眉区域和页脚区域之间切换。另外，如果勾选了“奇偶页不同”复选框，则选择“上一节”选项或“下一节”选项可以在奇数页和偶数页之间切换。

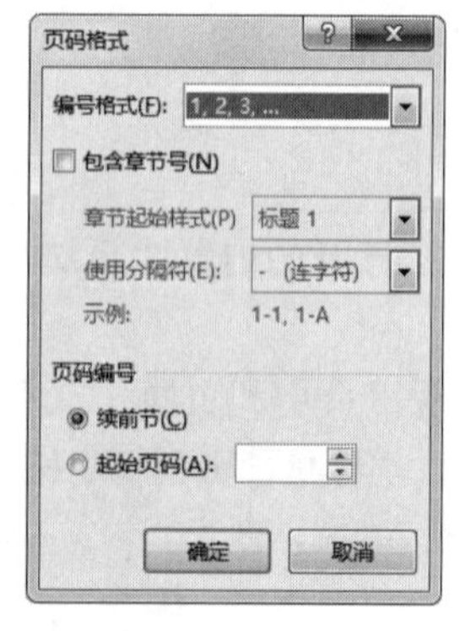

图 4.45　“页码格式”对话框

4.5.6　插入页码

在为文档插入页眉和页脚的同时还可以为文档插入页码，插入页码的好处是可以清楚地看到文档的页数，也可以在打印时方便对打印文档进行整理。选择“插入”→“页眉和页脚”→“页码”选项，在弹出的下拉列表中选择“设置页码格式”选项，弹出“页码格式”对话框，如图 4.45 所示，在该对话框中即可以设置页码格式。

4.5.7　设置页面背景

普通创建的文档是没有页面背景的，用户可以为文档的页面添加背景颜色，如在背景上添加“请勿复制”的水印，提醒文档的阅览者不要复制文档内容，如图 4.46 所示。

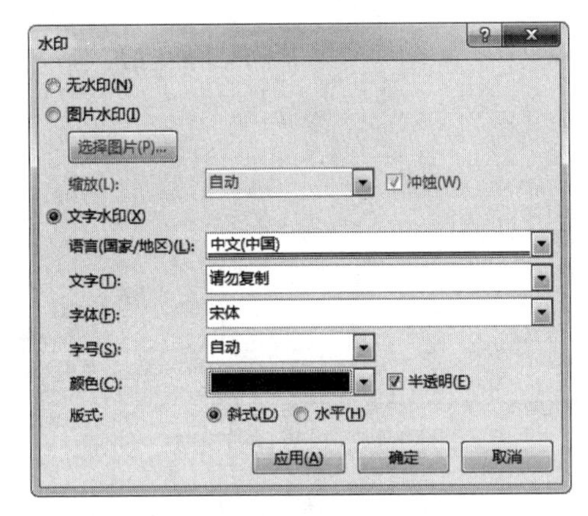

图 4.46　设置水印

4.6　图片、形状与 SmartArt 插入

4.6.1　图片

1．插入图片

在文档中插入图片并设置图片样式的操作步骤如下。

1）将鼠标指针定位在要插入图片的位置，选择“插入”→“插图”→“图片”选项。

2）弹出“插入图片”对话框，在指定文件夹下选择所需图片，单击“插入”按钮，即可将所选图片插入文档中。

3）插入图片后，Word 会自动出现“图片工具”中的“格式”选项卡，如图 4.47 所示。

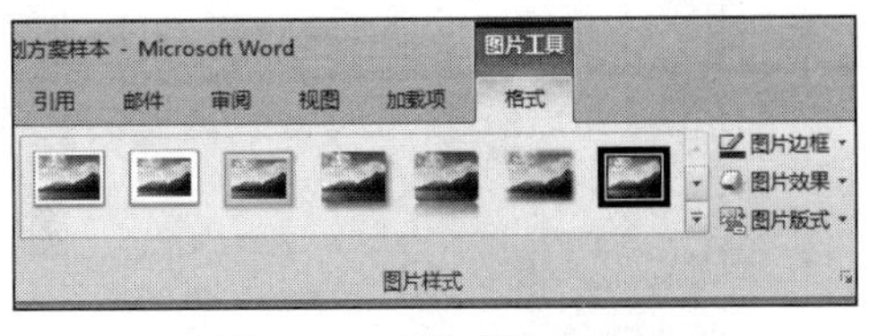

图 4.47　“格式”选项卡

4）此时，用户可以通过鼠标拖动图片边框以调整大小，或单击“格式”→“大小”对话框启动器按钮，在弹出的“大小”对话框中选择“大小”选项卡，如图 4.48 所示。在“缩放”选项组中，勾选“锁定纵横比”复选框，然后设置“高度”和“宽度”的百分比即可更改图片的大小。最后，单击“关闭”按钮关闭该对话框。

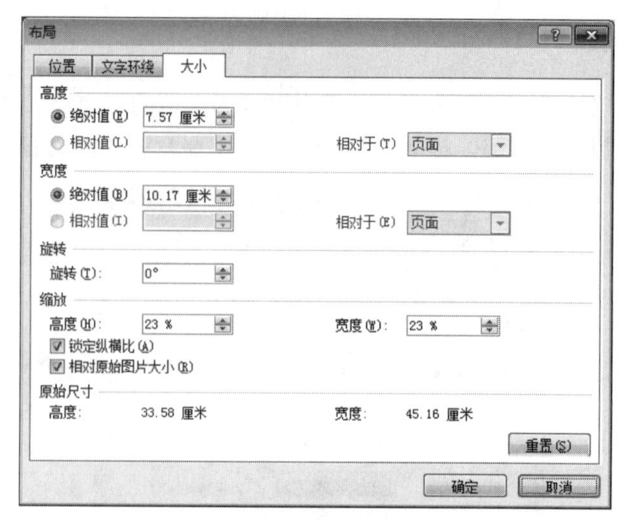

图 4.48 设置图片大小

2. 图片编辑与美化

对插入文档中的图片，用户可以对其进行美化设置，如为图片设置效果、设置图片与文字的排列方式等。选中插入的图片，在“图片工具”选项卡中完成如下操作。

（1）美化图片

单击“格式”→“图片样式”下拉按钮，在展开的“图片样式库”中，系统提供了许多图片样式供用户选择，如图 4.49 所示。

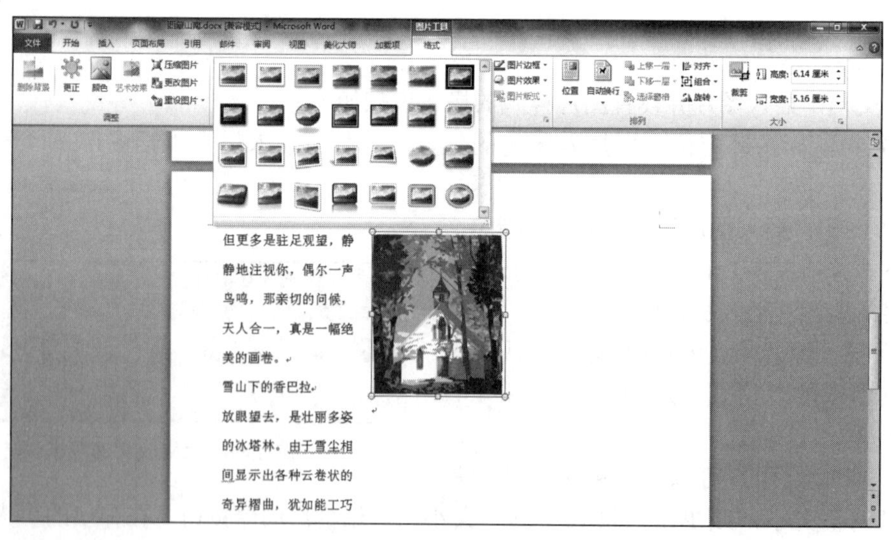

图 4.49 设置图片样式

除此之外，在“调整”选项组中的“更正”“颜色”“艺术效果”选项可以让用户自由地调节图片的亮度、对比度、清晰度及艺术效果，如图 4.50 所示。这些在 Office 2010 之前的版本中只能通过专业图形图像编辑工具才可以达到的效果，在 Office 2010 中仅单击就可完成。

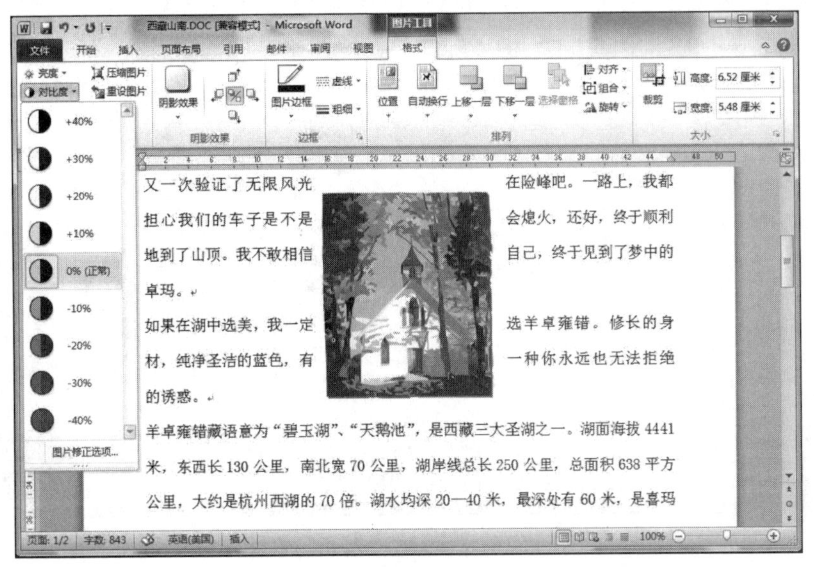

图 4.50　设置图片艺术效果

（2）设置图片效果

“格式”选项卡中的“图片样式”选项组中，还包括“图片边框”“图片效果”“图片版式”这三个选项。如果用户觉得“图片样式库”中内置的图片样式不能满足实际需求，可以通过选择这三个选项对图片进行多方面的属性设置，如图 4.51 和图 4.52 所示。

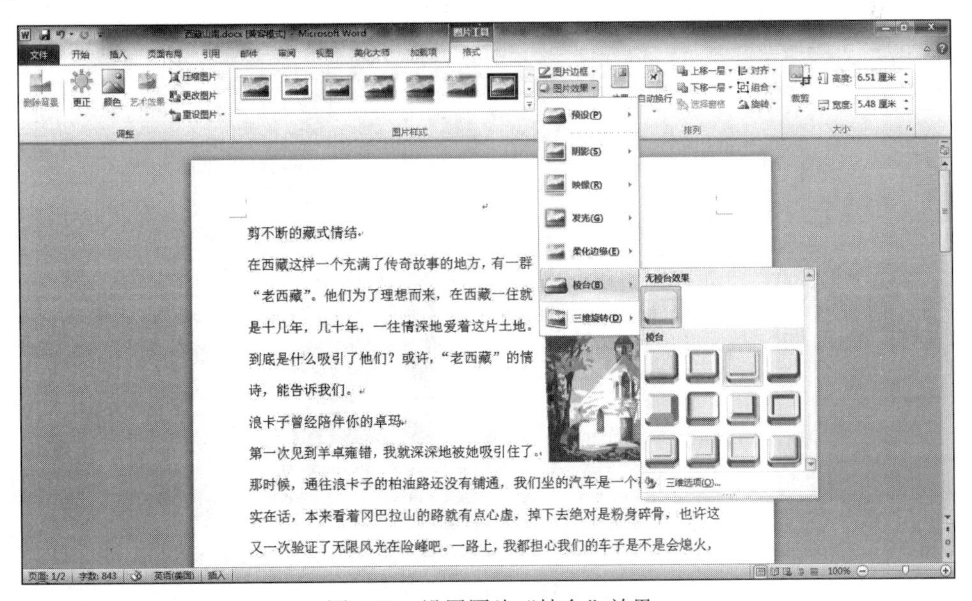

图 4.51　设置图片“棱台”效果

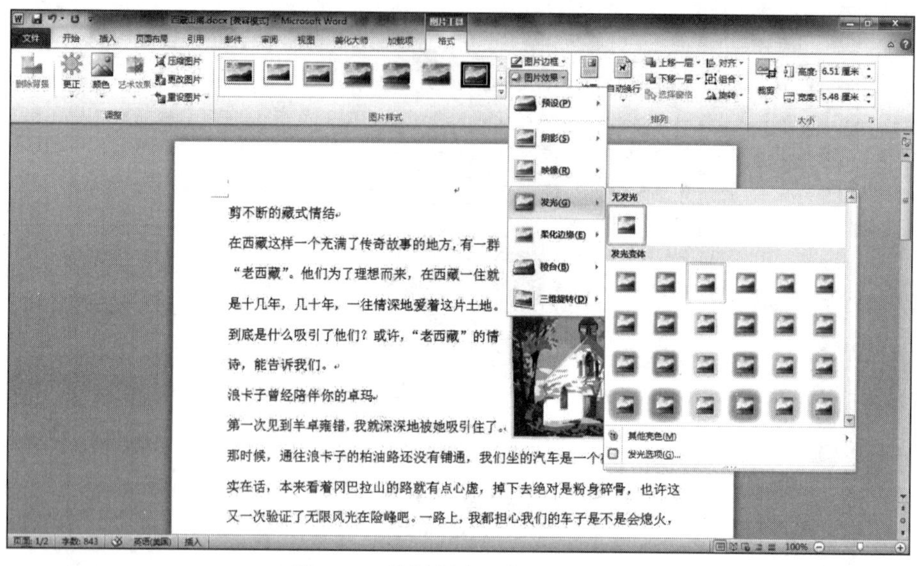

图 4.52　设置图片“发光”效果

（3）设置图片与文字环绕方式

环绕决定了图片之间及图片与文字之间的交互方式。要设置图形的环绕方式，可以按照如下操作步骤执行。

1）选中要进行设置的图片，选择“图片工具”的“格式”选项卡。

2）选择“排列”→“自动换行”选项，在弹出的下拉列表中选择想要采用的环绕方式，如图 4.53 所示。

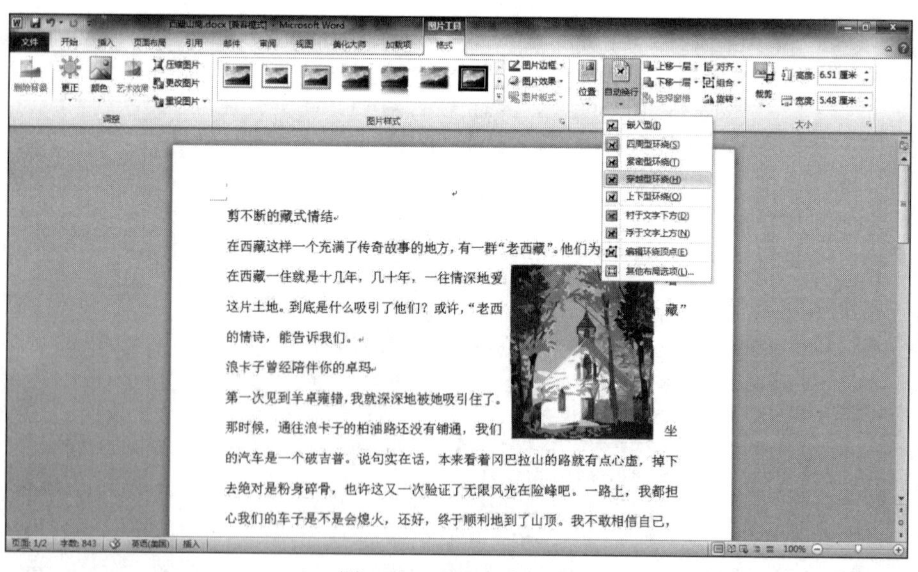

图 4.53　选择环绕方式

3）也可以在“自动换行”下拉列表中选择“其他布局选项”选项，弹出“布局”

对话框。在“文字环绕”选项卡中根据需要设置“环绕方式”、“自动换行”方式及距离正文文字的距离，如图 4.54 所示。

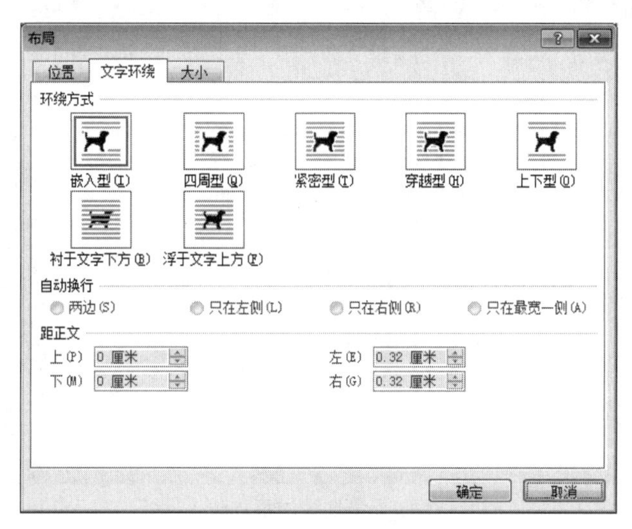

图 4.54　设置文字环绕布局

4.6.2　形状

1. 插入形状

在 Word 2010 中，用户可以在文档中插入形状，形状分为“线条”“基本形状”“箭头总汇”“流程图”“标注”“星与旗帜”几大类型，如图 4.55 和图 4.56 所示。

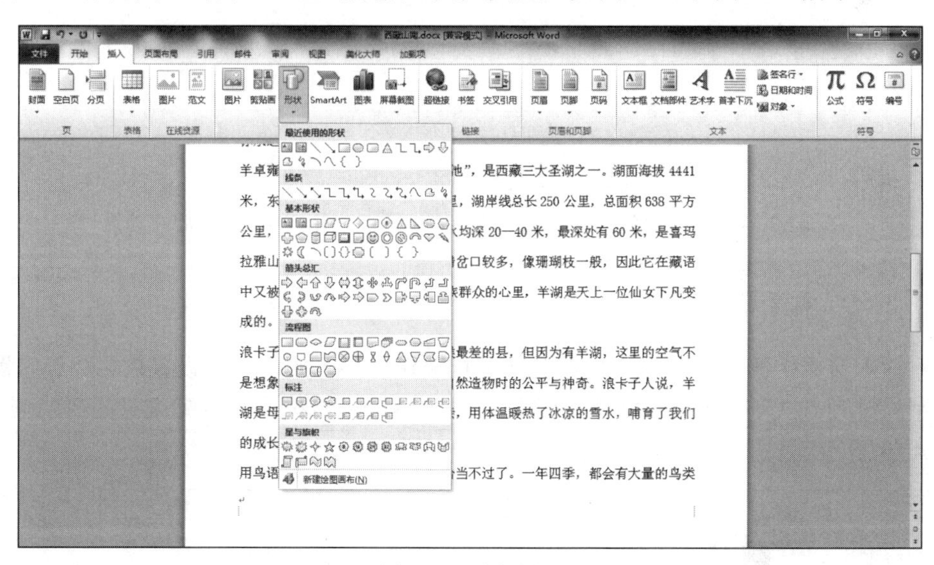

图 4.55　选择图形

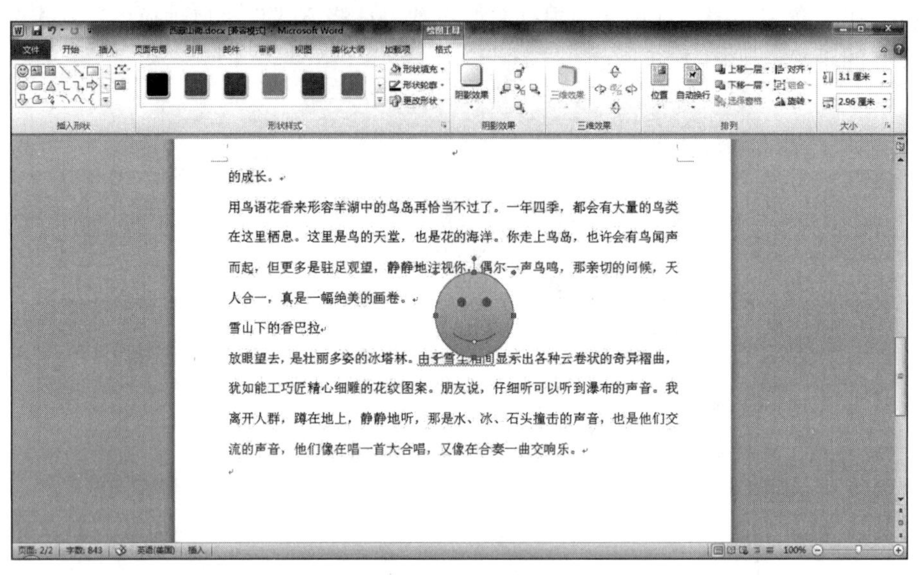

图 4.56　插入图形样式

2. 手动绘制图形

如果“形状”下拉列表中的图形都不符合要求，用户还可以手动绘制形状，如绘制任意多边形或者任意曲线等，如图 4.57 和图 4.58 所示。

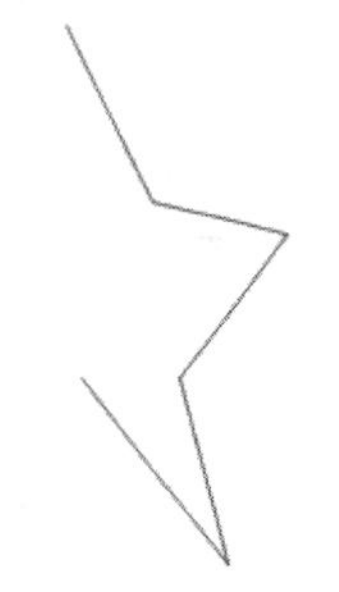

图 4.57　绘制多边形

图 4.58　绘制后的效果

4.6.3 设置与编辑图形

对插入文档中的图形，用户可以对其进行美化设置，如为图形设置效果、设置图片与文字的排列方式等。选中插入的图形，在“绘图工具”选项卡中完成对图形的操作，如图 4.59 所示。

图 4.59　设置与编辑图形

4.6.4　SmartArt 图形

1. 插入 SmartArt 图形

Word 2010 中的 SmartArt 图形中，新增了图形图片布局，可以在图片布局图表的 SmartArt 图形中插入图片，填写文字及建立组织结构图等。下面介绍如何插入 SmartArt 图形。

1）将鼠标指针定位在要插入 SmartArt 图形的位置，然后在 Word 2010 的功能区中选择“插入”→“插图”→“SmartArt”选项。

2）弹出如图 4.60 所示的“选择 SmartArt 图形”对话框，该对话框列出了 SmartArt 图形的分类，以及每个 SmartArt 图形的外观预览效果和详细的使用说明信息。

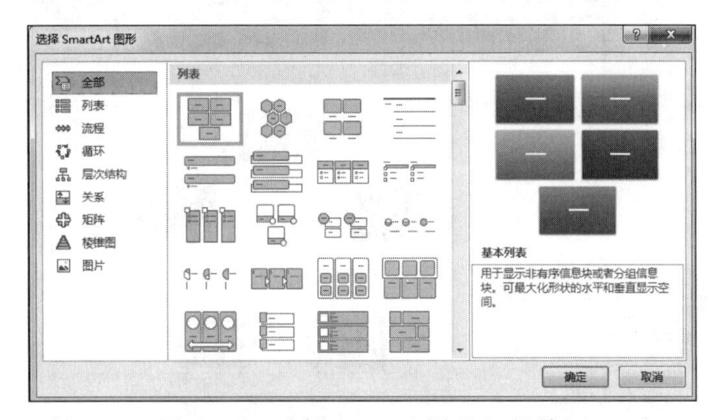

图 4.60　“选择 SmartArt 图形”对话框

3）在此选择“列表”类别中的“垂直框列表”图形，单击“确定”按钮将其插入文档中。此时的 SmartArt 图形还没有具体的信息，只显示占位符文本（如“[文本]”），如图 4.61 所示。

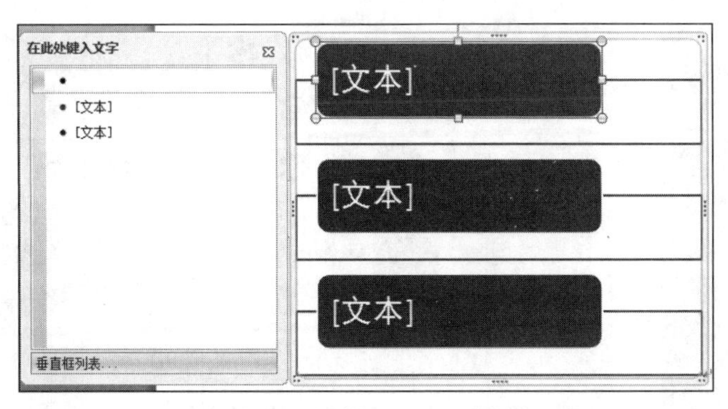

图 4.61　新的 SmartArt 图形

4）用户可以在 SmartArt 图形中各形状上的文字编辑区域内直接输入所需信息替代占位符文本，也可以在“文本”窗格中输入所需信息。在“文本”窗格中添加和编辑内容时，SmartArt 图形会自动更新，即根据“文本”窗格中的内容自动添加或删除形状。

如果用户看不到“文本”窗格，则可以选择“SmartArt 工具”→“设计”→“创建图形”→“文本窗格”选项，以显示出该窗格。或者单击 SmartArt 图形左侧的“文本”窗格控件将该窗格显示出来。

2. 调整与设置 SmartArt 图形

在插入 SmartArt 图形后，可以对图形进行调整和设置，如对图形的样式及颜色进行设置，如图 4.62 和图 4.63 所示。

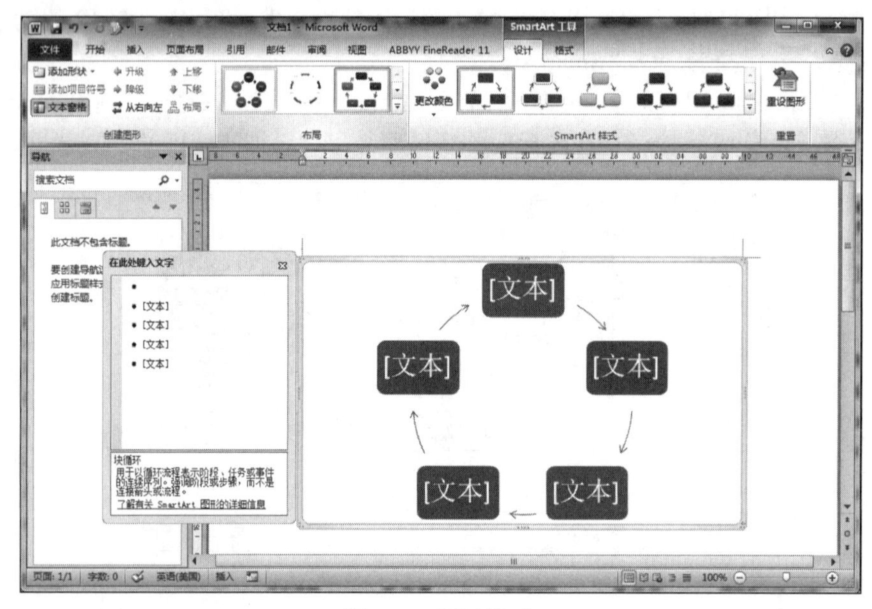

图 4.62　更改样式

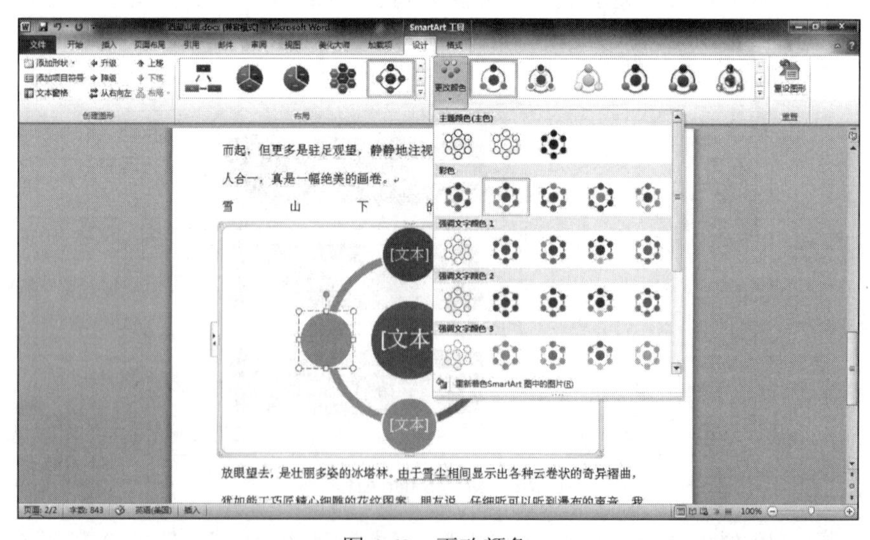

图 4.63　更改颜色

3. SmartArt 图形美化

在插入 SmartArt 图形后，可以对图形进行快速美化，或者对图形设置不同的填充颜色、不同的形状效果进行美化。选中任意图形，单击“SmartArt 工具”→“格式”→“形状样式”下拉按钮，在弹出的下拉列表中选择适合的形状样式，如图 4.64 所示。

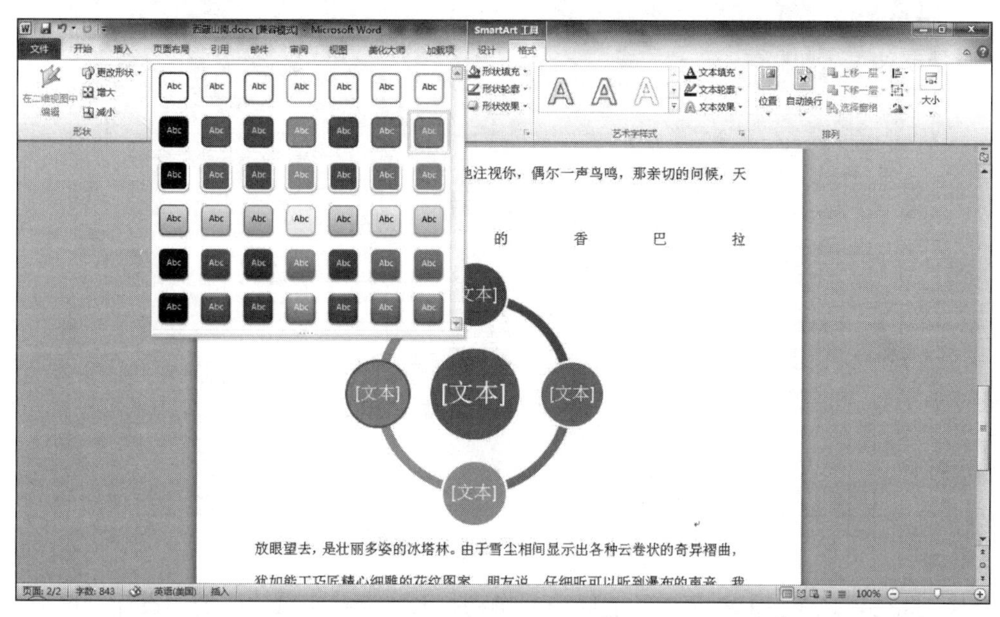

图 4.64 美化 SmartArt 图形

4.7 表格处理

4.7.1 创建表格

表格由行和列的单元格组成。用户可以在单元格中填写文字和插入图片；表格通常用来组织和显示信息；用于快速引用和分析数据；对表格进行排序及公式计算；使用表格创建页面版式，或创建 Web 页中的文本、图片和嵌套表格。

Word 提供了以下几种创建表格的方法。最适用的方法与工作的方式及所需表格的复杂或简单有关。

1. 使用即时预览创建表格

在 Word 2010 中，用户可以通过多种途径来创建精美别致的表格，而利用“表格”下拉列表插入表格的方法既简单又直观，并且可以让用户即时预览到表格在文档中的效果。其操作步骤如下。

1）将鼠标指针定位在要插入表格的文档位置，然后在 Word 2010 的功能区中选择“插入”选项卡。

2）选择“插入”→“表格”→“表格”选项。

3）在弹出的下拉列表中的“插入表格”区域，以滑动鼠标的方式指定表格的行数和列数。与此同时，用户可以在文档中实时预览到表格的大小变化，如图 4.65 所示。确定行列数目后，单击即可将指定行列数目的表格插入文档中。

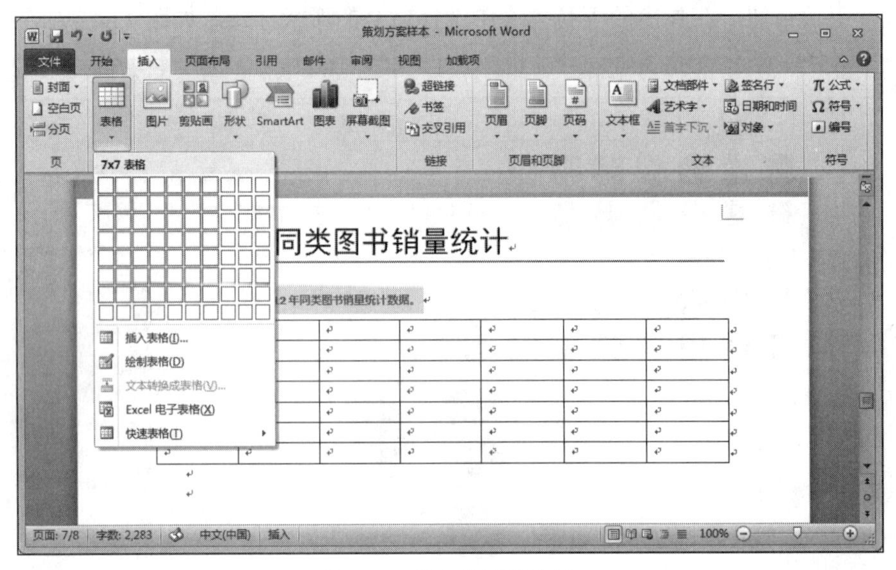

图 4.65　插入并预览表格

4）此时，在 Word 2010 的功能区中会自动打开“表格工具”中的“设计”选项卡。用户可以在表格中输入数据，然后在“表样式”选项组中的“表格样式库”中选择表格样式，以快速完成表格格式化操作，如图 4.66 所示。

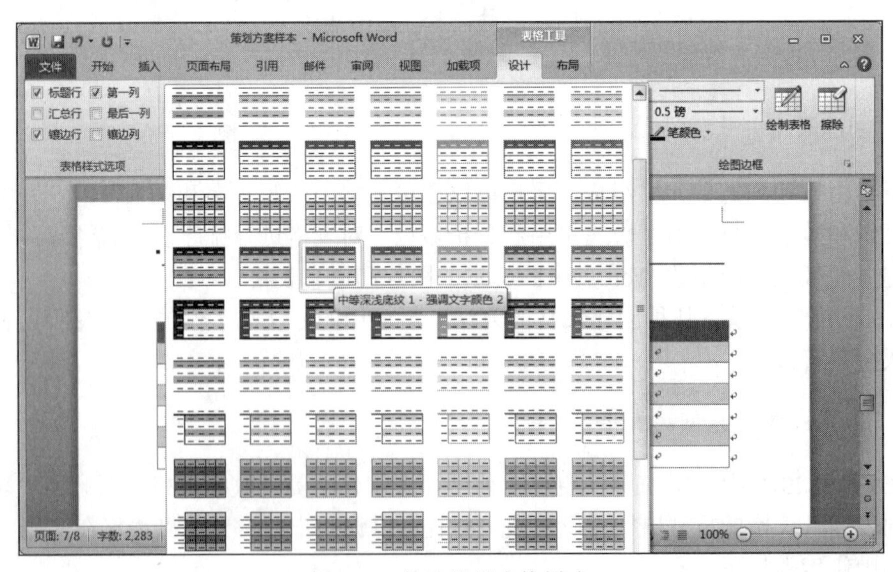

图 4.66　快速设置表格样式

2. 使用“插入表格”选项

在 Word 2010 中还可以使用“插入表格”选项创建表格。该方法可以让用户在将表格插入文档之前选择表格尺寸和格式，其操作步骤如下。

1）将鼠标指针定位在要插入表格的文档位置，然后在 Word 2010 的功能区中选择“插入”选项卡。

2）选择“插入”→“表格”→“插入表格”选项。

3）在弹出的下拉列表中，选择“插入表格”选项。

4）弹出如图 4.67 所示的“插入表格”对话框，用户可以通过在“表格尺寸”选项区域中单击微调按钮分别指定表格的“列数”和“行数”，如“5”列、“6”行。用户还可以在“‘自动调整’操作”选项区域中根据实际需要选择相应的单选按钮（其中包括“固定列宽”“根据内容调整表格”“根据窗口调整表格”），以调整表格尺寸。如果用户勾选了“为新表格记忆此尺寸”复选框，那么在下次弹出“插入表格”对话框时，就默认保持此次的表格设置。设置完毕后，单击“确定”按钮，即可将表格插入文档中。用户同样可以在 Word 自动打开的“表格工具”中的“设计”选项卡中进一步设置表格外观和属性。

3. 设置表格属性

使用“表格属性”对话框（图 4.68），可以方便地改变表格的各种属性，主要包括对齐方式、文字环绕、边框和底纹、默认单元格边距、默认单元格间距、自动重调尺寸以适应内容、行、列、单元格。

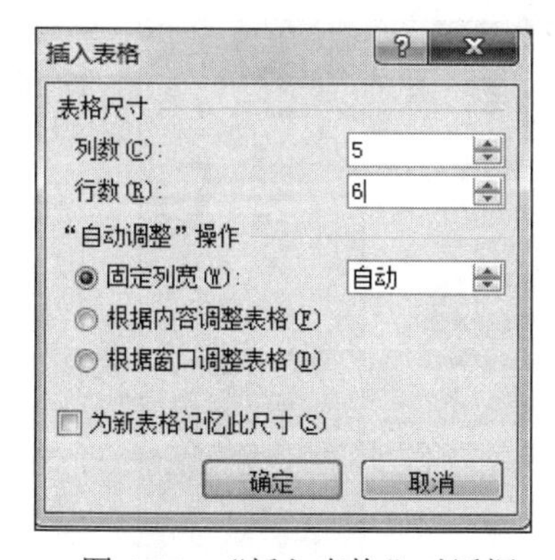

图 4.67　“插入表格”对话框

图 4.68　“表格属性”对话框

4.7.2 表格的基本操作

1. 行、列操作

当用户创建好表格后，往往会根据实际需求进行改动。例如，向表格中添加单元格、添加行，或者从表格中删除列等。如果用户要向表格中添加单元格，操作步骤如下。

1）将鼠标指针定位在要插入单元格处的右侧或上方的单元格中，选择“表格工具”中的“布局”选项卡。

2）单击“布局”选项卡中的“行和列”的对话框启动器按钮。

3）弹出如图 4.69 所示的“插入单元格”对话框，其中包括四个单选按钮，分别是“活动单元格右移”“活动单元格下移”“整行插入”“整列插入”。如果用户选择“活动单元格右移”单选按钮，则会插入单元格，并将该行中所有其他的单元格右移，此时 Word 不会插入新列，使用该选项可能会导致该行的单元格比其他行的单元格多；如果用户选择“活动单元格下移”单选按钮，则会插入单元格，并将现有单元格下移一行，此时表格底部会添加一新行；如果用户选择“整行插入”单选按钮，则会在鼠标所在单元格的上方插入一行；如果用户选择“整列插入”单选按钮，则会在鼠标所在单元格的左侧插入一列。用户可以根据实际需要选择相应的单选按钮。

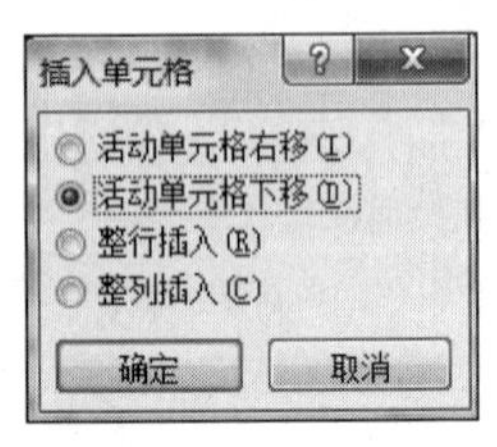

图 4.69 插入单元格

4）单击“确定”按钮即可按照指定要求完成插入单元格的操作。

用户还可以通过选择相应的选项在单元格的上方或下方添加新的一行，其操作步骤如下。

1）将鼠标指针定位在要添加行处的上方或下方的单元格中，然后选择“表格工具”中的“布局”选项卡。

2）选择“布局”→“行和列”→“在上方插入”选项，在单元格的上方添加一行；或者选择“在下方插入”选项，在单元格的下方添加一行，如图 4.70 所示。

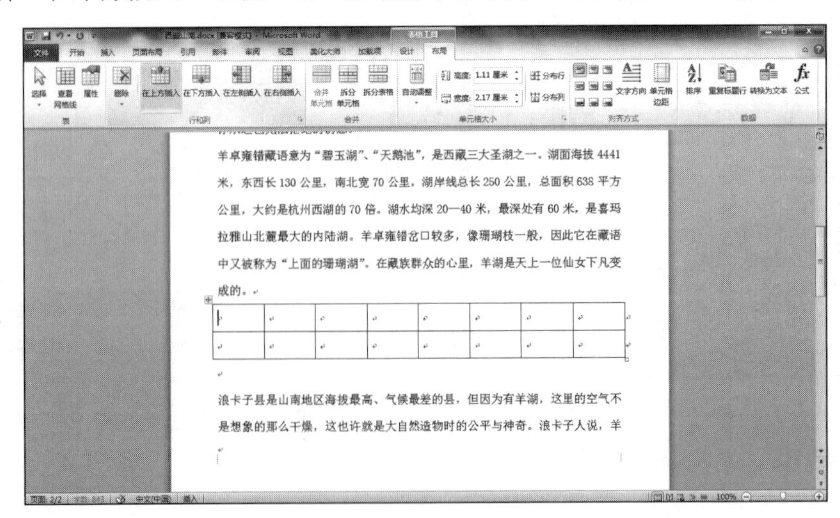

图 4.70 在表格中插入行或列

当用户觉得某单元格、行或列多余时，可以将其从表格中删除：选择“表格工具”→“布局”→“删除”选项即可完成操作，如图 4.71 所示。

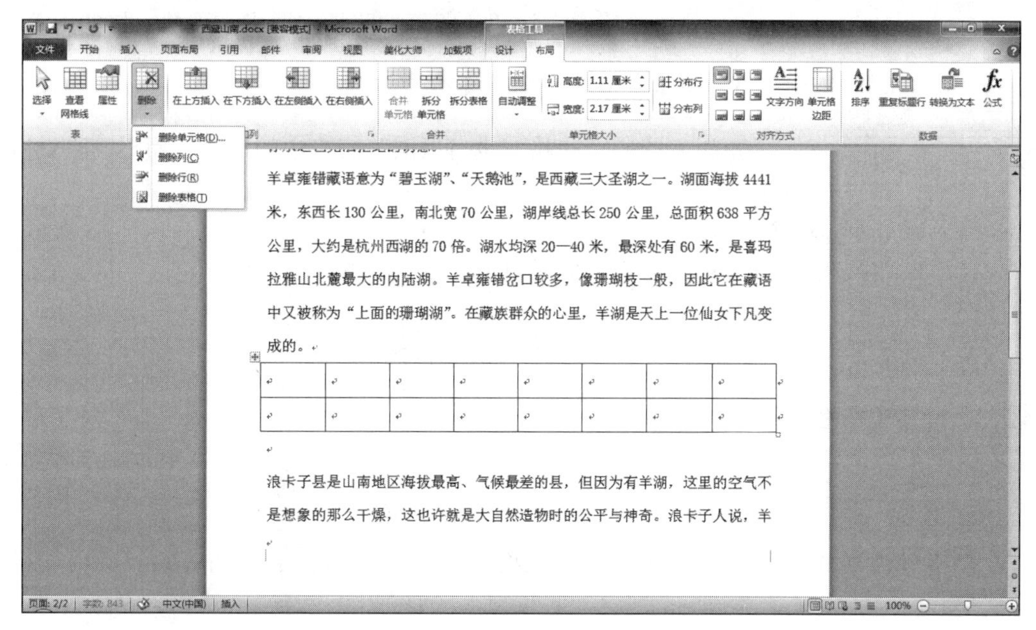

图 4.71 删除单元格、列或行

2. 合并或拆分单元格

合并或拆分单元格在设计表格的过程中是一项十分有用的功能。用户可以将表格中同一行或同一列中的两个或多个单元格合并为一个单元格，也可以将表格中的一个单元格拆分成多个单元格。

（1）合并单元格

假设用户需要在水平方向上合并多个单元格，以创建横跨多个列的表格标题，可以按照如下操作步骤设置。

1）将鼠标指针定位在要合并的第一个单元格中，然后按住鼠标左键进行拖动，以选中需要合并的所有单元格。

2）选择“表格工具”中的“布局”选项卡。

3）选择“布局”→“合并”→“合并单元格”选项。

4）这样，所选的多个单元格就被合并为一个单元格。

（2）拆分单元格

如果用户想要将表格中的一个单元格拆分成多个单元格，可以按照如下操作步骤设置。

1）将鼠标指针定位在要拆分的单个单元格中，或者选择多个要拆分的单元格。

2）选择“表格工具”中的“布局”选项卡。

3）选择“布局”→“合并”→“拆分单元格”选项。

4）弹出“拆分单元格”对话框，如图 4.72 所示，通过单击微调按钮指定要将选定的单元格拆分成的列数和行数。

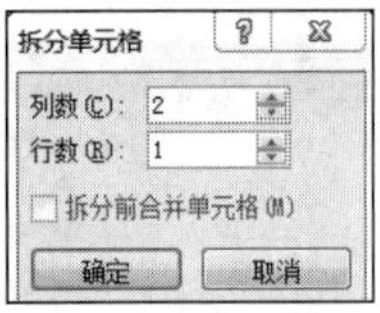

5）单击“确定”按钮，即可按照指定要求实现单元格的拆分。

图 4.72 拆分单元格

3. 删除表格或清除其内容

可以删除整个表格，也可以清除表格中的内容，而不删除表格本身。

（1）删除表格及其内容

选中整个表格，按 Backspace 键，则可以删除整个表格及其内容。

（2）删除表格内容

选中整个表格，按 Delete 键，则可以删除表格内容。

4.7.3 设置表格格式

1. 表格外观格式化

表格外观格式化有很多形式，如为表格添加边框、为表格添加底纹及套用表格样式等。

（1）为表格添加边框

单击表格区域，选择“表格工具”→“设计”→“边框”选项，可以为表格添加相应的框线，如图 4.73 所示。

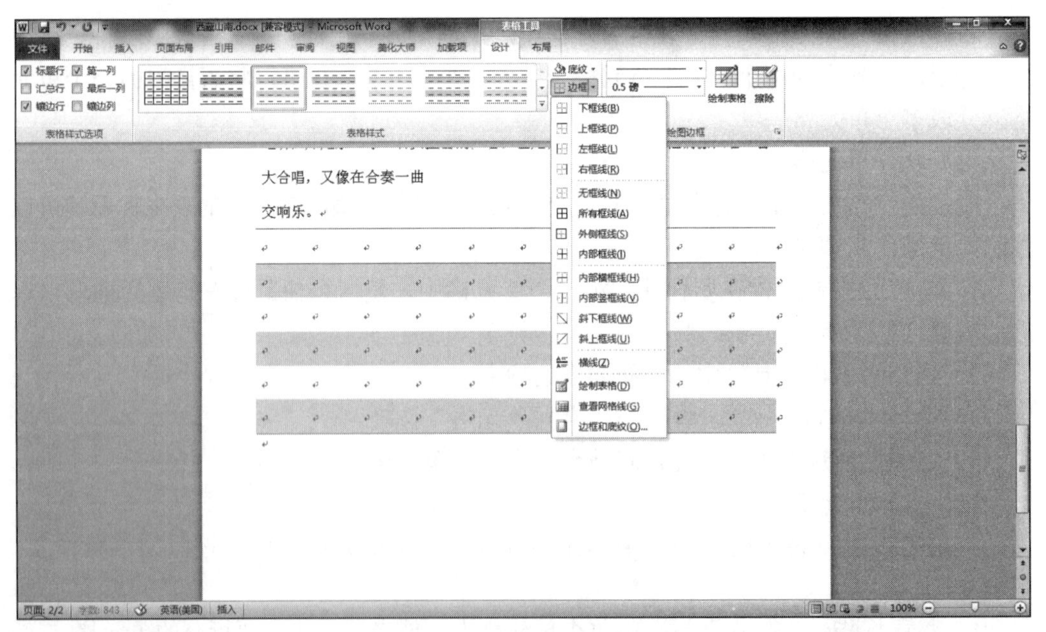

图 4.73 为表格添加框线

用户也可以在“边框”弹出的下拉列表中选择“边框和底纹”选项，弹出如

图 4.74 所示的“边框和底纹”对话框，对边框的样式、颜色、宽度等进行更加详细的设计。

（2）为表格添加底纹

在“边框和底纹”对话框中选择“底纹”选项卡，如图 4.75 所示，用户可根据具体要求设置底纹颜色。

图 4.74　“边框和底纹”对话框

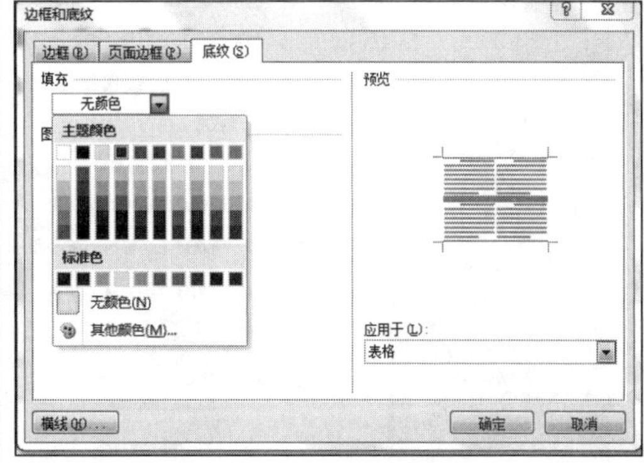

图 4.75　设置表格底纹

当设定某一具体颜色后，用户单击“应用于”下拉列表，如图 4.76 所示。

1）当用户选择应用于“文字”，则将给当前选择的单元格中文字添加相应底纹颜色。

2）当用户选择应用于“段落”，则将给当前选择的单元格中文字所在段落添加相应底纹颜色。

3）当用户选择应用于“单元格”，则将给当前选择的单元格添加相应底纹颜色。

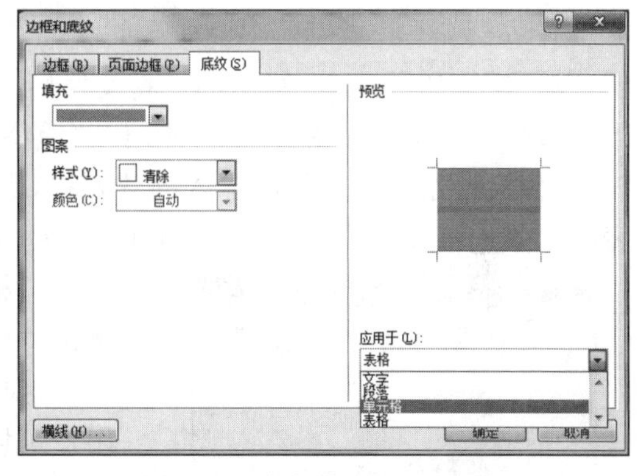

图 4.76　给表格添加底纹颜色

4）当用户选择应用于“表格”，则将给当前选择的表格添加相应底纹颜色。

（3）套用表格样式

除了上述方法为表格添加边框和底纹、美化表格之外，Word 2010 内置了丰富的表格样式，用户选择表格之后，可以通过套用表格样式来快速实现表格的美化。

2. 表格内容格式化

除了创建完成表格，在表格中输入信息外，用户还可以将事先输入的文本转换成表格，在文本中设置分隔符即可实现。下面举例说明如何利用制表符作为文字分隔的依据，从而将文本转换成表格。

1）在 Word 文档中输入文本，并在想要分隔的位置按 Tab 键，在想要开始新行的位置按 Enter 键。然后，选择要转换为表格的文本。

2）在 Word 2010 的功能区中，选择“插入”→“表格”→“表格”选项。

3）在弹出的下拉列表中，选择“文本转换成表格”选项，如图 4.77 所示。

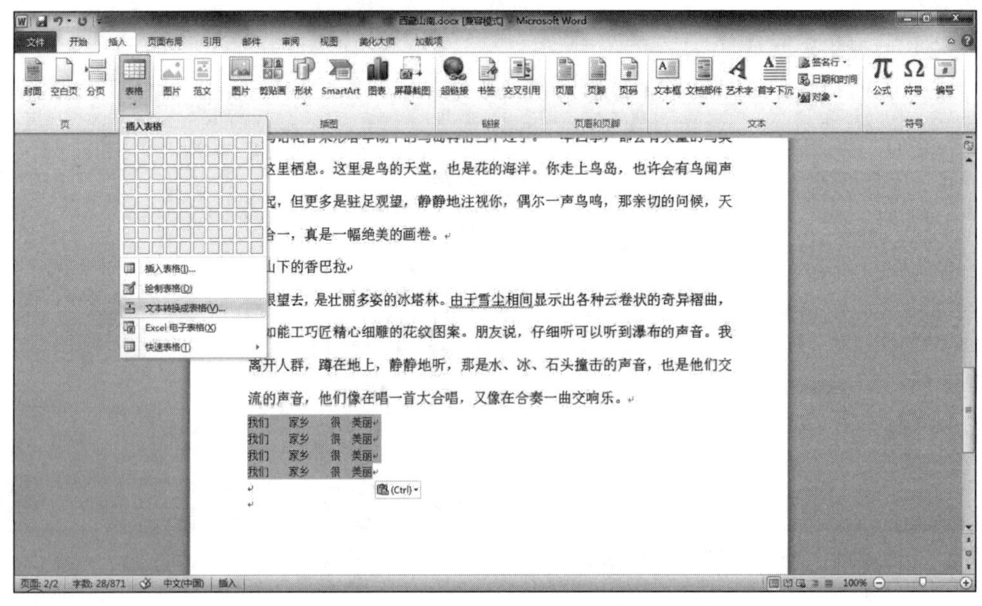

图 4.77　把文本转换成表格

4）弹出如图 4.78 所示的“将文字转换成表格”对话框，在“文字分隔位置”选项区域中，包括“段落标记”“逗号”“空格”“制表符”“其他字符”单选按钮。通常，Word 会根据用户在文档中输入的分隔符，默认选择相应的单选按钮，本例默认选择“制表符”单选按钮。同时，Word 会自动识别出表格的尺寸，本例为“4”列、“3”行。用户可根据实际需要设置其他选项。确认无误后，单击“确定”按钮。

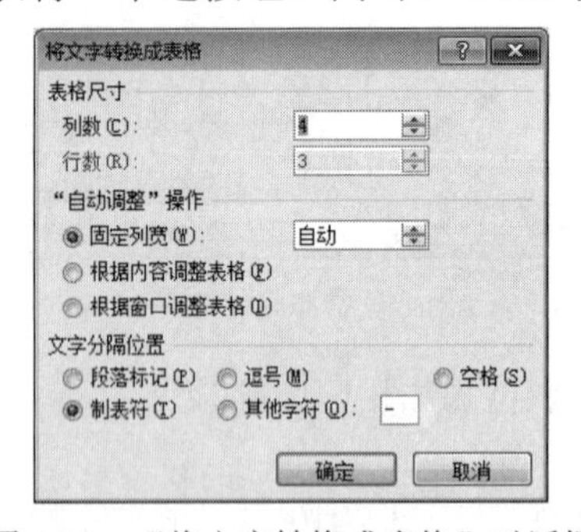

图 4.78　“将文字转换成表格”对话框

这样，原先文档中的文本就被转换成表格了，用户可以再进一步设置表格的格式。

此外，用户还可以将某表格置于其他表格内，包含在其他表格内的表格称作嵌套表格。通过在单元格内单击，然后使用创建表格的任何一种方法就可以插入嵌套表格。将现有表格复制和粘贴到其他表格中也是一种插入嵌套表格的方法。

4.7.4　表格的高级应用

1. 表格的计算

在 Word 中，计算表格中的数据需要借助于提供的公式才能完成。例如，要对产品销售表中一月份的数据进行合计，需要单击“一月”所在行的最右侧单元格，选择“布局”→“数据”→“公式”选项，如图 4.79 所示。

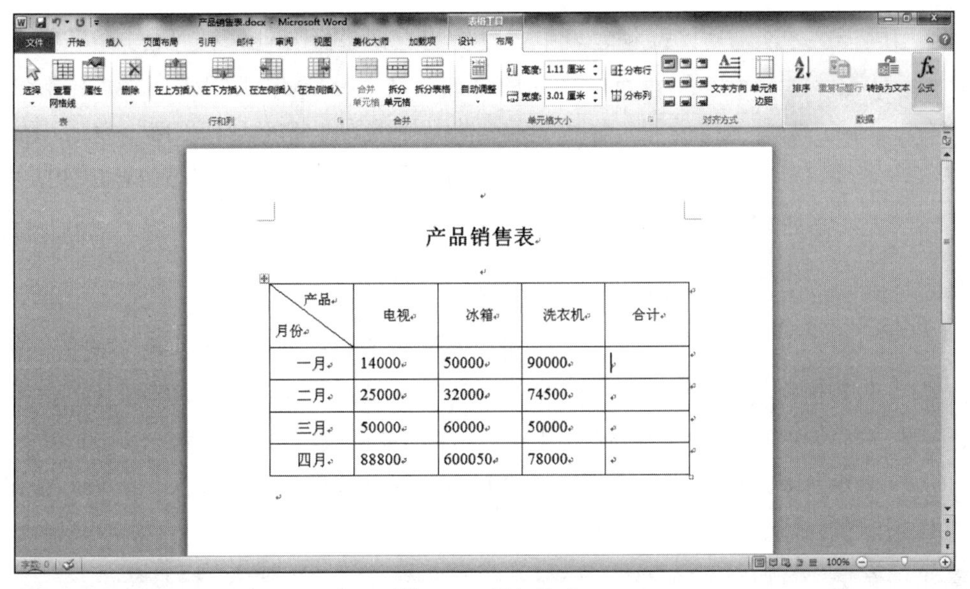

图 4.79　插入公式

弹出“公式”对话框，在“公式”文本框中默认的公式就是“=SUM (LEFT)”，单击“确定”按钮，如图 4.80 所示，即可计算出一月份产品的总销量，如图 4.81 所示。

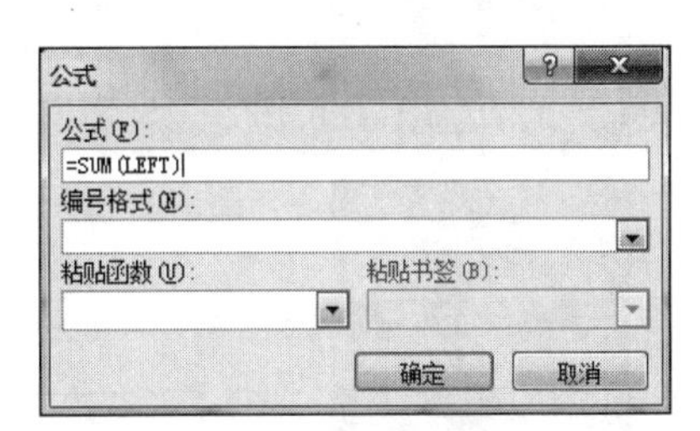

图 4.80　使用左边求和公式

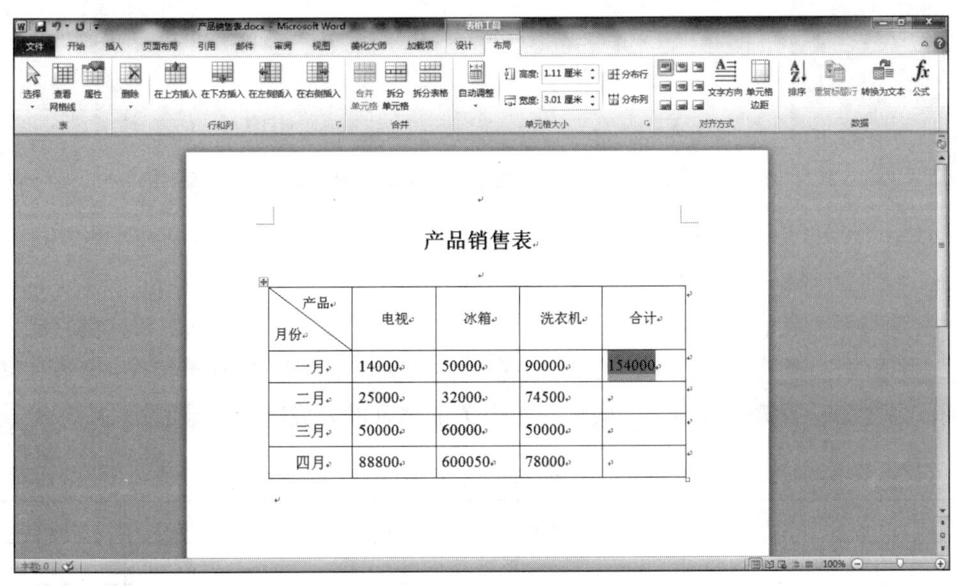

图 4.81　算出左边总和

运用同样的方法，对产品销售表中二月份的数据进行合计，在“公式”文本框中默认的公式就是“=SUM(ABOVE)”，如图 4.82 所示，需要将其更改为“=SUM (LEFT)”，单击“确定”按钮，即可计算出二月份产品的总销量，如图 4.83 所示。

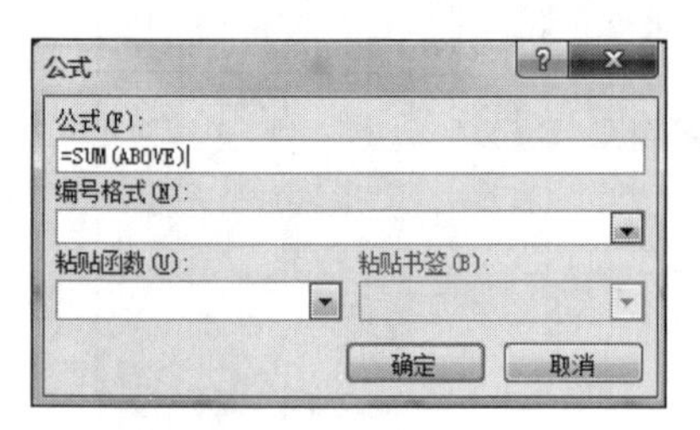

图 4.82　“公式”对话框

2. 表格的排序

可以将列表或表格中的文本、数字或数据按升序或降序进行排序。在表格中对文本进行排序时，可以选择对表格中单独的列或整个表格进行排序。也可在单独的表格列中用多于一个的单词或域进行排序。

以表 4.3 为例，选中该表格，选择“布局”→“数据”→“排序”选项，弹出如图 4.84 所示的对话框。

图 4.83　算出左方总和

（1）主要关键字、次要关键字和第三关键字

主要关键字表示表格中数据首先按该关键字排序，如果表中存在主要关键字相同的记录，则根据次要关键字排序；如果表中存在主要关键字和次要关键字的组合值相同的记录，则按第三关键字排序。一般地，三个关键字可以完成所有记录的排序。

表 4.3　入库表

序号	商品名称	单位	商品注释	仓库/仓	进货单价/元	数量/个
1	冻目鱼	斤	七箱	1	221.61	260
2	大黄鱼	箱	一大袋	2	14.45	9

续表

序号	商品名称	单位	商品注释	仓库/仓	进货单价/元	数量/个
3	大虾米	斤	一箱	2	186.64	7
4	鱼干	箱	七箱	1	14.45	6
5	松板肉	袋	一箱	2	186.64	4
6	海香菇	袋	三箱	3	221.61	3
7	章鱼	袋	—	5	226.21	3
8	鸡脆骨	袋	两箱	1	186.64	3
9	咸黄鱼	条	两箱	3	186.64	2
10	鱿鱼干	箱	两箱	5	181.22	2
11	鸡冠	袋	一箱	1	14.45	1
12	情人果	袋	一箱	4	221.61	1

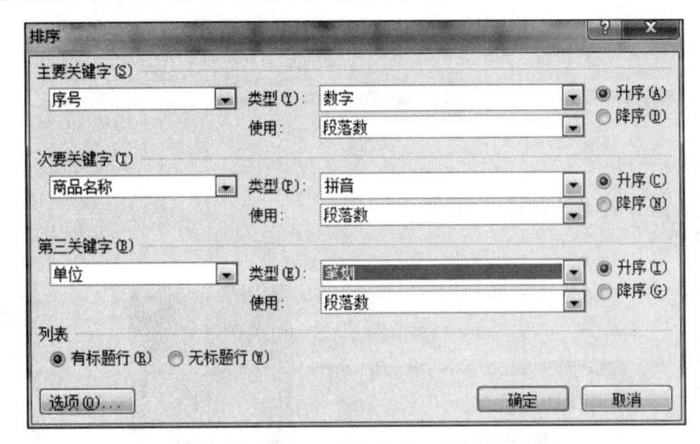

图 4.84　“排序”对话框

（2）升序和降序

升序和降序是记录排序的两种方式，升序排列表示按从小到大的顺序排序，降序排列表示从大到小排序。

（3）笔画、数字、日期和拼音

笔画、数字、日期和拼音规定了排序的依据，根据用户的需求，依据不同的排序依据，可实现不同的排序结果。

4.8　Word 高级操作

4.8.1　样式

样式是指一组已经命名的字符和段落格式，规定了文档中标题、正文及要点等各个文本元素的格式。用户可以将一种样式应用于某个选择的段落或字符，以使所选段落或字符具有这种样式所定义的格式。

使用样式有诸多便利，它可以帮助用户统一文档的格式；辅助构建文档大纲以使内容更有条理；简化格式的编辑和修改操作。此外，样式还可以用于生成文档目录。

1. 在文档库中应用样式

在编辑文档时，使用样式可以省去格式设置上的重复性操作。在 Word 2010 中提供了“快速样式库”，用户可以从中选择以便为文本快速应用某种样式。

例如，要为文档的标题应用 Word 2010“快速样式库”中的一种样式，可以按照如下操作步骤设置。

1）在 Word 文档中，选择要应用样式的标题文本。

2）选择“开始”→“样式”→“其他”选项。

3）在弹出的如图 4.85 所示“快速样式库”中，用户只需在各种样式之间轻松滑动鼠标，标题文本就会自动呈现出当前样式应用后的视觉效果。

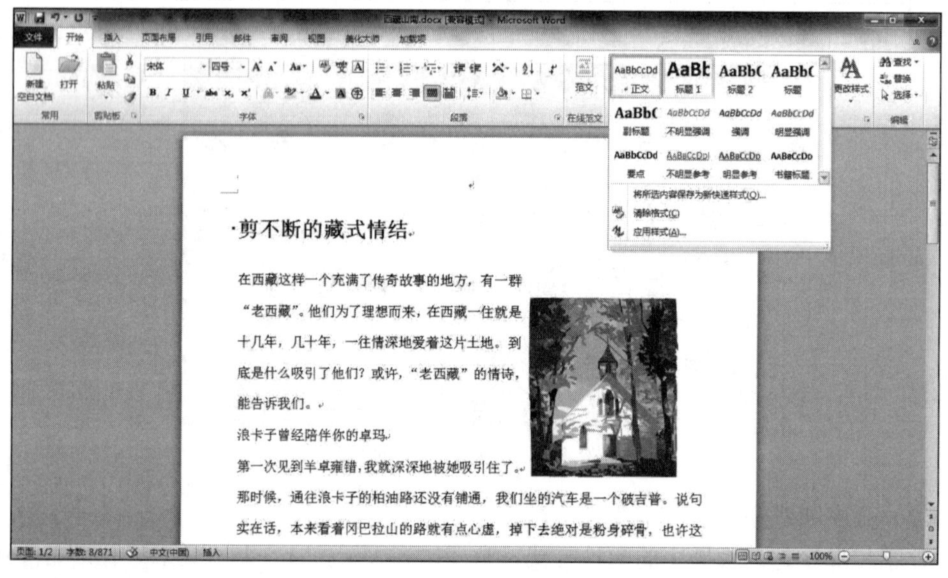

图 4.85　应用快速样式库

用户还可以使用“样式”任务窗格将样式应用于选中文本，操作步骤如下。

1）在 Word 文档中，选择要应用样式的标题文本。

2）单击“开始”→“样式”的对话框启动器按钮。

3）弹出“样式”任务窗格，在下拉列表中选择希望应用到选中文本的样式，即可将该样式应用到文档中。

在“样式”任务窗格中勾选“显示预览”复选框可看到样式的预览效果，否则所有样式只以文字描述的形式列举出来，如图 4.86 所示。

除了单独为选择的文本或段落设置样式外，Word 2010 内置了许多经过专业设计的样式集，如图 4.87 所示。

图 4.86　Word 2010 内置样式

而每个样式集都包含一整套可应用于整篇文档的样式设置。只要用户选择了某个样式集，其中的样式设置就会自动应用于整篇文档，从而一次性完成文档中的所有样式设置。

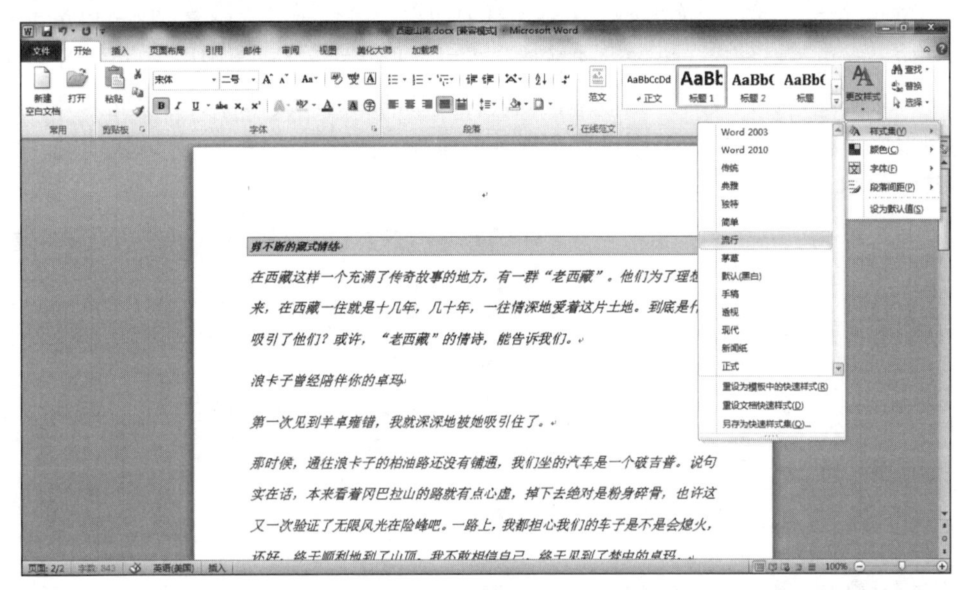

图 4.87　应用样式集

2. 创建样式

如果用户需要添加一个全新的自定义样式，则可以在已经完成格式定义的文本或段落上执行如下操作。

1）选中已经完成格式定义的文本或段落，并右击所选内容，在弹出的快捷菜单中选择“样式”→“将所选内容保存为新快速样式”选项，如图 4.88 所示。

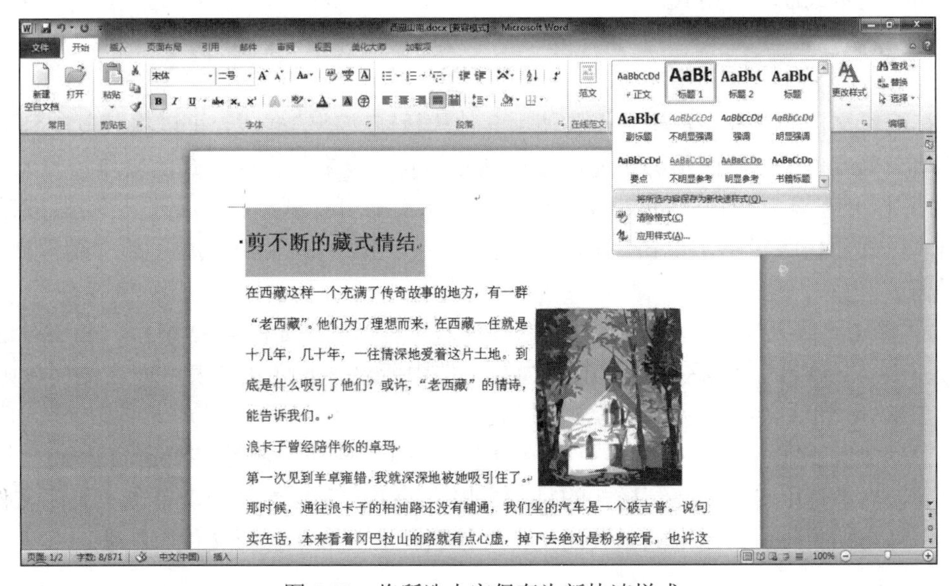

图 4.88　将所选内容保存为新快速样式

2）此时弹出“根据格式设置创建新样式”对话框，在“名称”文本框中输入新样式的名称，如“一级标题”，如图 4.89 所示。

3）如果在定义新样式的同时，还希望针对该样式进行进一步定义，则可以单击“修改”按钮，弹出“根据格式设置创建新样式”对话框。在该对话框中，用户可以定义该样式的样式类型是针对文本还是段落，以及样式基准和后续段落样式。除此之外，用户也可以单击“格式”按钮，分别设置该样式的字体、段落、边框、编号、快捷键、文字效果等，如图 4.90 所示。

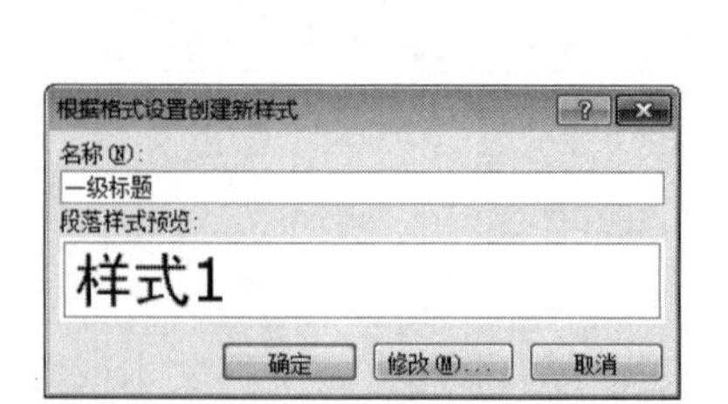

图 4.89　定义新样式名称

图 4.90　修改新定义样式

4）单击“确定”按钮，新定义的样式会出现在快速样式库中，并可以根据该样式快速调整文本或段落的格式。

3. 复制并管理样式

在编辑文档的过程中，如果需要使用其他模板或文档的样式，可以将其复制到当前的活动文档或模板中，而不必重复创建相同的样式。复制与管理样式的操作步骤如下。

1）打开需要复制样式的文档，单击“开始”→“样式”的对话框启动器按钮，弹出“样式”任务窗格，单击“管理样式”按钮，弹出如图 4.91 所示的“管理样式”对话框。

2）单击“导入/导出”按钮，弹出“管理器”对话框，如图 4.92 所示。在该对话框“样式”选项卡中，左侧区域显示的是当前文档中所包含的样式列表，而右侧区域则显示出在 Word 默认文档模板中所包含的样式。

3）这时，可以看到“样式的有效范围”下拉列表中显示的是“Normal.dotm（共用模板）”，而不是用户所要复制样式的目标文档。为了改变目标文档，单击“关闭文件”按钮。将文档关闭后，原来的“关闭文件”按钮就会变成“打开文件”按钮。

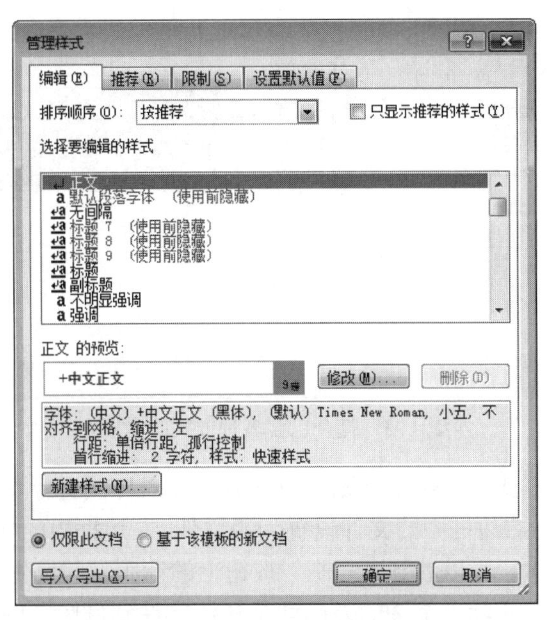

图 4.91　“管理样式”对话框

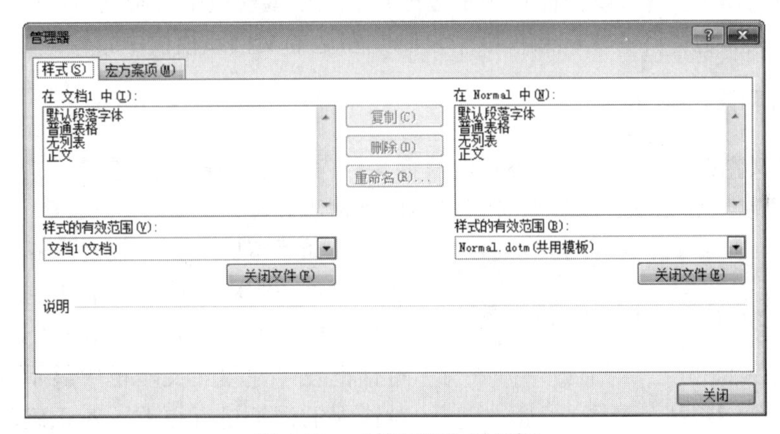

图 4.92　“管理器”对话框

4）单击“打开文件”按钮，弹出“打开”对话框。在“文件类型”下拉列表中选择“所有 Word 文档”，然后通过“查找范围”找到目标文件所在的路径，然后选中已经包含特定样式的文档。

5）单击“打开”按钮将文档打开，此时在样式“管理器”对话框的右侧将显示出包含在打开文档中的可选样式列表，这些样式均可以被复制到其他文档中，如图 4.93 所示。

6）选中样式列表中所需要的样式类型，单击“复制”按钮，即可将选中的样式复制到新的文档中。

7）单击“关闭”按钮，结束操作。此时就可以在文档中的“样式”任务窗格中看到已添加的新样式。

在复制样式时，如果目标文档或模板已经存在相同名称的样式，Word 会给出提示，可以决定是否要用复制的样式来覆盖现有的样式。如果既想保留现有的样式，又想将其

图 4.93 打开包含多种样式的文档

他文档或模板的同名样式复制出来，则可以在复制前对样式进行重命名。

实际上，也可以将右边框中的文件设置为源文件，左边框中的文件设置为目标文件。在源文件中选中样式时，可以看到“复制”按钮上的箭头方向发生了变化，即从左指向右变成了从右指向左，实际上箭头的方向就是从源文件到目标文件的方向。这就是说，在执行复制操作时，既可以把样式从左边打开的文档或模板中复制到右边的文档或模板中，也可以从右边打开的文档或模板中复制到左边的文档或模板中。

4.8.2 拼写和语法检查

完成对文档的编写后，逐字逐句地检查文档内容会显得费力、费时，此时可以使用 Word 中的“拼写和语法”功能对文档内容进行检查。

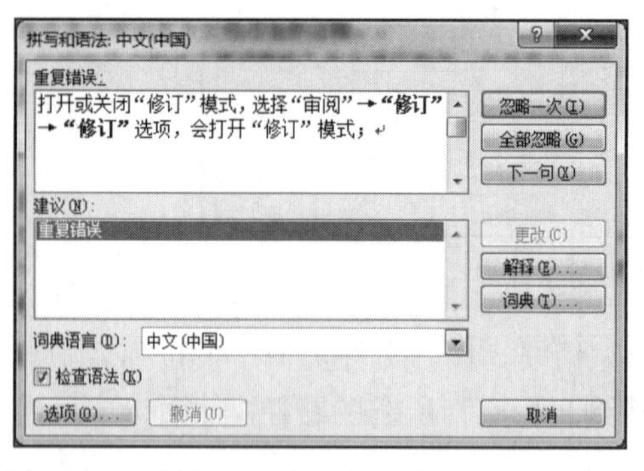

图 4.94 “拼写和语法：中文（中国）”对话框

选择“审阅”→“校对”→“拼写和语法：中文（中国）”选项，弹出“拼写和语法：中文（中国）”对话框，如图 4.94 所示。该对话框在“建议”文本框中显示建议的词，对错误的词汇进行更改，对正确的词汇可以直接跳过。

4.8.3 文档审阅

在与他人一同处理文档的过程中，审阅、跟踪文档的修订状况将成为重要的环节之一，用户需要及时了解其他用户更改了文档的哪些内容，以及为何进行这些更改。为了便于联机审阅，Word 允许在文档中快速创建和查看修订及批注。

为了保留文档的版式，Word 在文档的文本中显示一些标记元素，而其他内容则显示在出现批注框中，如图 4.95 所示。

修订用于显示文档中所做的诸如删除、插入或其他编辑更改的位置的标记。启用修订功能时，作者或其他审阅者的每一次插入、删除或是格式更改都会被标记出来。作者查看修订时，可以接受或拒绝任意一处更改。

打开或关闭“修订”模式。选择“审阅”→“修订”→“修订”选项，会打开修订模式；再次选择“审阅”→“修订”→“修订”选项或按 Ctrl+Shift+E 组合键，会关闭修订模式。

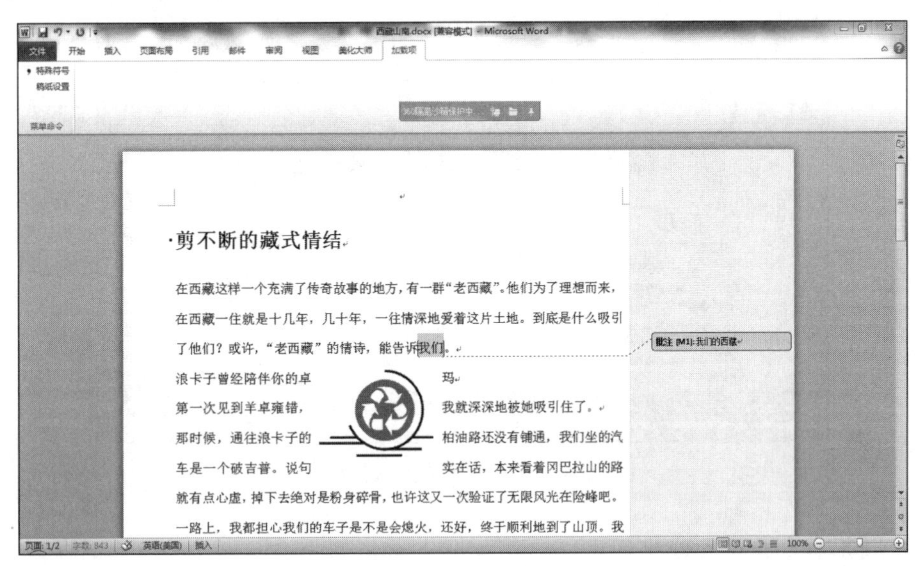

图 4.95　插入批注

批注是作者或审阅者为文档添加的注释。

Word 文档的页边距或“审阅窗格”中会显示批注。当查看批注时，可以删除或对其进行响应。

4.8.4　自动生成目录

1. 创建目录

目录通常是长篇幅文档不可缺少的一项内容，列出了文档中的各级标题及其所在的页码，便于文档阅读者快速查找到所需内容。Word 2010 提供了一个内置的“目录库”，其中有多种目录样式可供选择，从而可代替用户完成大部分工作，使得插入目录的操作变得快捷、简便。在文档中使用“目录库”创建目录的操作步骤如下。

1）将鼠标指针定位在需要建立文档目录的地方，通常是文档的最前面。

2）在 Word 2010 的功能区中，选择“引用”→“目录”→“目录”选项，弹出如图 4.96 所示的下拉列表，系统内置的“目录库”以可视化的方式展示了许多目录的编排方式和显示效果。

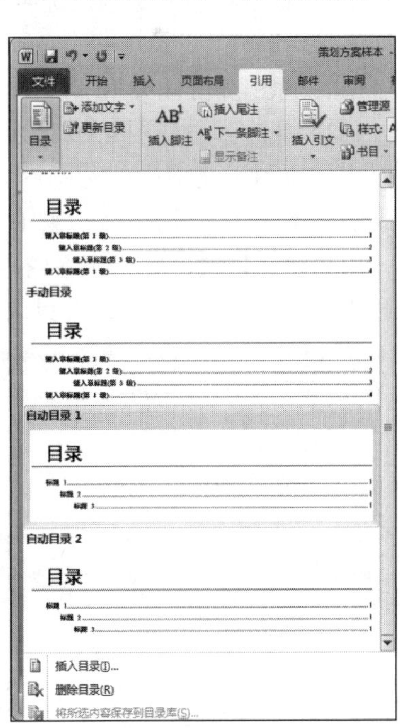

图 4.96　“目录库”中的目录样式

3）用户只需单击其中一个目录样式，Word 2010 就会自动根据所标记的标题在指定位置创建目录，如图 4.97 所示。

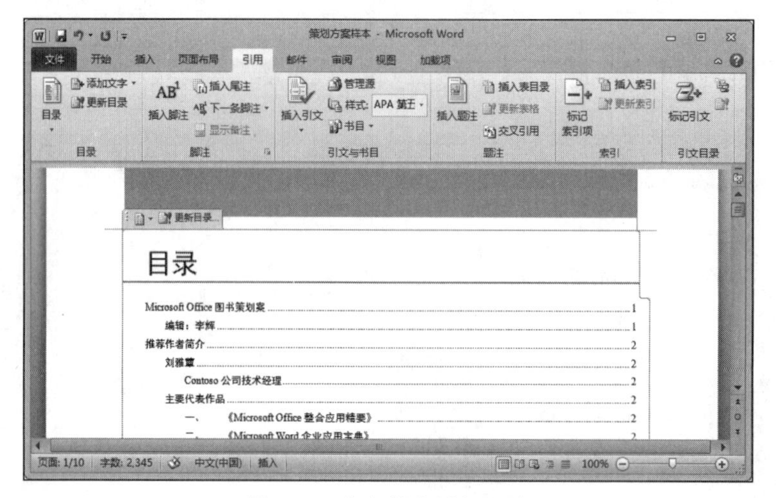

图 4.97　在文档中插入目录

2. 使用自定义样式创建目录

如果用户已将自定义样式应用于标题，则可以按照如下操作步骤创建目录。用户可以选择 Word 在创建目录时使用的样式设置。

1）将鼠标指针定位在需要建立文档目录的地方，然后在 Word 2010 的功能区中选择“引用”→“目录”→“目录”选项。在弹出的下拉列表中，选择“插入目录”选项。

2）弹出如图 4.98 所示的“目录”对话框，在“目录”选项卡中单击“选项”按钮。

3）此时弹出如图 4.99 所示的“目录选项”对话框，在“有效样式”选项区域中可以查找应用于文档中的标题的样式，在样式名称旁边的“目录级别”文本框中输入目录的级别（可以输入 1～9 中的一个数字），以指定希望标题样式代表的级别。如果仅使用自定义样式，则可删除内置样式的目录级别数字，如删除“标题 1”“标题 2”“标题 3”样式名称旁边的代表目录级别的数字。

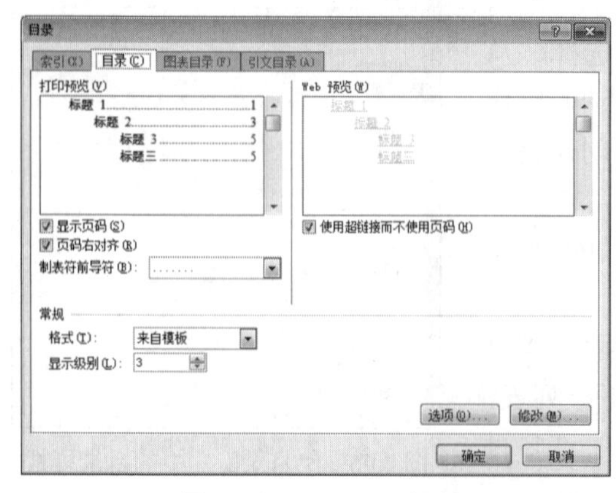

图 4.98　“目录”对话框

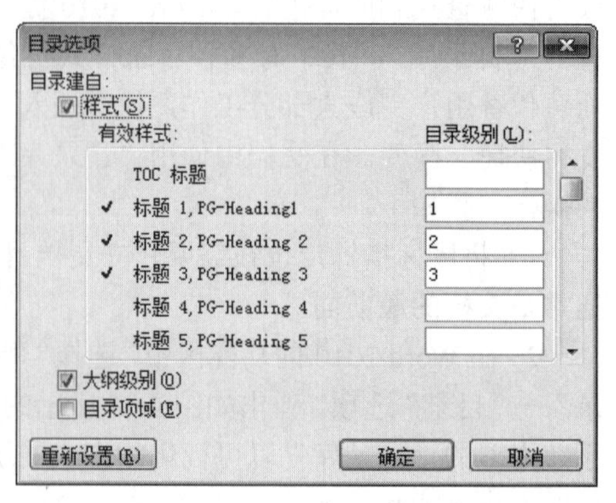

图 4.99　“目录选项”对话框

4）当有效样式和目录级别设置完成后，单击“确定”按钮，关闭“目录选项”对话框。

5）返回“目录”对话框，用户可以在“打印预览”和“Web 预览”选项区域中看到 Word 在创建目录时使用的新样式设置。另外，如果用户正在创建读者将在打印页上阅读的文档，那么在创建目录时应包括标题和标题所在页面的页码，即勾选“显示页码”复选框，从而便于读者快速翻到需要的页。如果用户创建的是读者将要在 Word 中联机阅读的文档，则可以将目录中各项的格式设置为超链接，即勾选“使用超链接而不使用页码”复选框，以便使读者可以通过单击目录中的某项标题转到对应的内容。最后，单击“确定”按钮完成所有设置。

3. 更新目录

如果用户在创建好目录后，又添加、删除或更改了文档中的标题或其他目录项，可以按照如下操作步骤更新文档目录。

1）在 Word 2010 的功能区中，选择“引用”→“目录”→“更新目录”选项。

2）弹出如图 4.100 所示的“更新目录”对话框，在该对话框中选中“只更新页码”单选按钮或者“更新整个目录”单选按钮，然后单击“确定”按钮即可按照指定要求更新目录。

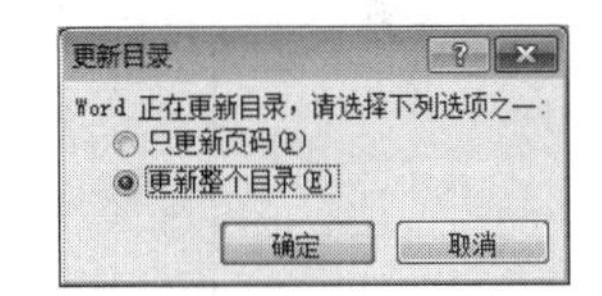

图 4.100　“更新目录”对话框

4.8.5　插入特定信息域

Word 域的英文意思是范围，类似数据库中的字段，实际上，它就是 Word 文档中的一些字段。每个 Word 域都有一个唯一的名字，但有不同的取值。用 Word 排版时，若能熟练使用 Word 域，可增强排版的灵活性，减少许多烦琐的重复操作，提高工作效率。

在 Word 2010 中插入域的步骤如下：在插入域位置依次选择“插入”→“文本”→“文档部件”选项，在弹出的下拉列表中选择“域”选项，如图 4.101 所示。弹出“域”窗口，单击“类别”列表，选择所需的类别，如图 4.102 所示。

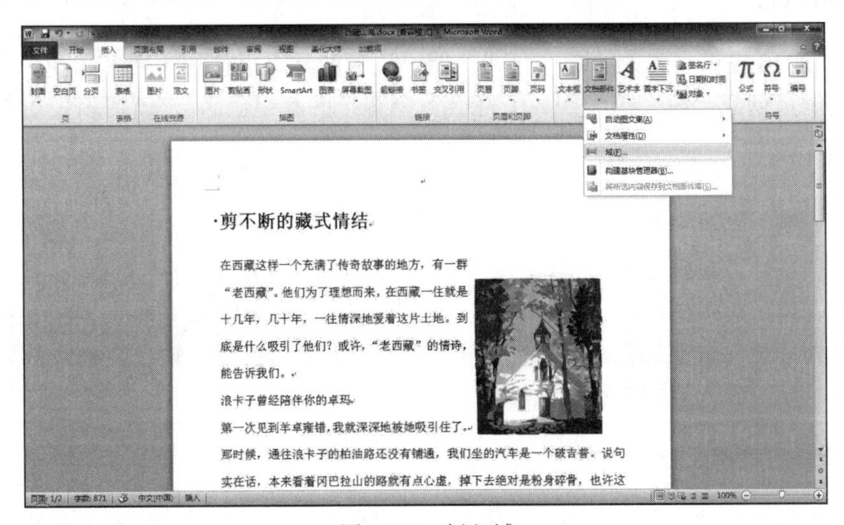

图 4.101　插入域

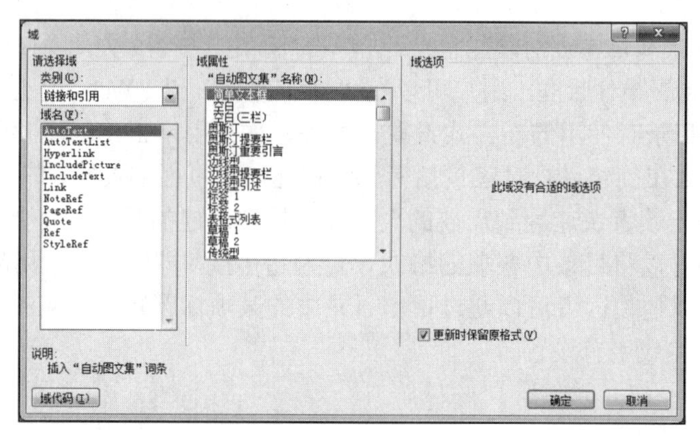

图 4.102 域类别

这里选择日期和时间，如图 4.103 所示。单击“确定”按钮后即可在文档中插入含有周信息的日期域。

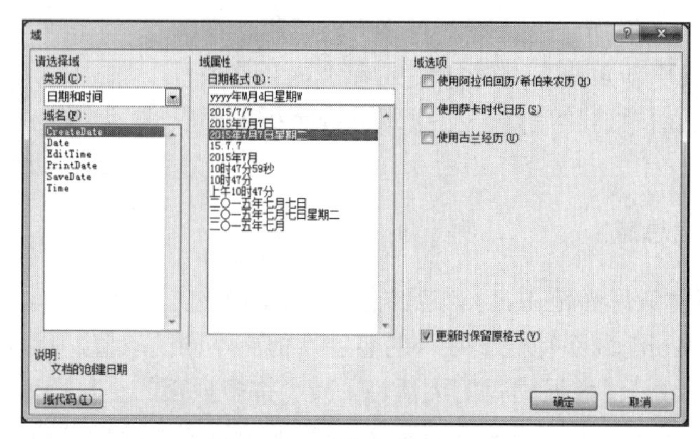

图 4.103 选择日期时间域

4.8.6 邮件合并

Word 2010 提供了强大的邮件合并功能，该功能具有极佳的实用性和便捷性。如果用户希望批量创建一组文档（如一个寄给多个客户的套用信函），就可以使用邮件合并功能实现。

1. 创建主文档

主文档是经过特殊标记的 Word 文档，是用于创建输出文档的“蓝图”。其中包含基本的文本内容，这些文本内容在所有输出文档中都是相同的，如信件的信头、主体及落款等。另外，还有一系列指令（称为合并域），用于插入在每个输出文档中都要发生变化的文本，如收件人的姓名和地址等。

2. 选择数据源

数据源实际上是一个数据列表，其中包含用户希望合并到输出文档的数据。通常它保存了姓名、通信地址、电子邮件地址、传真号码等数据字段。Word 的“邮件合并”功能支持很多类型的数据源，其中主要包括以下几类数据源。

1）Microsoft Office 地址列表：在邮件合并的过程中，“邮件合并”任务窗格为用户提供了创建简单的“Office 地址列表”的机会，用户可以在新建的列表中填写收件人的姓名和地址等相关信息。此方法最适用于不经常使用的小型、简单列表。

2）Microsoft Word 数据源：可以使用某个 Word 文档作为数据源。该文档应该只包含1个表格，该表格的第1行必须用于存放标题，其他行必须包含邮件合并所需要的数据记录。

3）Microsoft Excel 工作表：可以从工作簿内的任意工作表或命名区域选择数据。

4）Microsoft Outlook 联系人列表：可直接在“Outlook 联系人列表”中检索联系人信息。

5）Microsoft Access 数据库：在 Access 中创建的数据库。

6）HTML 文件：使用只包含1个表格的 HTML 文件。表格的第1行必须用于存放标题，其他行则必须包含邮件合并所需要的数据。

3. 邮件合并的最终文档

邮件合并的最终文档包含所有的输出结果，其中，有些文本内容在输出文档中都是相同的，而有些会随着收件人的不同而发生变化。

利用“邮件合并”功能可以创建信函、电子邮件、传真、信封、标签、目录（打印出来或保存在单个 Word 文档中的姓名、地址或其他信息的列表）等文档。

4. 使用邮件合并技术制作邀请函

如果用户要制作或发送一些信函或邀请函之类的邮件给客户或合作伙伴，这类邮件的内容通常分为固定不变的内容和变化的内容。例如，有一份如图4.104所示的邀请函文档，在这个文档中已经输入了邀请函的正文内容，这一部分就是固定不变的内容。邀请函中的邀请人姓名及邀请人的称谓等信息就属于变化的内容，而这部分内容保存在如图4.105所示的 Excel 工作表中。

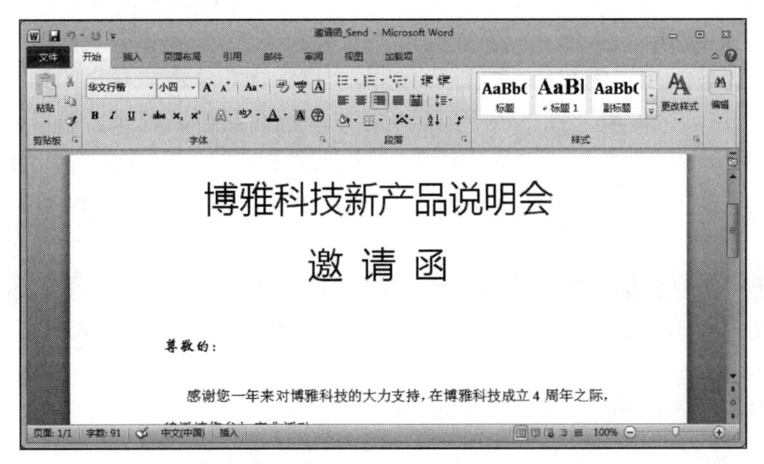

图4.104　邀请函文档

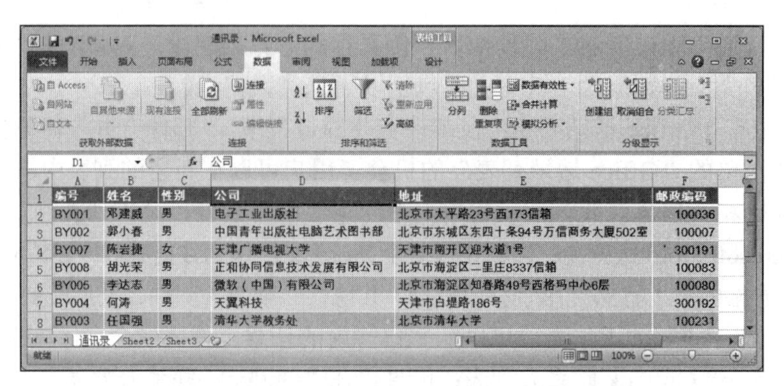

编号	姓名	性别	公司	地址	邮政编码
BY001	郑建威	男	电子工业出版社	北京市太平路23号西173信箱	100036
BY002	郭小春	男	中国青年出版社电脑艺术图书部	北京市东城区东四十条94号万信商务大厦502室	100007
BY007	陈岩捷	女	天津广播电视大学	天津市南开区迎水道1号	300191
BY008	胡光荣	男	正和协同信息技术发展有限公司	北京市海淀区二里庄8337信箱	100083
BY005	李达志	男	微软（中国）有限公司	北京市海淀区知春路49号西格玛中心6层	100080
BY004	何涛	男	天翼科技	天津市白堤路186号	300192
BY003	任国强	男	清华大学教务处	北京市清华大学	100231

图 4.105　保存在 Excel 工作表中的邀请人信息

下面就来介绍如何利用邮件合并功能将数据源中邀请人的信息自动填写到邀请函文档中。对于初次使用该功能的用户而言，Word 提供了非常周到的服务，即“邮件合并分步向导”，它能够帮助用户一步步地了解整个邮件合并的使用过程，并高效、顺利地完成邮件合并任务。

利用“邮件合并分步向导”批量创建信函的操作步骤如下。

1）在 Word 2010 的功能区中，选择如图 4.106 所示的“邮件”选项卡。

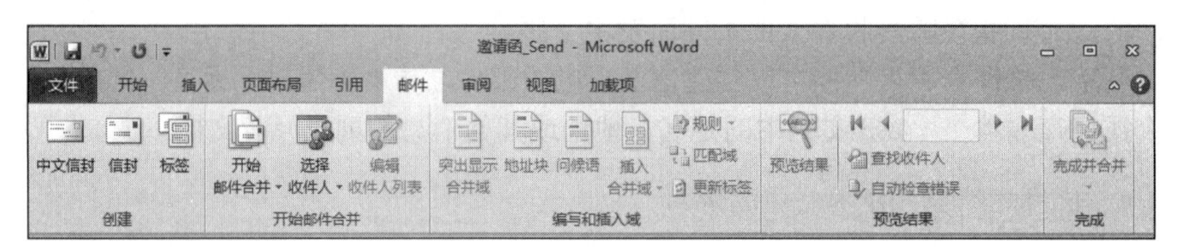

图 4.106　“邮件”选项卡

2）选择“开始邮件合并”→“开始邮件合并”选项，在弹出的下拉列表中选择“邮件合并分步向导”选项。

3）弹出“邮件合并”任务窗格，进入“邮件合并分步向导”的第 1 步（总共有 6 步）。在“选择文档类型”选项区域中，选择一个希望创建的输出文档的类型（本例选择“信函”单选按钮），如图 4.107 所示。

4）单击“下一步：正在启动文档”，进入“邮件合并分步向导”的第 2 步，在“选择开始文档”选项区域中选择“使用当前文档”单选按钮，以当前文档作为邮件合并的主文档。接着单击“下一步：选取收件人”，进入“邮件合并分步向导”的第 3 步，在“选择收件人”选项区域中选择“使用现有列表”单选按钮，如图 4.108 所示，然后单击“浏览”。

5）弹出“选取数据源”对话框，选择保存客户资料的 Excel 工作表文件，然后单击“打开”按钮，弹出“选择表格”对话框，选择保存客户信息的工作表名称，如图 4.109 所示，然后单击“确定”按钮。

6）弹出如图 4.110 所示的“邮件合并收件人”对话框，可以对需要合并的收件人信息进行修改。然后单击“确定”按钮，完成现有工作表的链接工作。

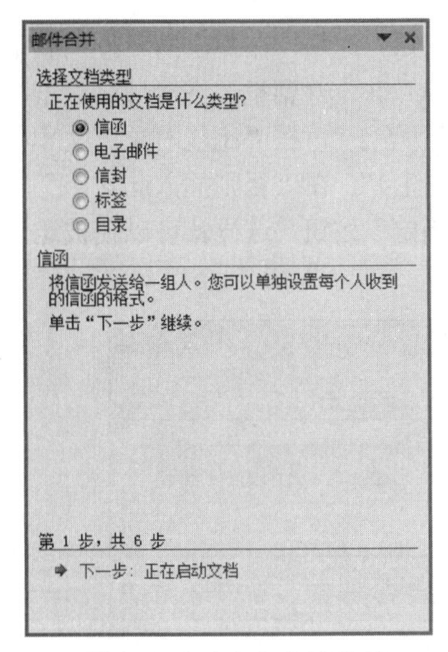

图 4.107　确定主文档类型

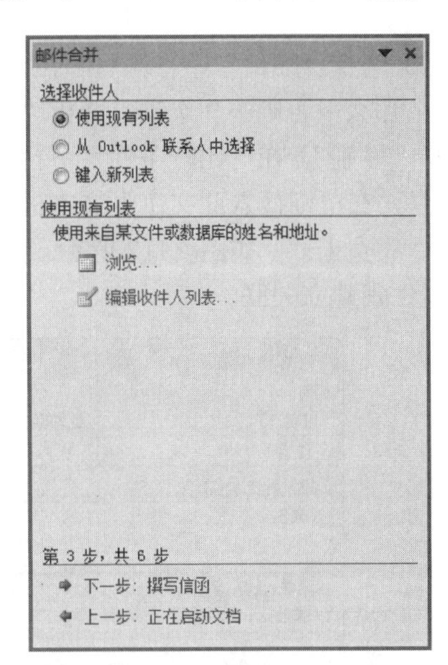

图 4.108　选择邮件合并数据源

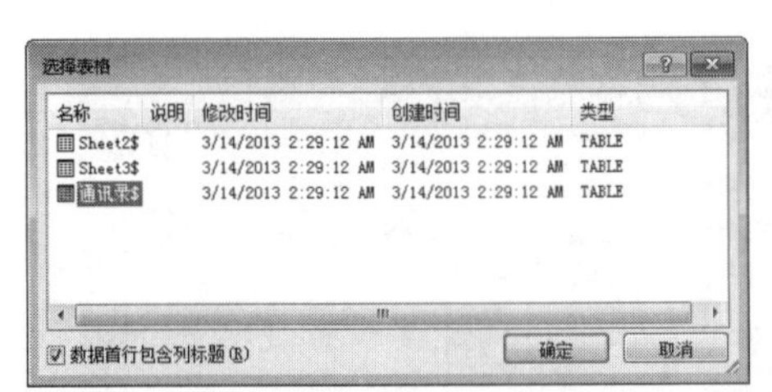

图 4.109　选择数据工作表

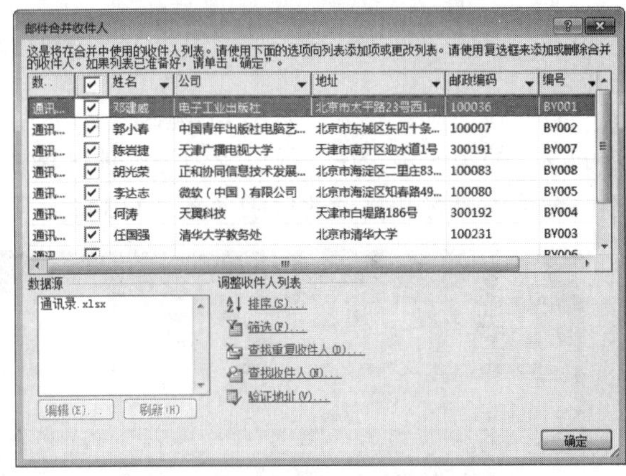

图 4.110　设置邮件合并收件人信息

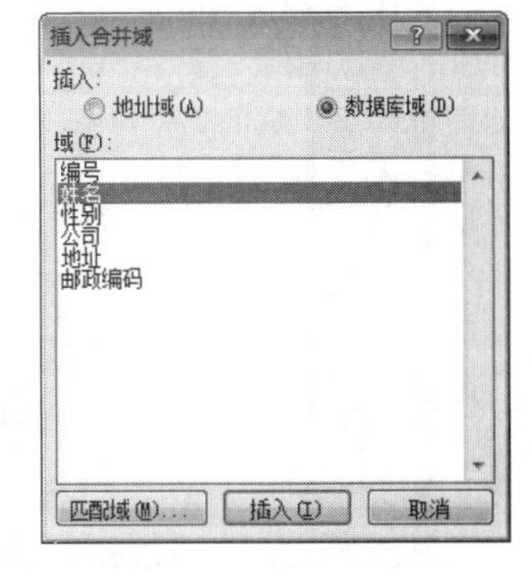

图 4.111　插入合并域

7）选择收件人的列表之后，单击“下一步：撰写信函”，进入“邮件合并分步向导”的第 4 步。如果用户此时还未撰写信函的正文部分，可以在活动文档窗口中输入与所有输出文档中保持一致的文本。如果需要将收件人信息添加到信函中，先将鼠标指针定位在文档中的合适位置，然后单击“地址块”和“问候语”等。本例单击“其他项目”。

8）弹出如图 4.111 所示的“插入合并域”对话框，在“域”列表框中，选择要添加到邀请函中邀请人姓名所在位置的域，本例选择“姓名”单选按钮，单击“插入”按钮。

9）插入所需的域后，单击“关闭”按钮，关闭“插入合并域”对话框。文档中的相应位置就会出现已插入的域标记。

10）选择“邮件”→“编写和插入域”→“规则”选项，在弹出的下拉列表中选择“如果…那么…否则…”选项，弹出“插入 Word 域：IF”对话框，在“域名”下拉列表中选择“性别”，在“比较条件”下拉列表中选择“等于”，在“比较对象”文本框中输入“男”，在“则插入此文字”文本框中输入“(先生)”，在“否则插入此文字”文本框中输入“(女士)”，如图 4.112 所示。然后单击“确定”按钮，这样就可以使被邀请人的称谓与性别建立关联。

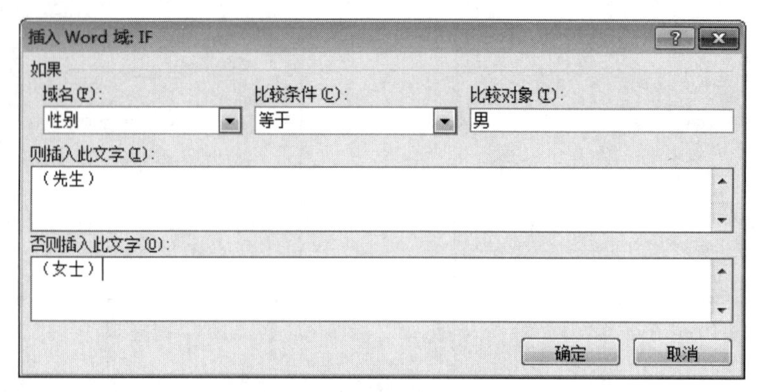

图 4.112　设置插入域规则

11）在“邮件合并”任务窗格中，单击“下一步：预览信函”，进入“邮件合并分步向导”的第 5 步。在“预览信函”选项区域中，单击“<<”或“>>”按钮，查看具有不同邀请人姓名和称谓的信函（图 4.113）。

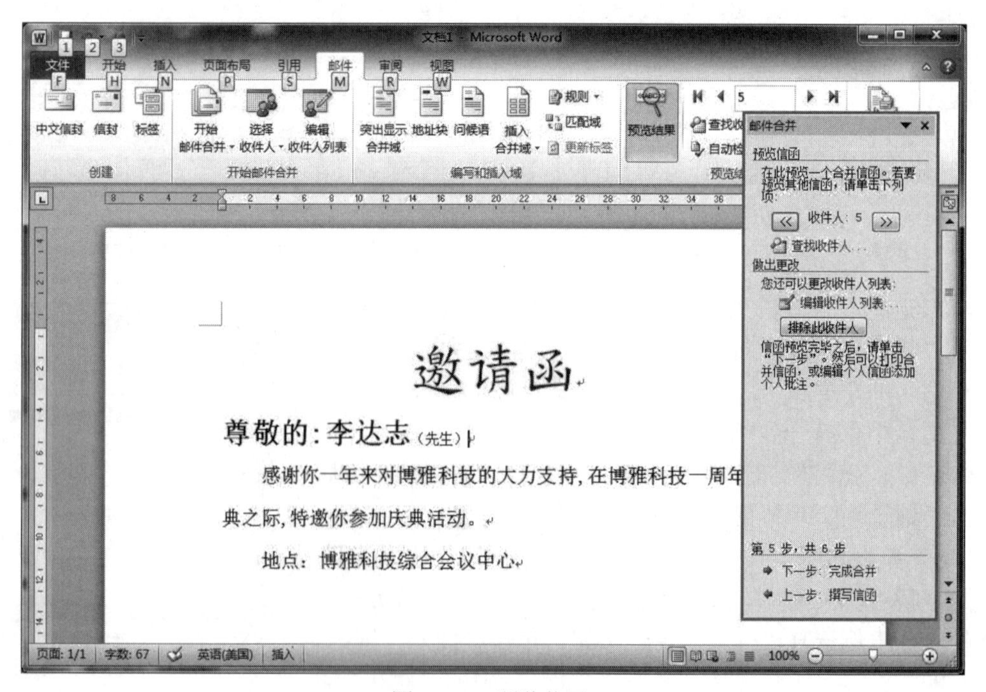

图 4.113　预览信函

如果用户想要更改收件人列表，可单击“做出更改”选项区域中的“编辑收件人列表”，在弹出的“邮件合并收件人”对话框中进行更改。如果用户想要从最终的输出文档中删除当前显示的输出文档，可单击“排除此收件人”按钮。

12）预览并处理输出文档后，单击“下一步：完成合并”，进入“邮件合并分步向导”的最后一步。在“合并”选项区域中，用户可以根据实际需要选择单击“打印”或“编辑单个信函”，进行合并工作。本例单击“编辑单个信函”。

13）弹出“合并到新文档”对话框，在“合并记录”选项区域中，选择“全部”单选按钮，如图 4.114 所示，然后单击“确定”按钮。这样，Word 会将 Excel 中存储的收件人信息自动添加到邀请函正文中，并合并生成一个如图 4.115 所示的新文档，在该文档中，每页中的邀请函客户信息均由数据源自动创建生成。

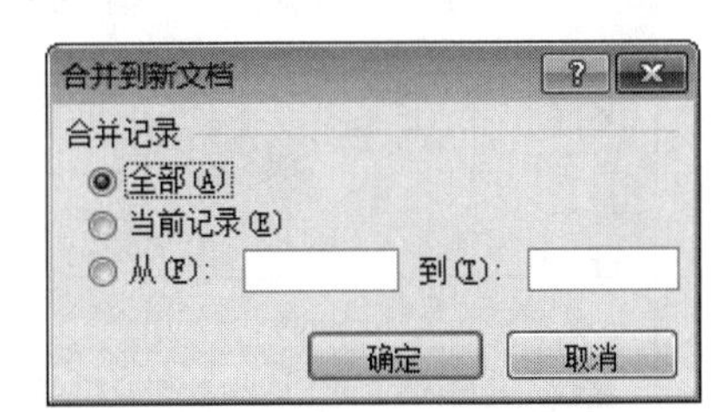

图 4.114　合并到新文档

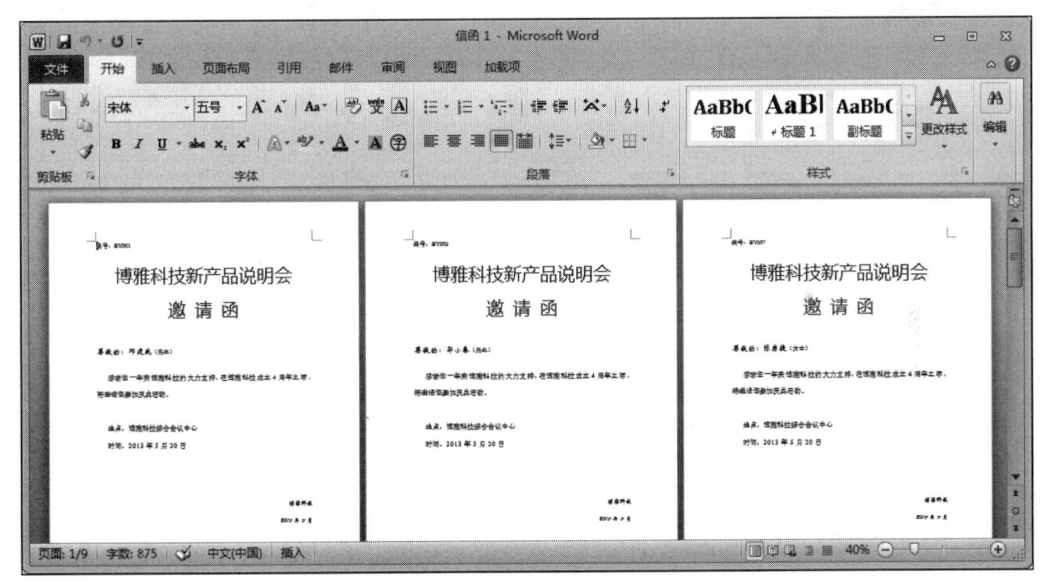

图 4.115　批量生成的文档

4.9　文 档 打 印

创建好 Word 文档后，有时根据需要应将文档打印出来，下面介绍文档的打印功能。

4.9.1　打印机设置

在打印文档前要做好打印机的准备工作：接通打印机电源、连接打印机与主机、添加打印纸、检查打印纸与设置的打印纸是否吻合等。选择“文件”→“打印”选项，弹出如图 4.116 所示的打印选项设置。

4.9.2 打印指定页

一般情况下，打印机打印的是整个文档，如果只需要打印文档中的某一个部分时，可以选择“文件”→“打印”→“设置”选项，在“页数”文本框中输入要打印的页码即可，如打印 2～3 页，如图 4.117 所示。

图 4.116 设置打印机

图 4.117 打印指定页

4.9.3 打印双面页

在办公应用中，打印耗材的成本是比较高的，为了节约纸张、保护环境，人们往往会将一张纸的正面和反面都用上（双面打印）。但支持自动双面打印的打印机很少，这时就必须手动设置双面打印：选择“文件”→“打印”选项，在“设置”选项区域中，单击“单面打印”的下拉按钮，在弹出的下拉列表中单击“手动双面打印”选项即可，如图 4.118 所示。

4.9.4 一次打印多份文档

单击“打印”按钮时，系统默认打印一份文档，如果想要打印多份文档。只需要在“打印”按钮后的“份数”文本框中输入需要打印的份数，如输入“5”，即可打印 5 份文档，如图 4.119 所示。

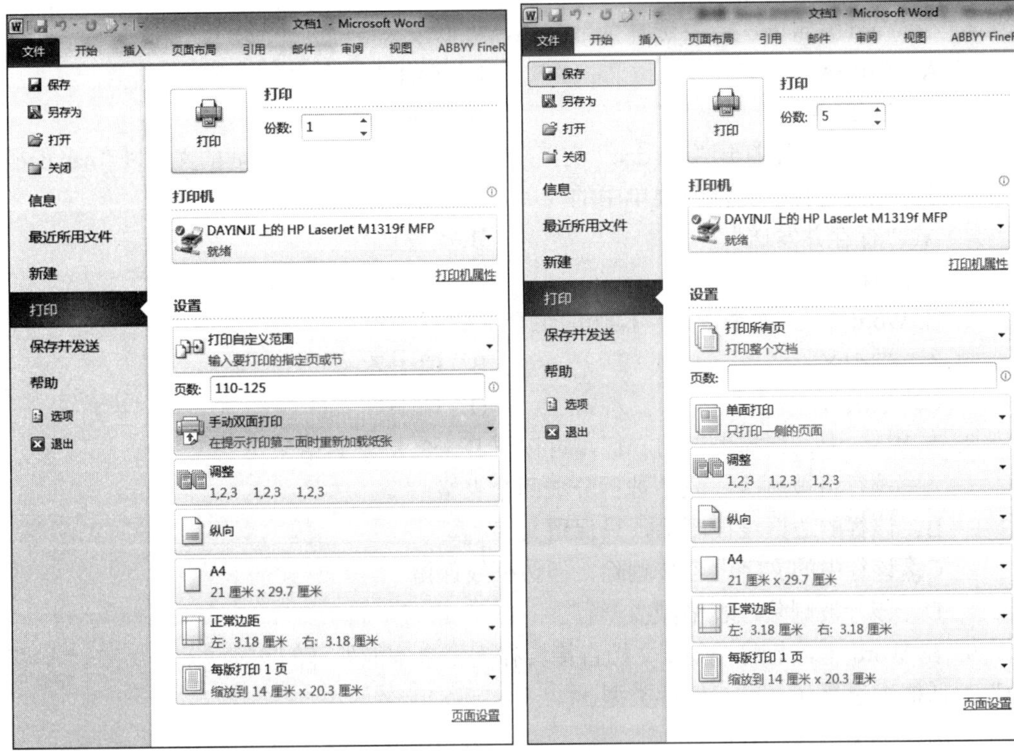

图 4.118 手动双面打印　　　　图 4.119 打印 5 份文档

习 题

一、选择题

1. 在 Word 编辑中，要移动或复制文本，可以用（　　）来选择文本。

   A．鼠标　　B．键盘

   C．扩展选取　　D．以上方法都可以

2. 在 Word 中要复制字符格式而不复制字符，用（　　）按钮。

   A．“格式刷”　　B．“格式选定”

   C．“格式工具框”　　D．“复制”

3. 一位同学要打印毕业论文，并且要求只用 A4 规格的纸输出，在打印预览中，发现最后一页只有一行，若把这一行提到上一页，最好的办法是（　　）。

   A．改变纸张大小　　B．增大页边距

   C．减小页边距　　D．把页面方向改为横向

4. 在 Word 文档过程中，可以按（　　）组合键保存文档。

   A．Shift+S　　B．Ctrl+S

   C．Alt+S　　D．Ctrl+Shift+S

5. 在 Word 编辑下，若要选择全部文档，可以按（　　）组合键。

A．Ctrl+A　　B．Ctrl+U
C．Shift+A　　D．Alt+A

6. 用户在 Word 下打开“xin.doc”文档并修改之后，希望将编辑后的文档以“nan.doc”为名存盘，应当选择“文件”菜单中的（　　）选项。

A．“保存并发送”　　B．“发送”
C．“保存”　　D．“另存为”

7. 在 Word 中，“撤销键入”操作的组合键是（　　）。

A．Ctrl+Y　　B．Ctrl+Z
C．Ctrl+A　　D．Ctrl+C

8. 在 Word 中，选择表格的一行，再按下 Delete 键，其结果是（　　）。

A．该行将被删除，表格被拆分成两个表格
B．该行的边框线被删除，只保留文字
C．该行中的文字内容被删除，但边框线保留
D．该行被删除，表格减少一行

9. 在 Word 中，想将 Word 文档直接转存为记事本能处理的文本文件，应在“另存为”对话框中选择（　　）保存类型。

A．纯文本（*.txt）　　B．Word 文档（*.doc）
C．RFT 格式（*.rft）　　D．WPS 文档（*.wps）

10. 在 Word 中，（　　）将对文档的编辑、排版和打印等操作都产生影响。

A．打印预览　　B．切换显示方式
C．页面设置　　D．更换显示比例

二、简答题

简述 Word 的硬分页符和软分页符的区别。

三、操作题

1. 输入以下文档内容，完成下列操作，以文件名 W4-1.docx 保存在 D 盘中。

奥林匹克宪章、格言、会旗

奥林匹克宪章亦称奥林匹克章程或规则，是国际奥委会为奥林匹克运动发展而制订的总章程，奥林匹克格言是“更快、更高、更强”(citius，altius，fortius)。

国际奥委会会旗白底无边，中央有五个相互套连的圆环，即奥林匹克环，象征五大洲的团结，全世界的运动员以公正、坦率和友好的比赛精神在奥运会上相见。

1）将上列文档第一行的标题居中，并设置为楷体、一号、蓝色。

2）每个自然段落的首行缩进两个汉字位置，并设置为仿宋体、小四号字。

3）将文档中的“奥林匹克宪章”加上一个红色边框、黄色底纹。

4）将文中所有“奥林匹克”加上着重号。

5）将纸张设为 16 开，页边距上下各为 3cm、左右各为 2.5cm、页眉页脚各为 1cm。

6）在文档中插入页脚“第×页”，居中，其中×是系统自动添加的页码数，如“第 1 页”和“第 2 页”等。

2. 输入以下文本，完成下列操作，以文件名 W4-2.docx 保存在 D 盘中。

苏州，古称吴，简称苏，又称姑苏、平江等，是中国华东地区特大城市之一，位于江苏省东南部、长江以南、太湖东岸、长江三角洲中部。苏州以其独特的园林景观被誉为“中国园林之城”，素有“人间天堂”“东方威尼斯”“东方水城”的美誉。苏州园林是中国私家园林的代表，被联合国教科文组织列为世界文化遗产。苏州历史悠久，是国家首批 24 个历史文化名城之一。苏州有文字记载的历史已逾 4000 年，是吴文化的发祥地和集大成者，历史上长期是江南地区的政治经济文化中心。苏州城始建于公元前 514 年，历史学家顾颉刚先生经过考证，认为苏州城为中国现存最古老的城市之一。

1）在“位于江苏省东南部……”之前插入“苏州的地理位置:”，并将文档从“苏州以其独特的园林景观被誉为……”和“苏州历史悠久……”起另起一段，使整个文档分为 3 个自然段，并保存修改结果。

2）给文档加标题“苏州简介”，设置为“标题 1”，字体设置为“黑体”“三号”“加粗”“蓝色”，居中对齐；正文文本格式设置为“宋体”“四号”，缩放“150%”，间距“0.3 磅”，文字效果设置为“渐变填充”中“预设颜色”下的“红日西斜”。

3）将全文中所有的“苏州”替换为“苏州”，格式为“宋体”“加粗”“小三号”“红色”“红色下划线”。

4）设置段落缩进：左、右缩进都是 0 字符，段前、段后间距均为 6 磅；“首行缩进”设置为“2 字符”，“多倍行距”设置为“3”，对齐方式设置为“两端对齐”。

5）使用格式刷命令按钮格式刷来复制段落格式，将第一段格式复制到第二段；将“苏州”的红色下划线格式复制到所有的“江苏省”文字上。

6）将标题加上 2.25 磅、红色、矩形边框，标题加 10%灰色底纹。

7）在文档最后，按下列格式录入以下文本：

苏州旅游七个景区：

拙政园景区

寒山寺景区

金鸡湖景区

狮子林景区

周庄景区

苏州乐园景区

苏州市虎丘山风景名胜区

① 将“拙政园景区”至“狮子林景区”4 行文本，设置编号列表格式。

② 将“周庄景区”至“苏州市虎丘山风景名胜区”3 行文本，设置项目符号列表格式。

8）将页眉设置为“苏州简介”，页脚设置为“第 X 页共 Y 页”。

9）将“页边距”设置上、下、左、右的页边距值均为 2 厘米，不留装订线，页眉和页脚分别设为 1.27 厘米和 1.75 厘米，设置纸型为“16 开”，其中，宽度为 18.4 厘米，高度为 26 厘米，方向为“纵向”。

3. 输入以下文档内容，将文档保存在D盘中，文件名为W4-3.docx。

手机电视标准

据悉，国家标准化管理委员会、国家发展和改革委员会牵头于近日召开了手机电视/移动多媒体国家标准审查会议，与会官员和专家有近30人。

相关人士称，手机电视/移动多媒体相关技术方案经过了知识产权评估、方案测试、国标测试、一致性测试以及公开遴选等法定程序。

在此前4月3日举行的手机电视/移动多媒体国家标准专家评议组第六次工作会议上，由北京新岸线公司研发的T-MMB系统最终被遴选确定为手机电视/移动多媒体国家标准的技术方案。4月15日正式启动手机电视/移动多媒体国家标准的起草工作。在经过广泛的意见公示征询后，对各方意见进行了答复，并对标准进行了修改。6月21日，T-MMB系统通过了最终审定，国家标准的制定工作至此已经全部完成。

1）将标题居中；将标题文字“手机电视标准”设置为华文彩云、加粗、绿色、水平居中、并为标题段文字添加蓝色方框，段前、后间距设置为1行。

2）给正文中所有“多媒体”一词添加波浪下画线；将正文各段文字（“据悉……已经全部完成。”）设置为小四、华文楷体；各段落左右各缩进1.5字符；首行缩进2字符。

3）给正文中第三段（“在此前4月3日……已经全部完成。”）分为等宽的两栏，栏间距为1.8字符、栏间加分隔线。

4. 按下列格式输入文档内容，保存在D盘中，文件名为W4-4.docx。

某网络集控型多媒体教室解决方案

本地集中控制：通过操作面板，可实现一键上下课、投影机开关、幕帘升降、信号切换、电源管理等操作。远程集中控制：通过智能检测电路，监控每个教室中控供电状态、PC 开关状态、投影机使用状态，并传送到主控室，使每个教室的情况一目了然。IC卡管理：本方案实现基于IC卡的安全管理、权限管理及信息统计。实现“插卡即用”“拔卡即走”功能。六大特色优势如下：

预监功能：双显示输出，实现4路输入2路任意同、异步输出。

内置功放：内置双声道12W、8级可调的高保真模块，满足课堂扩音、多媒体课件播放的需求。

内置交换机：内置4口百兆交换机，为教师笔记本进入课堂提供网络连接及其他设备扩展支持。

IC卡管理：实现IC卡开关机，实现基于IC卡的安全管理、权限管理和信息统计。

一键上下课：可自主定义预编程序，依次开启、关闭教室设备，方便教师的使用。

音频广播：主控室可对教室进行单路、多路、分组、全体广播。

网络集控型设备配置

设备名称	技术指标	数量
嵌入式网络中控	嵌入式技术，Linux操作系统，稳定可靠；实现音频广播、IP对讲；多路I/O，联动报警	1
网络教学计算机天傲8000	教室专用网络教学计算机，除具备普通 PC 强大功能外，具有易维护、易管理等专用特性	1

续表

设备名称	技术指标	数量
音响及扩声设备	根据教室大小配置，选用外置功放或有线、无线话筒	1
网络中控平台管理软件	含 IC 卡管理软件、设备使用统计软件、权限及远程网络管理软件	1
数字媒体中心	完成 DVD、闭路电视等模拟信号转成数字信号	1

1）将标题文字设置为二号阴影黑体、加粗、倾斜，并添加浅绿色底纹。

2）设置正文各段落行距为 1.25 倍，段后间距 0.5 行。设置正文第一段悬挂缩进 2 字符；为正文其余各段“预监功能……全体广播。”添加项目符号四角星◆。

3）设置页面纸张为 16 开。

4）将文中最后 6 行文字转换为一个 6 行 3 列的表格，设置表格居中、表格列宽为 2.8 厘米、行高为 0.6 厘米，设置表格第一行和第一列文字水平居中，其余文字左对齐。

5）设置表格所有框线为 0.75 磅红色双细线；为表格第一行添加“灰色 12.5%”底纹。

5. 新建 W4-5.docx 文档内容如下，保存到 D 盘中。

苏州概况

苏州的地理位置

苏州地貌

苏州物产

苏州的旅游资源

苏州旅游特色

苏州旅游景区

苏州的民风与民俗

苏州的民风

苏州的民俗

苏州的市树和市花

苏州的市树

苏州市花

桂花，名木犀、岩桂，系木犀科常绿灌木或小乔木，质坚皮薄，叶长椭圆形面端尖，对生，经冬不凋。花生叶腑间，花冠合瓣四裂，形小，其品种有金桂、银桂、丹桂、月桂等。

苏州的经济特色

经济重镇

港口新市

1）设置标题 1、标题 2。

在文档中分别对“苏州概况”“苏州的旅游资源”“苏州的民风与民俗”“苏州的市树和市花”“苏州的经济特色”设置样式为标题 1，“桂花：……”保留正文样式，其余的设置样式为标题 2。

2）目录生成。

根据上述标题编制目录。

3）新建样式。

样式名为："样式 789"；其中：

① 字体：中文字体为"楷体"，西文字体为"Times New Roman"，字号为"四号"。

② 段落：首行缩进 2 字符，行距 2 倍。

③ 对正文进行应用样式。

4）将前 5 行转换表格样式（分隔符为"空格"）。

5）文章末尾插入文本框，在文本框中插入一幅剪贴画。

6）将正文中"桂花"的"桂"字设置"首字下沉"。

7）将文字"苏州概况"与邮箱 gg.126.com 设置超链接。

8）全文设置文字"保密"红色水印效果。

6. 新建文档 W4-6.docx，建立表 4.4 所示的表格，并在表格前面插入一句话：下表是学生成绩统计表。以 W4-6.docx 为文件名保存在 D 盘中。

表 4.4　学生成绩统计表

姓　名	计算机程序设计	大学英语	大学语文
张新	78	90	78
吴兰	93	89	94
王宏宇	80	78	88
李亮	83	96	66
王晓	69	91	77

1）在"大学语文"的右边插入一列，列标题为"总分"，计算各人的总分（保留 1 位小数）；在表格的最后增加一行，行标题为"各科平均"，计算各科的平均分（保留 1 位小数）。

2）将表格第一行的行高设置为 20 磅最小值，该行文字为粗体、小四，并水平、垂直居中；其余各行的行高设置为 16 磅最小值，文字垂直底端对齐；"姓名"列水平居中，各科成绩列及"平均分"列靠右对齐。

3）将表格按各人的总分高低排序，然后将整个表格居中，列宽设为 2 厘米。将表格的外框线设置为 1.5 磅的粗线，内框线为 0.75 磅，然后对第一行与最后一行添加 10% 的茶色底纹。

4）在上题生成的表格中，插入一行，合并单元格，然后输入标题"成绩表"，格式为"黑体、三号、居中、取消底纹"；在表格下面插入当前日期，格式为"粗体、倾斜"。

5）根据表格内前三个同学的各科成绩，在表格下面生成直方图。

7. 在 D 盘中新建以下文档，文件名为"W4-7.docx"，再"另存为…"文件名为"W4-8.docx"的文件，并按下面的要求进行操作，并把操作结果存盘。

苏州市简介

第一章苏州概况

1.1 苏州的地理位置

苏州坐落于太湖之滨，长江南岸的入海口处，东邻上海，濒临东海；西抱太湖（太湖 70%以上水域属苏州），紧邻无锡和江阴，隔太湖遥望常州和宜兴，构成中国长三角最发达苏锡常都市圈；北濒长江，与南通、靖江隔江相望；南临浙江，与嘉兴接壤，所辖太湖水面紧邻湖州、长兴。

市中心位于东经 119°55′-121°20′、北纬 30°47′-32°2′。

1.2 苏州地貌

全市地势低平，平原占总面积的 55%，苏州分别隶属于两个一级的自然地理区：长江三角洲平原地区和太湖平原地区，分属于 4 个二级自然区：沿江平原沙洲区、苏锡平原区、太湖及湖滨丘陵区、阳澄淀泖低地区。地貌特征以平缓平原为上，全市的地势低平，自西向东缓慢倾斜，平原的海拔高度 3～4 米，阳澄湖和吴江一带仅 2 米左右。

低山丘陵零星散布，一般高 100～350 米，分布在西部山区和太湖诸岛，其中以穹窿山最高（342 米），还有南阳山（338 米）、西洞庭山缥缈峰（336 米）、东洞庭山莫里峰（293 米）、七子山（294 米）、天平山（201 米）、灵岩山（182 米）、渔洋山（171 米）、虞山（262 米）、潭山（252 米）等。

1.3 苏州物产

苏州拥有中国第二大淡水湖太湖四分之三的水域面积。苏州水网密布，土地肥沃，主要种植水稻、麦子、油菜，出产棉花、蚕桑、林果，特产有碧螺春茶叶、长江刀鱼、太湖三白（白鱼、银鱼和白虾）、阳澄湖大闸蟹等。

苏州地区河网密布，周围是全国著名的水稻高产区，农业发达，有“水乡泽国”、“天下粮仓”、“鱼米之乡”之称。有宋以来有“苏湖熟，天下足”的美誉。主要种植水稻、麦子、油菜，出产棉花、蚕桑、林果，特产有碧螺春茶叶、长江刀鱼、太湖银鱼、阳澄湖大闸蟹等。下图为苏州特产之一阳澄湖大闸蟹（以下图片可由剪贴画插入）。

阳澄湖大闸蟹

第二章苏州的旅游资源

2.1 苏州旅游概况

2012 全市实现旅游总收入 1 376.24 亿元，比上年增长 15.1%；接待境外游客 321.87 万人次，比上年增长 8.1%。入境游客中，外国游客 230.18 万人次，港澳台同胞 91.69 万人次。旅游外汇收入 16.47 亿美元，比上年增长 12.1%。全市景区接待游客 11 426.28 万人次，比上年增长 12.89%。

全市拥有星级饭店 144 家，其中四星级及以上饭店 75 家。金鸡湖景区成功创建国家 5A 级景区，全市共有 5A 级景区 4 家，4A 级景区 28 家，3A 级景区 20 家。苏州被确定为全国智慧旅游试点城市。

苏州素来以山水秀丽、园林典雅而闻名天下，有“江南园林甲天下，苏州园林甲江南”的美称，又因其小桥流水人家的水乡古城特色，有“东方水都”之称。

苏州古城遗存的古迹密度仅次于北京和西安，苏州古城 14.2 平方公里。苏州古城和苏州园林为世界文化遗产和世界非物质文化遗产“双遗产”集于一身，而昆曲、阳澄湖大闸蟹、周庄是三张国际级、重量级的品牌。苏州园林甲天下，为中国十大名胜古迹之一，其中九座园林被列入世界文化遗产名录，截止 2009 年有六项非物质文化遗产被列为世界口头与非物质文化遗产；“吴中第一名胜”虎丘深厚的文化积淀，使其成为游客来苏州的必游之地。

苏州现有 2 个国家历史文化名城（苏州、常熟）、12 个中国历史文化名镇（昆山周庄、吴江同里、吴江震泽、吴江黎里、吴中甪直、吴中木渎、太仓沙溪、昆山千灯、昆山锦溪、常熟沙家浜、吴中东山、张家港凤凰），保存较好的古镇（如吴江的黎里、盛泽、平望，太仓浏河等）、中国历史文化名村（吴中东山村、明月湾），中国首批十大历史文化名街之二的平江路、山塘街。

下表为 2006—2011 年苏州旅游收入统计表。（按下表自己创建表格）

年　度	收入（亿元）
2006	525
2007	638
2008	735
2009	841
2010	1 018
2011	1 196

2.2 苏州旅游景区

截至 2009 年，苏州共有全国重点文物保护单位 34 处，现有保存完好的古典园林 73 处，其中拙政园和留园列入中国四大名园，并同网师园、环秀山庄与沧浪亭、狮子林、艺圃、耦园、退思园等 9 个古典园林，分别于 1997 年 12 月和 2000 年 11 月被联合国教科文组织列入《世界遗产名录》。下面分别列出几个国家级景区：

1. 国家 5A 级景区

（1）金鸡湖景区

（2）拙政园
（3）周庄古镇
（4）同里古镇
（5）虎丘山风景名胜区
2．国家4A级景区
（1）狮子林
（2）网师园
（3）苏州乐园
（4）苏州盘门景区
（5）白马涧生态园
（6）寒山寺
3．国家3A级景区
（1）苏州何山公园
（2）苏州镇湖刺绣艺术馆
（3）苏州光福景区
下图为苏州拙政园（以下图片可由剪贴画插入）。

苏州拙政园

（1）对W4-8.docx文档进行排版

1）章名使用样式“标题1”，并居中，编号格式为：第X章，其中X为自动排序（例如，第1章）。

2）小节名使用样式“标题 2”，左对齐，编号格式为：多级符号：X.Y，X为章数字序号，Y为节数字序号（例如，1.1）。

3）新建样式，样式名为：“样式999”；其中：

① 字体：中文字体为“楷体”，西文字体为“Times New Roman”，字号为“小四”。

② 段落：首行缩进2字符，行距1.5倍。

4）将第二章中出现的“1.…2.…”等编号改为自动编号，编号形式不变。

5）将“样式999”应用到正文中除章节标题、表格、图片和自动编号以外的所有文字。

（2）对以上文档图添加题注和交叉引用

对正文中的图添加题注“图”，位于图下方，居中。

1）编号为“章序号”-“图在章中的序号”（例如，第 1 章中第 1 幅图，题注编号为 1-1）。

2）图的说明使用图下一行的文字，格式同编号，图居中。

3）图交叉引用，对正文中出现“如下图所示”中的“下图”两字，使用交叉引用，改为“图 X-Y”，其中“X-Y”为图题注的编号。

（3）对以上文档表格添加题注和交叉引用

对正文中的表格添加题注“表”，位于表上方，居中。

1）编号为“章序号”-“表在章中的序号”（例如，第 1 章中第 1 张表，题注编号为 1-1）。

2）表的说明使用表上一行的文字，格式同编号，表格居中。

3）对正文中出现“如下表所示”中的“下表”两字，使用交叉引用，改为“表 X-Y”，其中“X-Y”为表题注的编号。

（4）对以上文档查找与替换

将全文中的“苏州”替换为“苏州”，格式为“斜体”“字体颜色红色”“下画线”“四号”“下画线蓝色”。

（5）对以上文档页眉与页脚添加

在页眉中插入内容“苏州简介”，居中。在页脚中插入页码“第 X 页”其中 X 采用“Ⅰ，Ⅱ，Ⅲ，…”格式，居中显示。

（6）对以上文档插入分节符和添加目录

在全文的头部插入分节符（下一页）；在最后空白页中添加文字“目录”，要求使用样式“标题 1”，并居中排列；“目录”下插入目录项。

（7）对以上文档页边距设置

设置上、下的页边距值均为 2.5 厘米，左、右的页边距 2.75 厘米和 2.5 厘米。页眉页脚都距边界都为 1.5 厘米，其他默认。

第 5 章 Excel 2010 电子表格

Excel 2010 是微软公司推出的 Office 2010 组件之一，它不仅能方便地创建和编辑工作表，还为用户提供了丰富的函数和公式运算，以便完成各类复杂数据的计算和统计。正是由于具有这些强大的功能，Excel 2010 被广泛地应用于财务、行政、人事、统计和金融等众多领域。

5.1 Excel 2010 的基本知识

1. Excel 2010 窗口的组成

启动 Excel 2010 后即进入如图 5.1 所示的主窗口，主要包括标题栏、快速访问工具栏、功能选项卡、编辑栏、工作簿窗口、状态栏等。工作簿窗口位于中央区域，由标题栏、行号按钮、列标按钮、全选按钮、单元格、工作表标签、工作表标签滚动按钮、水平滚动条和垂直分隔条组成，如图 5.2 所示。

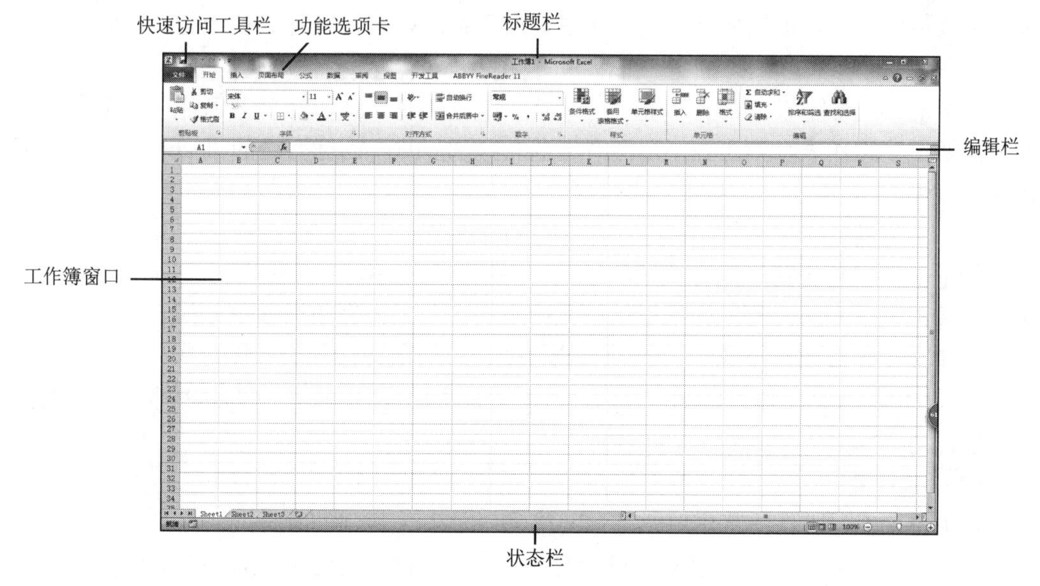

图 5.1　Excel 2010 的主窗口

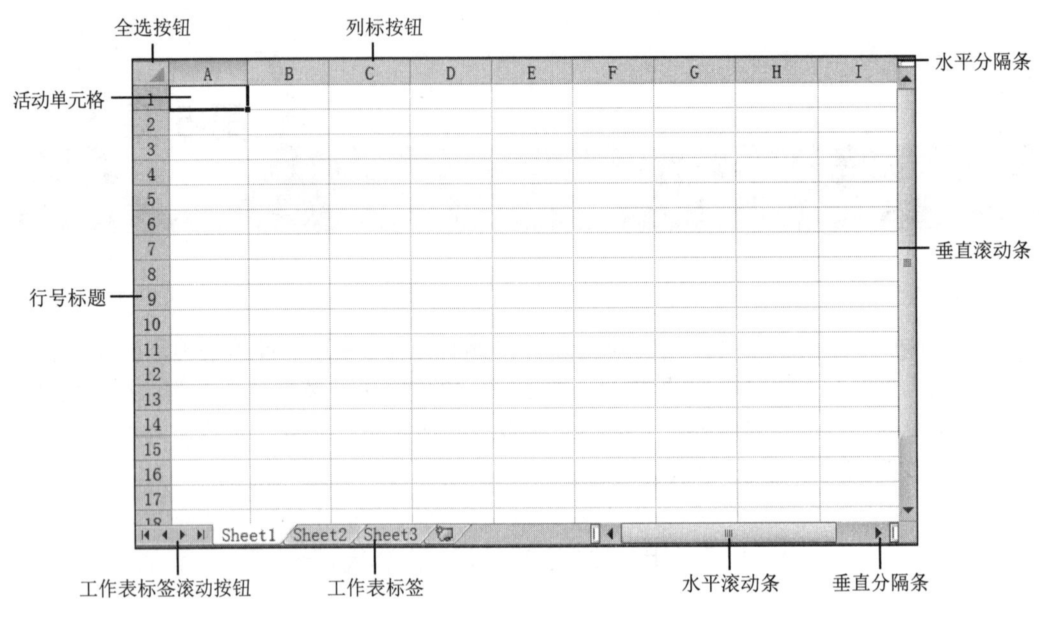

图 5.2 工作簿窗口

2. 工作簿、工作表和单元格

（1）工作簿

Excel 中用于保存表格内容的文件叫工作簿，扩展名为.xlsx（默认的工作簿名称为工作簿 1.xlsx）。一个工作簿由若干个工作表组成，最多可包含 255 个工作表。通常，完成一项具体的工作可能需要包括若干个表，在存盘时，它们被存放在一起，形成一个工作簿文件。

每个 Excel 文件即为一个工作簿，一个工作簿文件在默认情况下包含三个工作表。如果需要更多工作表，单击图 5.2 工作表标签“Sheet3”图标旁边的“插入工作表”按钮添加即可。

（2）工作表

每个工作表包含若干行（1，2，3，…）和列（A，B，C，…），行、列交叉点上的矩形区域称为单元格，数据就填充在单元格中。每个工作表由许多单元格组成，单元格用于存储文字、数值和公式。工作表还能存储图形对象，如图表和图形等。

Excel 中的每个工作表在形式上是一个标签，标题为 Sheet1，Sheet2 等，用户的操作只能针对活动的工作表进行。

（3）单元格

在 Excel 中，操作的基本单位是单元格。每个工作表都被划分成网格形状，其中的每个格是一个单元格。一个表格可以含有 1 048 576 行，沿着工作表的左边缘用阿拉伯数字依次进行标注；可以含有 16 348 列，沿着工作表的上边缘用英文字母进行标注，列标记方法是从 A～Z，然后是 AA～AZ、BA～BZ，依次标注。这样，每个工作表可以含有 1 048 576×16 384 个单元格。每个单元格拥有一个名称（也称作“地址”），由所在列的字母和所在行的数字组成，可记作如 A3 或 BZ5 等。单击某个单元格，使此单元格边框加粗选中，它便成为活动单元格，可向活动单元格内输入数据，这些数据可以是字符串、数学公式、图形等。

（4）单元格区域

单元格区域是一组单元格，可以是连续的，也可以是不连续的。对定义的区域可以进行多种操作，如移动、复制、删除、计算等。用区域的左上角单元格和右下角单元格的位置表示该区域，中间用冒号隔开。区域 B2:D4 表示的范围如图 5.3 所示。

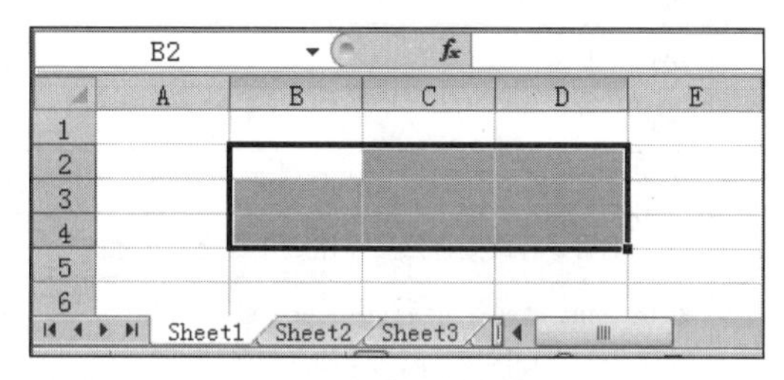

图 5.3　单元格区域

（5）编辑栏

编辑栏用来输入、编辑单元格或图表的数据，也可以显示或修改活动单元格中的数据或公式。

编辑栏的最左侧是名称框，用来定义单元格或区域的名字，或者根据名字查找单元格或区域。如果没有定义名字，在名称框中显示活动单元格的地址名称。

名称框右侧是复选框，复选框用来控制数据的输入，随着活动单元数据的输入，复选框被激活，出现“×”“√”“f_x”三个标记按钮。其中，单击“×”按钮表示取消本单元格数据的输入；单击“√”按钮表示确认本单元格数据的输入；单击“f_x”按钮进入编辑公式状态，输入公式后需要单击“√”按钮结束公式编辑或单击“×”按钮取消公式输入。

编辑栏右侧是编辑区。当在单元格中输入内容时，除了在单元格中显示内容外，还在编辑区显示。有时单元格的宽度不能显示单元格的全部内容，则通常在编辑区中编辑内容。当把鼠标指针移到编辑区时，在需要编辑的地方作为插入点，可以插入新的内容或者删除插入点左右的字符。

5.2　单元格及区域的选定与数据的输入

1. 单元格及区域的选定

在输入和编辑单元格内容之前必须选定单元格，使要输入的单元格成为活动单元格。选定单元格、区域、行或列的操作如表 5.1 所示。

表 5.1 选定单元格、区域、行或列的操作

选定内容	操作
单个单元格	单击相应的单元格或用方向键移动到相应的单元格
连续单元格区域	单击选中区域的第一个单元格，然后拖动鼠标直至选中最后一个单元格
所有单元格	单击“全选”按钮
不相邻的单元格或单元格区域	选中第一个单元格或单元格区域，然后按住 Ctrl 键选中其他的单元格或单元格区域
较大的单元格区域	选中第一个单元格，然后按住 Shift 键再单击区域中的最后一个单元格，通过滚动可以使单元格可见
整行	单击行号
整列	单击列号
相邻的行或列	沿行号或列标拖动鼠标。或先选中第一行或列，然后按住 Shift 键选中其他的行或列
不相邻的行或列	先选中第一行或列，然后按住 Ctrl 键选中其他的行或列
增加或减少活动区域中的单元格	按住 Shift 键并单击新选中区域中最后一个单元格，在活动单元格和所单击的单元格之间的矩形区域将成为新的选中区域
取消单元格选定区域	单击工作表中其他任意单元格

2. 数据的输入

选中一个单元格为活动单元格后，即可以向此单元格中输入数据。Excel 允许在单元格中输入文本、日期、公式等数据。不同类型的数据在输入方法上有一定的差别。

（1）文本型数据

文本型数据是指字符或者是任何数字与字符的组合。绝大部分工作表包含文本内容，通常用于命名行或列。文本包含汉字、英文字母、数字、空格及其他键盘能输入的合法符号。文本数据可以进行字符串运算，不能进行算术运算。默认情况下，文本型数据在单元格中按左边对齐。

（2）数字型数据

Excel 在遇到 0～9 中的数字及包含正号、负号、货币符号、百分号、小数点、指数符号和小括号等数据时，就将其看成数字类型。输入数字时，Excel 自动将它沿单元格右边对齐。例如，要输入负数，在数字前加一个负号，或者将数字括在括号内；输入“-10”和“(10)”都可以在单元格中得到“-10”。

当输入分数（如 3/5）时，应先输入“0”及一个空格，然后输入“3/5”。否则 Excel 会把“3/5”当作日期处理，认为输入的是“3 月 5 日”。

（3）日期和时间数据

在 Excel 中，日期和时间均按数字处理，还可以在计算中当作数值使用。Excel 识别出日期或时间时，格式就由常规的数字格式转换为内部的日期格式。

输入日期的默认格式可以是“2012-12-25”或“2012/12/25”，也可以输入“2012 年 12 月 25 日”。输入时间时，小时、分钟、秒之间用冒号分隔。Excel 自动把插入的时间当作上午时间（am）。如果输入下午时间则在时间后面加一个空格，然后输入“pm”即可。

（4）公式

公式是以“=”开头，由单元格名、运算符号和函数组成的字符串。在单元格中输入公式后，单元格将把公式计算后的结果显示出来。输入公式时一定要先在单元格中输入“=”，再输入公式内容。公式中的加、减、乘、除对应于键盘上的+、-、*、/。

（5）自动填充数据

如果输入有规律的数据，可以使用 Excel 提供的自动输入功能，可方便快捷地输入等差、等比及自定义的数据序列。

1）使用句柄。自动填充只能在一行或一列上的连续单元格中填充数据。自动填充是根据初始值决定以后的填充项。填充数据时，首先将鼠标指针移动到初始值所在的单元格的右下角拖动填充柄，此时鼠标指针变为实心十字形，然后将其拖动到填充值的最后一个单元格，即可完成填充。自动填充可以分为以下几种情况。

① 初始值为纯字符或数值，填充相当于复制，如初始值为数值，填充时按住 Ctrl 键，数值会依次递增或递减，而不是简单地复制数据。

② 初始值为文字数字混合体，填充时文字不变，最右边的数字依次递增或递减，如初始值为 A1，顺序向右填充为 A2、A3、A4 等。

③ 初始值为 Excel 预设的自动填充序列的成员，则按预设序列填充。如初始值为星期日，则顺序自动填充为星期一、星期二、星期三等。若初始值不是 Excel 预设的自动填充序列的成员，可添加自定义序列实现自动填充。

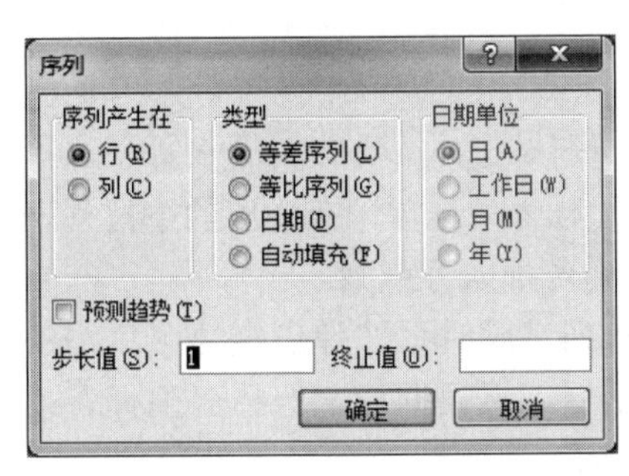

图 5.4　“序列”对话框

2）产生序列。定位单元格，在单元格输入初始值并确认后，选择“开始”→“编辑”→“填充”选项，在弹出的下拉列表中选择“系列”选项，弹出“序列”对话框，如图 5.4 所示。该对话框中的各项设置如下。

“序列产生在”选项组：指定按行或按列方向填充。

“类型”选项组：选择产生序列的类型。若产生序列是“日期”类型，则必须选择“日期单位”。

“步长值”文本框：对于等差序列步长就是公差，对于等比序列步长就是等比。

“终止值”文本框：序列不能超过的数值。“终止值”必须输入，除非在产生序列前已经确定了序列产生的区域。

（6）添加“自定义序列”

选择“文件”→“选项”选项，弹出“Excel 选项”对话框，在左框中选择“高级”选项，再在右框“常规”选项组中单击“编辑自定义列表”按钮，弹出“自定义序列”对话框。

在“自定义序列”列表框中输入要定义的序列，如输入“春”后按 Enter 键，用同样的方法输入“夏、秋、冬”，如图 5.5 所示。单击“添加”按钮，将输入的序列加入自定义序列中，单击“确定”按钮，完成添加“自定义序列”操作。

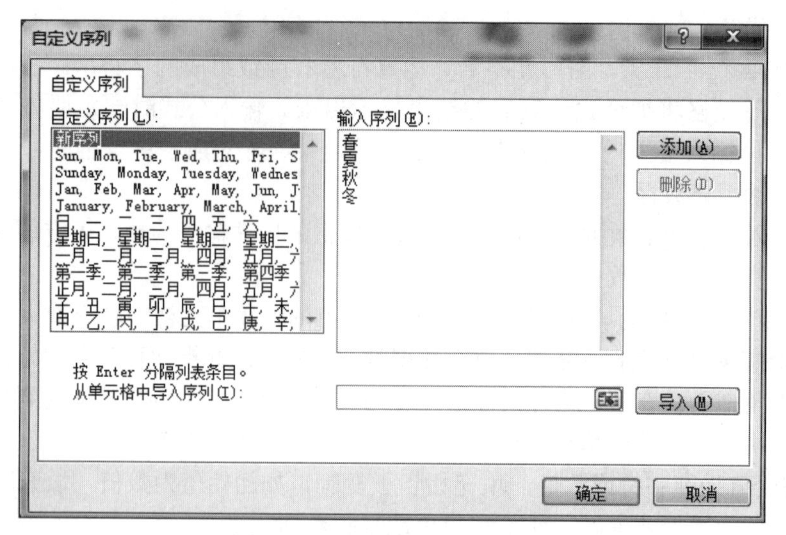

图 5.5 “自定义序列”选项卡

5.3 数据的编辑

在 Excel 2010 中，可以方便地使用键盘和鼠标对单元格、行、列、选中区域进行编辑，下面说明几种常用的编辑方法。

1. 插入、删除行和列

选中某一单元格，选择“开始”→“单元格”→“插入”选项，在弹出的下拉列表中选择“插入工作表行”或“插入工作表列”选项，即可插入行或列。

也可以右击灰色的行号或列标，以选中一行或一列，同时系统弹出快捷菜单，从中选择“插入”或者“删除”选项，弹出相应的对话框，再根据情况选择“整行”或“整列”。

2. 插入、移动、清除和删除单元格

（1）插入单元格

在表格编辑过程中，若需要插入个别单元格，则可以找到要插入单元格的位置，单击此位置上的单元格（不管此单元格是否有内容），然后选择“开始”→“单元格”→“插入”选项，在弹出的下拉列表中选择“插入单元格”选项，弹出“插入”对话框，如图 5.6 所示，根据需要进行选择即可。

也可以右击此单元格，在弹出的快捷菜单中选择“插入”选项，同样会弹出“插入”对话框。

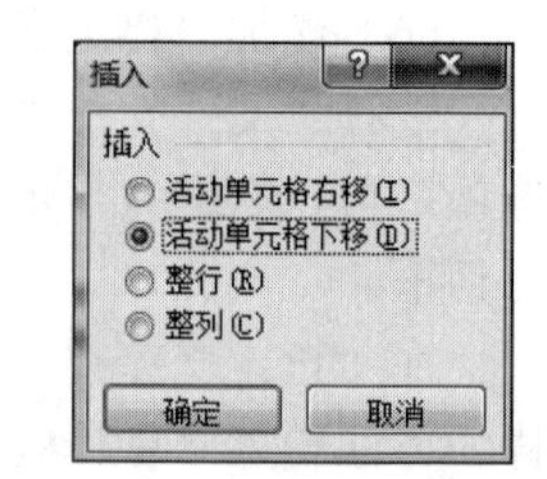

图 5.6 “插入”对话框

（2）移动单元格

单元格的移动比较简单，先选中要移动的单元格，再将鼠标指针移到单元格的外框上，当出现四个箭头的十字形光标时，按下鼠标左键并将其拖动到要移到的位置即可。

（3）清除单元格

这是指清除单元格的内容，包括文本、格式或公式等信息，而单元格本身仍然保留。选中需要清除内容的单元格，按 Delete 键即可。或者右击，在弹出的快捷菜单中选择“清除内容”选项。

如果希望清除的是单元格的其他属性，那么可以选择“开始”→“编辑”→“清除”选项，在弹出的下拉列表中根据情况选择即可。

（4）删除单元格

单元格的删除和清除不同，删除是把整个单元格从工作表中删去，即同时将单元格的内容、格式或公式等一切属性删去。删除单元格的操作和插入单元格的操作方法基本相同，选择“开始”→“单元格”→“删除”选项，在弹出的下拉列表中选择“删除单元格”选项，弹出“删除”对话框，如图 5.7 所示，即可删除指定单元格。

3. 查找与替换

选择“开始”→“编辑”→“查找和选择”选项，在弹出的下拉列表中选择“查找”或“替换”选项可以快速地查看或修改单元格或工作表中的字符及其他元素。如果选中单元格的区域，“查找”或“替换”操作就在选中单元格区域内进行；否则，命令会搜索整个工作表。如果选中一组工作表，那么命令会对组内所有工作表进行操作。如果没有找到相匹配的内容，会显示相应的信息。要搜索和替换的字符可以包括文字、数字、公式或公式的某一部分。“查找和替换”对话框如图 5.8 所示。

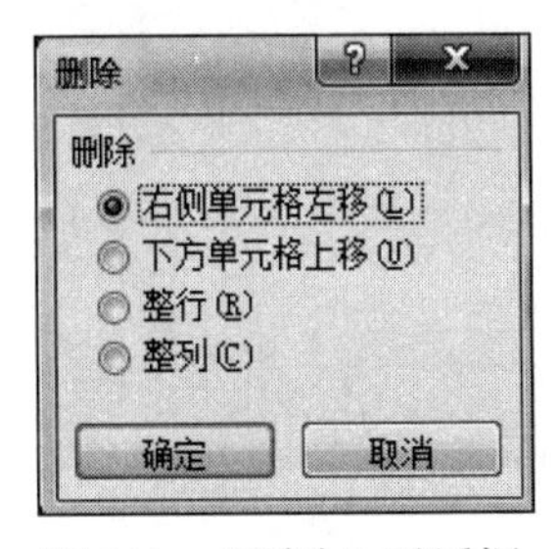

图 5.7 “删除”对话框

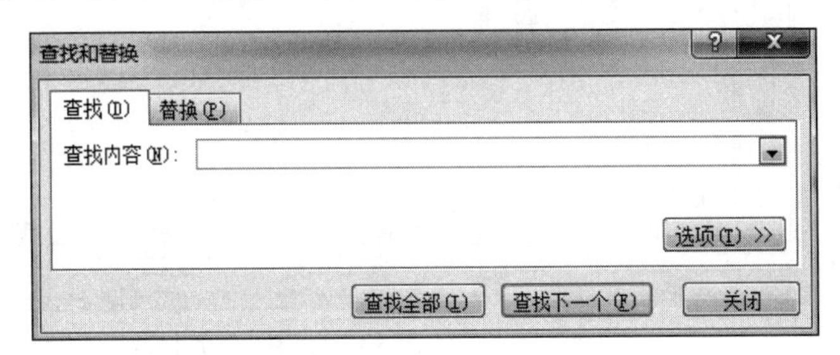

图 5.8 “查找和替换”对话框

5.4 公式和函数

Excel 中可利用公式和函数对工作表中的数据进行计算与分析。

公式是由数值、单元格引用（地址）、名字、函数或操作符组成的序列。利用公式可以根据已有的数值计算一个新值，当公式中相应的单元格中的值改变时，由公式生成的值也随之改变。

Excel 中公式以“=”开始，以 Enter 键结束，公式中不能含空格。例如，如果要计算 A1、A2 和 A3 单元格中包含的三个数的和，可以在需要出现结果的单元格输入公式“=A1+A2+A3”。

Excel 中，运算符主要包括算术运算符[+、-、*、/、%、^（幂）]、比较运算符（=、>、>=、<、<=、< >）、文本运算符（&：连接两段文本）。运算符的优先级别：最高是算术运算，其次是文本运算，最后是比较运算。

1. 公式的创建

首先，选中需要使用公式的单元格，有两种方法可以创建公式：一种方式是直接在单元格中输入公式；另一种方式是在编辑栏使用粘贴单元格或单元格范围的引用方法。

例如，若需要把 B2 和 B3 单元格的数值相加，结果放在 B4 单元格中，则可以先为 B4 单元格创建一个公式，该公式能够实现对 B2 和 B3 单元格中存放数据的累加求和。其结果是，如果修改了 B2 和 B3 单元格的值，B4 单元格中数据的值也会随之变化。

具体做法是，选中 B4 单元格，在公式编辑栏上输入公式“=B2+B3”，如图 5.9 所示，然后按 Enter 键，则 B4 单元格中将显示出正确的计算结果“97”。

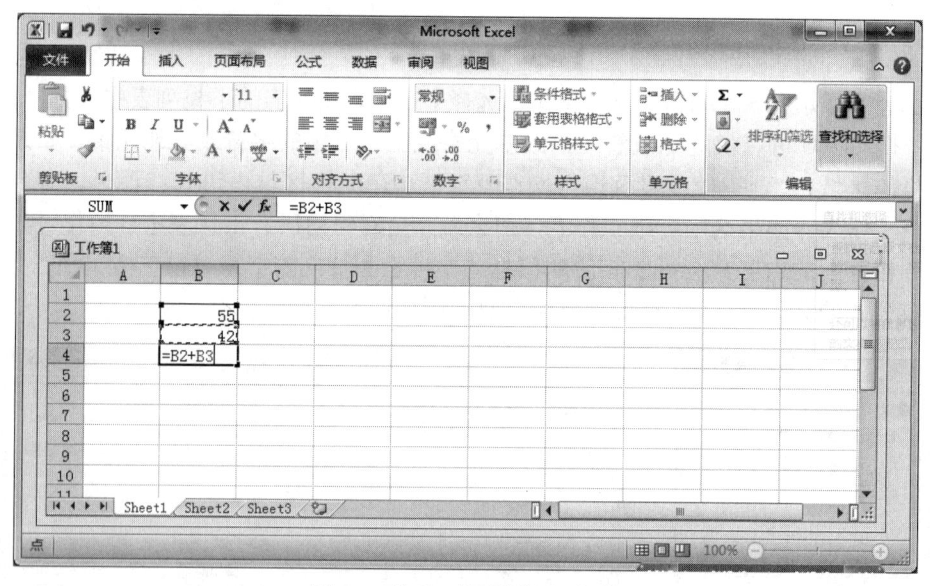

图 5.9　为 B4 单元格输入公式

假如使用 B5 单元格来存放 B2 和 B3 的平均值，可继续按如下步骤操作：选中 B5 单元格，输入“=”；单击 B4 单元格，则将“B4”填加到公式中；输入“/2”；按 Enter 键，平均值“48.5”显示在 B5 单元格中。

2. 单元格引用

单元格有两种引用样式，如 A1 和 R1C1。在 A1 引用样式中，用单元格所在列标和行号表示其位置，如 C5，表示 C 列第 5 行。在 R1C1 引用样式中，R 表示 Row，C 表示 Column，如 R5C4 表示第 5 行第 4 列，即 D5 单元格。在公式中可以引用其他单元格，引用单元格包括相对引用、绝对引用及混合引用。

相对引用是把一个含有单元格地址的公式复制到新的位置，公式不变，但对应的单元格地址发生变化，即在用一个公式填入一个区域时，公式中的单元格地址会随着改变。利用相对引用可以快速实现对大量数据进行同类运算。相对引用公式如图 5.10 所示，复制相对引用公式如图 5.11 所示。

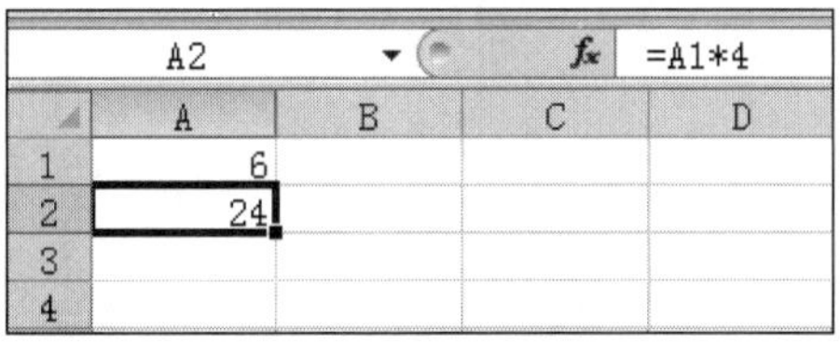

图 5.10　相对引用公式

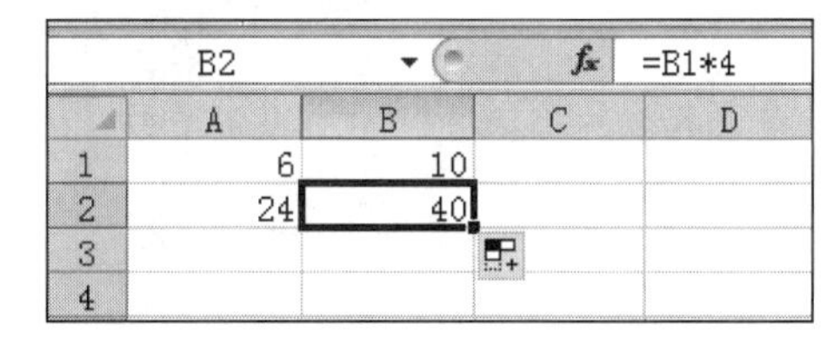

图 5.11　复制相对引用公式

某些操作中，常引用固定单元格地址中的内容进行运算，这个不变的单元格地址的引用就是绝对引用，它在公式中始终保持不变。Excel 2010 设置绝对地址是通过在行号和列号前加上符号“$”实现的。例如，将上例中 A2 的公式改写为绝对引用“=$A$1*4”，则公式复制到 B2 时仍然为“=$A$1*4”。

混合引用是指在一个单元格地址中，既有绝对引用又有相对引用。例如，单元格地址“$D3”表示保持列不发生变化，而行随着新的复制位置发生变化；“D$3”表示保持行不发生变化，而列随着新的复制位置发生变化。

3. 函数的使用

为了便于计算、统计、汇总和处理数据，Excel 提供了大量函数。实际上，函数是预定义的公式，处理数据和公式的方式相同，通过引用参数接收数据，然后返回计算结果。计算结果可以是数值，也可以是文本、引用、逻辑值、数组或者工作表信息等。函数的语法为

函数名（参数 1，参数 2，参数 3…）

Excel 2010 根据不同的用途将内置的函数进行分类，选择“公式”→“函数库”→“插入函数”选项，弹出“插入函数”对话框，打开“或选择类别”下拉列表框，可以看出下拉列表中的分类函数，包括常用函数、财务、日期与时间、数学与三角函数等，如图 5.12 所示。

用户可以根据需要迅速找到合适的函数，选择“常用函数”选项，则从所有函数中选择列出了比较常用的函数；选择“全部”选项，则按照字母顺序列出所有的函数。在函数名栏选择需要的函数，单击“确定”按钮，弹出所选函数参数对话框。

当然，同输入公式的操作相同，也可以在编辑栏中直接输入函数。

下面给出一个求两个数平均值的例子，以说明使用函数的过程。

1）选中用于存放平均值的单元格。

2）单击编辑栏上的“f_x”按钮，弹出“插入函数”对话框。

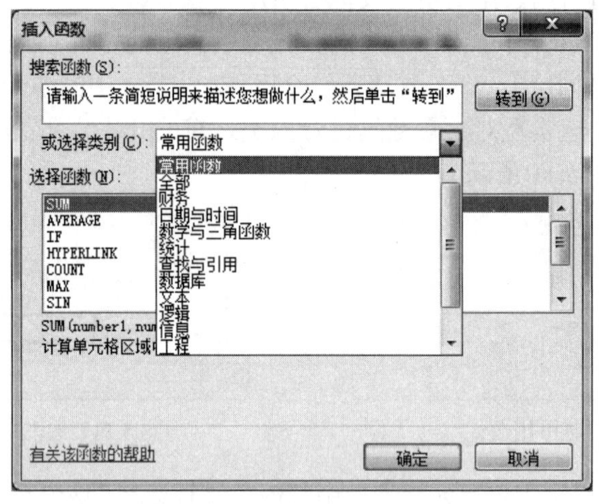

图 5.12 “插入函数”对话框

3）在“插入函数”对话框“或选择类别”中选取常用函数，然后选取常用函数中的“AVERAGE”（平均函数），单击“确定”按钮，弹出平均函数参数对话框，如图 5.13 所示。

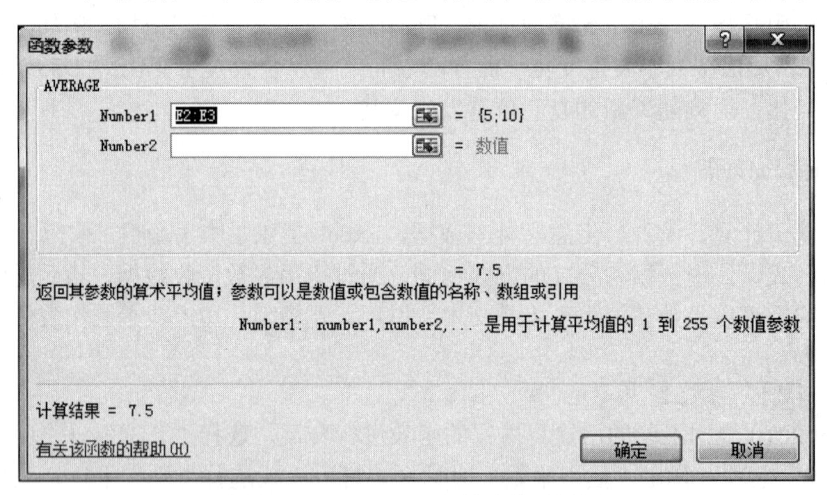

图 5.13 AVERAGE 函数参数对话框

4）输入函数参数，即在“Number 1”的文本框中输入起止的单元格名（如 E2:E3），中间用冒号隔开。

5）单击“确定”按钮或按 Enter 键，则系统计算出平均值，并自动插入指定的单元格中。

5.5 工作表的操作

在 Excel 中可以对工作表进行重命名、复制、移动、隐藏及分割等操作。为了使工作表更适用、美观，还可以对工作表进行编辑和格式化操作。

1. 工作表的选中

在编辑工作表之前，必须先选中，后操作。

1）选中一个工作表。单击要选中的工作表标签，则该工作表成为当前工作表，其名称以反白显示。若目标工作表没有出现在工作表标签行，可通过单击工作表“标签滚动”按钮，使其显示在工作表标签行，再单击工作表标签即可。

2）选中多个相邻的工作表。单击要选中的多个工作表标签的第一个工作表，然后按住 Shift 键并单击要选中的多个工作表标签的最后一个工作表标签。这时这几个工作表标签均以反白显示，工作簿标题出现“工作组”字样。

3）选中多个不相邻的工作表。按住 Ctrl 键，同时单击每个要选中的工作表。

2. 工作表的基本操作

1）插入工作表。单击工作表标签选中一个工作表，再右击工作表标签，在弹出的快捷菜单中选择“插入”选项。此时在选中的工作表前插入一个新的工作表。

2）删除工作表。右击要删除的工作表标签，在弹出的快捷菜单中选择“删除”选项。此时删除选中的工作表。

3）重命名工作表。双击要改名的工作表标签，然后输入新工作表名，并按 Enter 键即可。也可以右击工作表标签，在弹出的快捷菜单中选择“重命名”选项。

4）移动或复制工作表。

① 同一工作簿内移动或复制。单击要移动或复制的工作表标签。沿着标签行水平拖动工作表标签到目标位置，即可实现工作表在同一工作簿内移动，拖动时按住 Ctrl 键则实现复制功能。

② 不同工作簿之间移动或复制。右击要移动或复制的工作表标签，在弹出的快捷菜单中选择“移动或复制”选项，弹出“移动或复制工作表”对话框，如图 5.14 所示。在“工作簿”下拉列表中选择目标工作簿。在“下列选定工作表之前”下拉列表中选择插入位置，单击“确定”按钮。若勾选“建立副本”复选框，为复制工作表，否则为移动工作表。

图 5.14 “移动或复制工作表”对话框

3. 工作表的拆分与冻结

（1）窗口的拆分

将当前工作表拆分为多个窗口显示，目的是使同一工作表中相距较远的数据能同时显示在同一屏幕上。拆分有以下两种方法。

1）用鼠标拖动。用鼠标拖动水平分割条，可将窗口分成上、下两个，如图 5.15 所示；用鼠标拖动垂直分割条，可将窗口分成左、右两个，如图 5.16 所示；水平分割条和垂直分割条同时使用，最多可拆分成四个窗口。

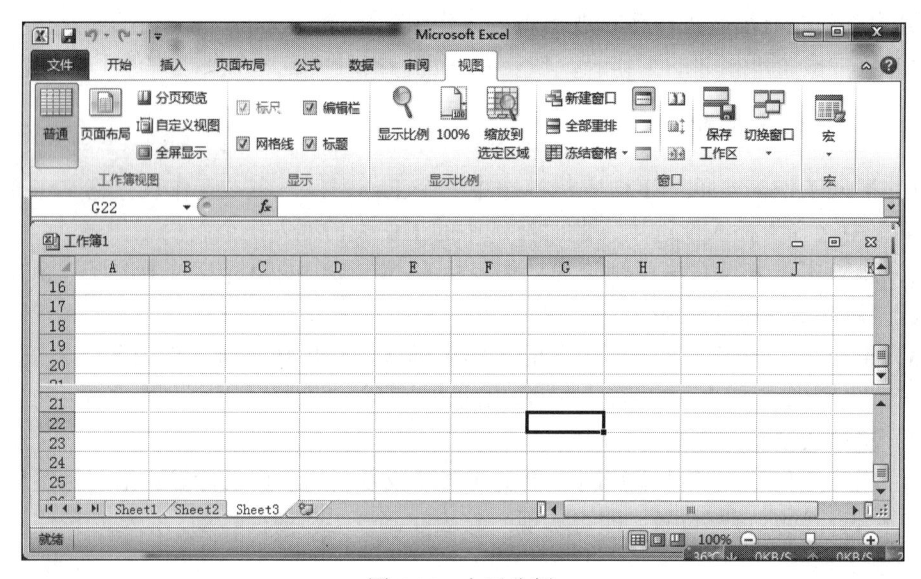

图 5.15　水平分割

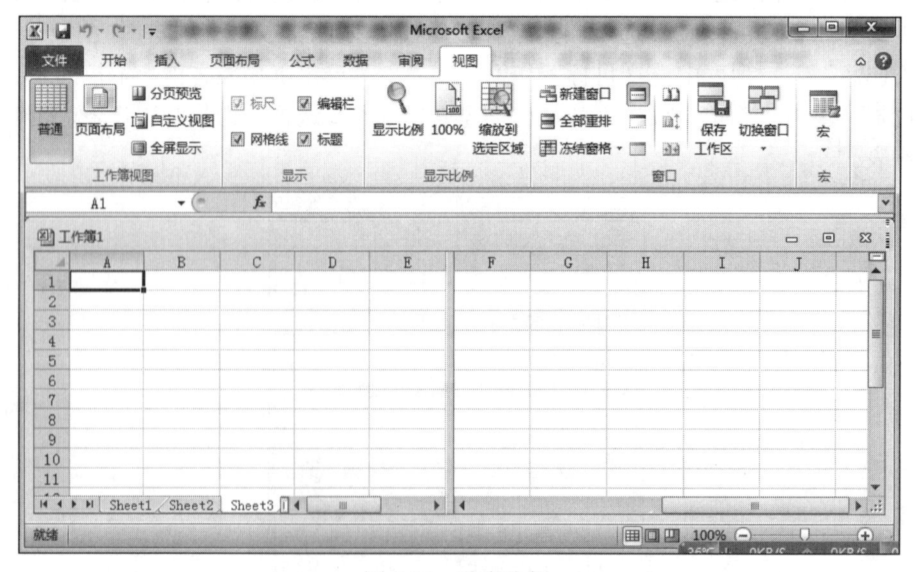

图 5.16　垂直分割

2）命令分割。选择“视图”→“窗口”→“拆分”选项，可将窗口拆分成四个。取消拆分可通过双击分割条来完成，或通过“拆分”选项完成。

（2）窗格的冻结

冻结窗格是使用户在进行滚动工作表时，始终保持部分数据不参加滚动，这种操作方式称为窗格冻结。选择“视图”→“窗口”→“冻结窗格”选项，在弹出的下拉列表中，根据需要选择“冻结拆分表格”“冻结首行”“冻结首列”选项即可进行窗格的冻结。如图 5.17 所示，以“冻结首行”为例，可以看到在下拉滚动工作表时，“系部、姓名、性别、基本工资、奖金、水电费”这个行标题不参加滚动，表格中的第一行始终是固定的。

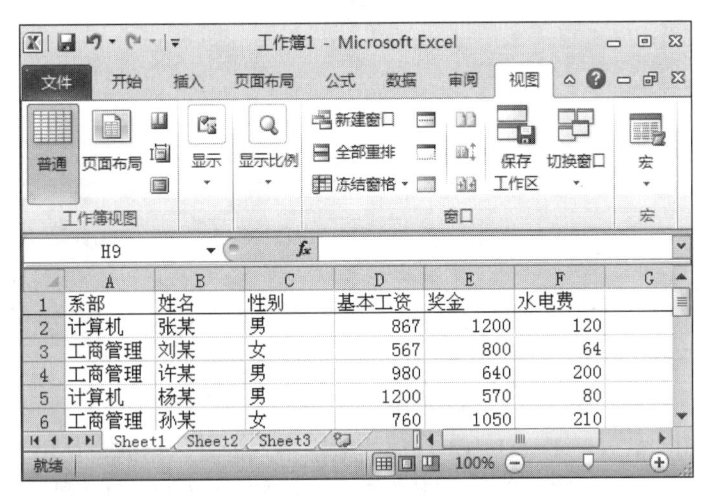

图 5.17　首行冻结

4. 工作表的格式化

工作表建好之后，需要进行格式化设置，以便形成一张整齐、美观的工作表。Excel 提供的格式化命令包括单元格格式化、设置数字格式、改变列宽和行高、添加边框和底纹、自动套用格式和样式等。这部分内容多数可以通过“设置单元格格式”对话框来完成。

（1）调整行高与列宽

Excel 会根据一行中的最大字体自动调整该行的标准高度，如果需要，用户可自行调整行高。方法是，先选定要调整的行（可以是一行或者多行），将鼠标指针放置到要调整的任一行号的下边框上，此时鼠标指针变成双向垂直箭头，按住鼠标左键，向上或向下拖动箭头，行高即会随之改变。调整到满意的行高，释放鼠标左键即可。

如果要重新设置为标准高度，那么选择要调整的一行或多行，双击行号的下边框即可。

另外，也可以通过命令调整行高。具体做法是，先选中要调整的行，然后选择“开始”→“单元格”→“格式”选项，在弹出的下拉列表中选择“行高”选项，弹出“行高”对话框，输入所需数值即可。

在 Excel 中，列的宽度不会像行高一样自动随着字体变大而进行调整。如果输入过长的数值，那么将会用科学记数法显示。因此，必须根据具体情况调整列宽。列宽的调整与行高的调整方法类似，即可以通过鼠标或选项进行调整。

（2）单元格格式

右击单元格，在弹出的快捷菜单中选择“设置单元格格式”选项，弹出“设置单元格格式”对话框，如图 5.18 所示，其中有“数字”“对齐”“字体”“边框”“填充”“保护”六个选项卡，可以对单元格中的内容进行设置。

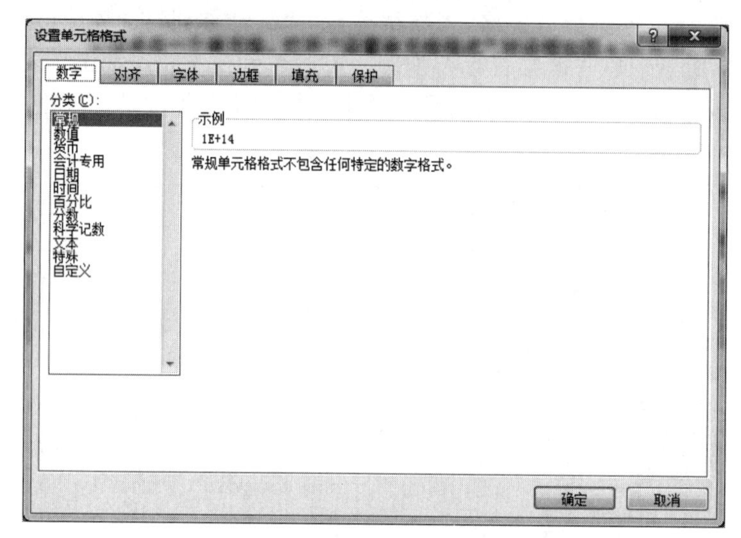

图 5.18 “设置单元格格式”对话框

1）数字使用格式。在 Excel 中，默认的数字格式为普通格式，使用普通格式后，那些太长而超出当前列宽的数字以科学记数法显示，如 1 900 000 000 显示为 1.9E+09。

对被选中单元格中的数字进行格式化的一种简单方法是，选择“开始”→“数字”→“常规”选项，在弹出的下拉列表中选择“分数”“百分比”“科学计数”选项等；如果想显示更多或更少的小数位，选择“增加小数位数”选项或“减少小数位数”选项即可。

首先，选择想要格式化的单元格，打开“设置单元格格式”对话框，然后选择“数字”选项卡进行设置。这是格式化数字最完备的方法。

2）单元格对齐方式。单元格中既可以输入文本，也可以输入数字，Excel 会自动加以识别。在一般的样式中，文字左对齐，数字右对齐，并靠下框线放置。如果单元格内容同时包括文本和数字，那么将按文本处理。对齐数据可以在水平方向和垂直方向进行调整，也可以调整为一定的角度。

最简单的方法是选择“开始”→“对齐方式”选项，使用其中的各个快捷图标。

另一种方法是使用“设置单元格格式”对话框，再选择“对齐”选项卡进行设置，如图 5.19 所示。

在“对齐”选项卡中，指定要使用的对齐方式。“水平对齐”下拉列表中有关各选项的描述如表 5.2 所示。

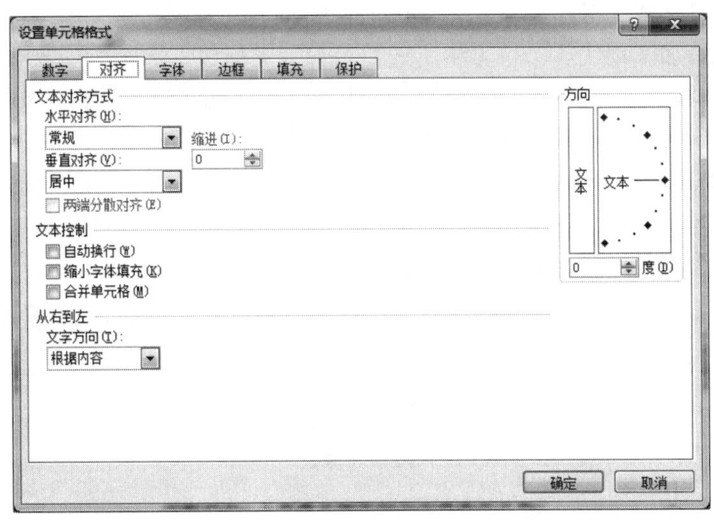

图 5.19　“对齐”选项卡

表 5.2　水平对齐方式选项

选项	描述
常规	向左对齐文本，向右对齐数值
靠左	以单元格的左边界对齐文本和数值
居中	在一个单元格中居中文本和数值
靠右	以单元格的右边界对齐文本和数值
填充	重复某一个内容，直到单元格填满
两端对齐	在单元格边界之间均匀连贯地对齐文本
跨列居中	在用户选定单元格区域内跨列居中文本和数值
分散对齐	在单元格中均匀分布显示文本

“跨列居中”选项可以使一个单元格的内容穿过几个单元格而居中对齐，非常适合于对标题的处理。要在多个单元格内居中文本，首先必须选中这些单元格，然后选择“跨列居中”选项。

在“文本控制”选项组中，有“自动换行”“缩小字体填充”“合并单元格”复选框。对于不进行调整列宽而在一个单元格中容纳大量字符的方法是，勾选“设置单元格格式”对话框中的“自动换行”复选框，使正文根据当前列宽换行。但为了容纳正文，所在行高将相应增加。“合并单元格”复选框可以将选中的单元格区域合并为一个单元格。如果选中多个单元格区域，则每个区域将分别合并为一个单元格。

在“方向”选项组中可以调整文字的方向。单击左边的框将使文字垂直排列。单击右边的框将使文字水平排列，而且可以在下面的度数数值框中调整文本的倾斜角度。另外，调整文本的角度也可以通过拖动右边框中的表针来实现。

3）字体格式。在工作表中，用户可以设置单元格中数据文本的大小、字体、颜色和其他格式。如果单元格中有少量数据不可见，可缩小文本，使之适合单元格的大小。

在“设置单元格格式”对话框“字体”选项卡中，可以为选择的文本设置字体、字号、字形、颜色、添加下划线等，也可将所选文本设为上标或下标。

4）应用边框。工作表中的单元格在默认情况下是浅灰色的边框，实际打印时这些边框不会被打印出来（可以通过“打印预览”功能进行模拟打印，即可看出这些表格没有边框线）。如果需要，必须通过“设置单元格格式”对话框“边框”选项卡提供的样式，或选择“开始”→“字体”→“边框”选项进行表格边框线的设置。设置单元格格式的“边框”选项卡如图 5.20 所示。

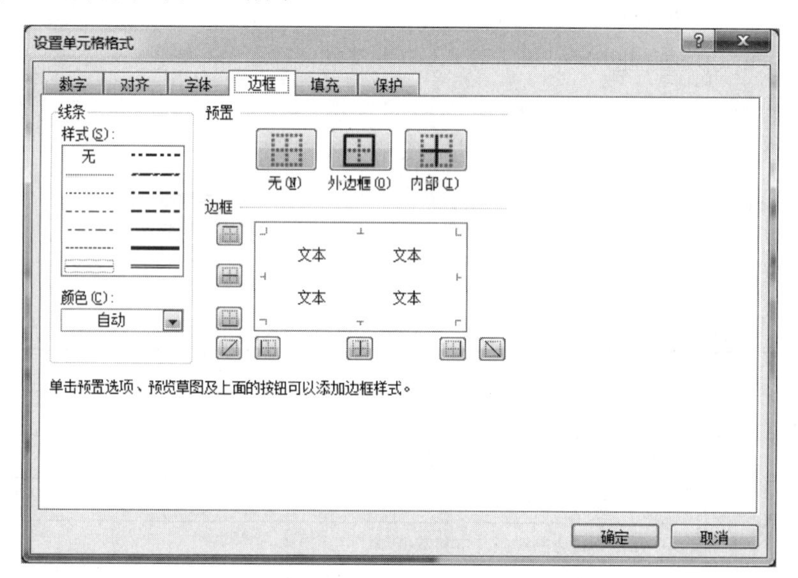

图 5.20 “边框”选项卡

（3）自动套用格式

“自动套用格式”选项是 Excel 提供的快速进行表格格式化的一个工具，通过格式套用可以产生具有实线的美观的报表。

先选中表格数据区域，然后选择“开始”→“样式”→“套用表格格式”选项，在弹出的下拉列表中，根据需要可在“浅色”“中等深浅”“深色”中选择一种表样式，即可得到选中样式的表格。

5.6 数据的图表化

图表是工作表数据的图形表示，可以帮助用户分析和比较数据之间的差异。图表与工作表数据相连接，工作表数据变化时，图表也随之更新，反映出数据的变化。Excel 提供了自动生成统计表的工具。在标准类型和自定义类型中有多种二维图表和三维图表，每种图表类型又具有多种不同的样式。创建图表时，用户可以根据数据的具体情况及需求选择图表类型。

1. 创建图表

新建一个 Excel 图表的过程如下。

1）选中要在图表中使用的数据单元格区域。Excel 中的一切图表都依赖于数据，要建立一个图表，必须先有数据。假定有一张表格，已输入三个系部员工的工资数据，如图 5.21 所示，选择表格的第二行至第八行，A～D 列。

图 5.21　工资表表格数据

2）选择“插入”→“图表”选项，选择图表类型，然后选择要使用的图表子类型；或者选择图表类型。在弹出的下拉列表中选择“所有图表类型”选项，弹出“插入图表”对话框，单击下拉按钮滚动浏览所有可用图表类型和图表子类型，然后选择要使用的图表类型，如图 5.22 所示。

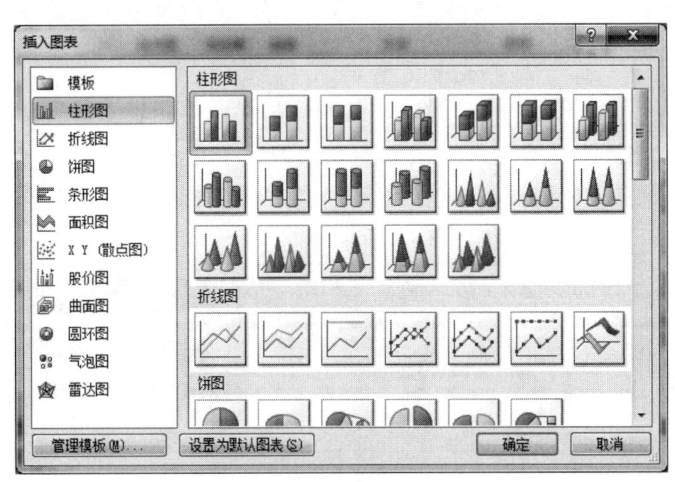

图 5.22　选择图表类型

3）默认情况下，图表作为嵌入图表放在当前工作表上，用鼠标拖动图表选择合适的位置。最终的效果如图 5.23 所示。

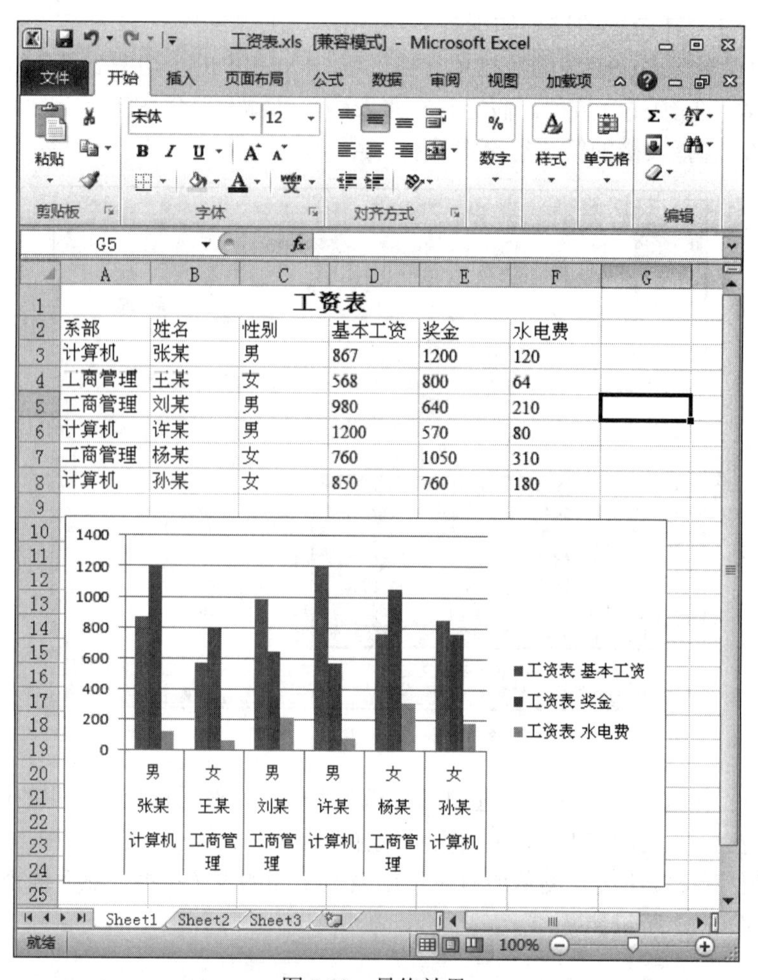

工资表					
系部	姓名	性别	基本工资	奖金	水电费
计算机	张某	男	867	1200	120
工商管理	王某	女	568	800	64
工商管理	刘某	男	980	640	210
计算机	许某	男	1200	570	80
工商管理	杨某	女	760	1050	310
计算机	孙某	女	850	760	180

图 5.23　最终效果

4）选中图表后，“图表”自动激活，此操作将显示“图表工具”功能区，其中包含“设计”“布局”“格式”三个选项卡，如图 5.24 所示。选择“布局”→“标签”→“图表标题”选项，弹出下拉列表，可以为图表添加“图表标题”框，在框中输入标题文字即可为完成的图表添加标题，如图 5.25 所示。

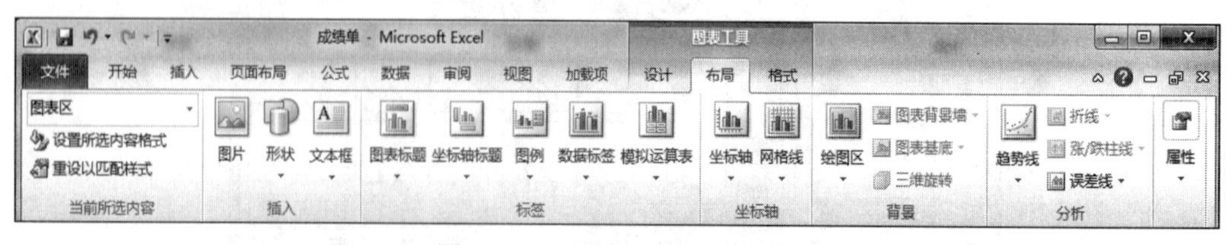

图 5.24　“图表工具”选项卡

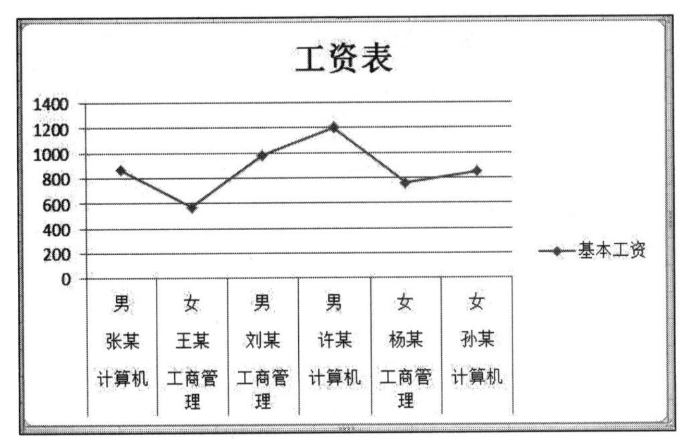

图 5.25　添加图表标题

2. 编辑图表

建立图表后允许对整个图表进行编辑，图表分为图表区、图表标题、图例、坐标轴和坐标标题等部分。选中图表后，要编辑图表中的对象（图表区、标题、图例等）时，右击，根据需要选择各项功能，即可重新进行图表的编辑。图表的编辑也可通过“图表工具”功能区的“设计”“布局”“格式”三个选项卡来实现。

这里以图表标题为例，具体的操作步骤如下。

1）单击图表空白区域，激活图表。

2）右击“图表标题”文本框，在弹出的快捷菜单中选择“字体”选项，弹出“字体”对话框，即可修改标题文字的格式，如图 5.26 所示。

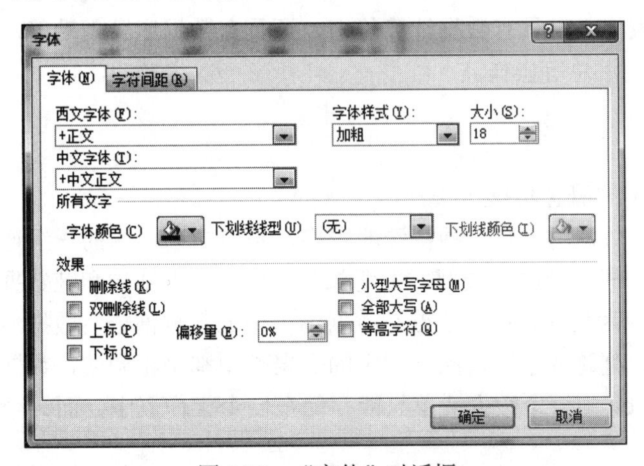

图 5.26　“字体”对话框

3）右击“图表标题”文本框，在弹出的快捷菜单中选择“设置图表区域格式”选项，弹出“设置图表区格式”对话框，即可修改图表标题的其他格式，如图 5.27 所示。

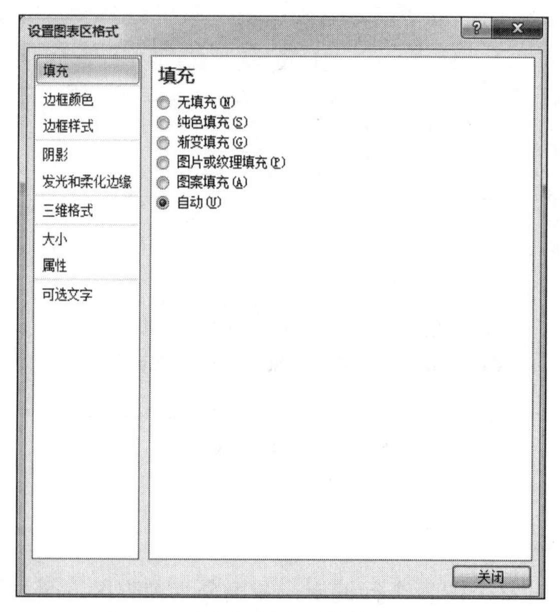

图 5.27 “设置图表区格式”对话框

4）根据对话框中的选项定义相应的格式，单击“关闭”按钮。

“坐标轴”“图例”“图表区”的编辑方法相同，仅对话框略有不同，若要进行格式化，参考以上操作方法，这里不再赘述。

5.7 数据管理与分析

Excel 电子表格不仅具有数据计算能力，还具有数据库管理功能，可以对数据进行排序、筛选、分类汇总等操作。

1. 数据清单

(1）数据清单的概念与操作

在 Excel 中，数据清单是一种特殊的表格，是包含列标题的一组连续数据行的工作表。数据清单的构成与数据库类似，由两部分组成，即表结构和纯数据。表结构是数据清单的第一行，即为列标题；纯数据是数据清单中的数据部分。数据清单是行、列的集合，行称为记录，列称为字段，同一列中的数据类型都是相同的，数据清单内不能有空白的行或列。Excel 中一个数据清单只能存储在一个工作表中，而一个工作表中可以包含多个数据清单。

数据清单可以像一般工作表一样进行编辑。创建数据清单，先要为工作表的每个字段输入列标题名，然后就可以在列标题下面的单元格直接输入数据并进行格式化。

(2）创建数据清单的原则

在 Excel 中，创建数据清单的原则如下。

1）在同一个数据清单中列标题必须是唯一的。

2）同一列的数据类型必须相同。

3）列标题与纯数据之间不能有空行。

4）在纯数据区域内不允许有空行。

5）在一个工作表中尽量避免建立多个数据清单。

6）数据清单与其他无关数据之间至少留有一个空白行和空白列。

2. 数据排序

在查阅数据时，常常希望数据按一定的顺序排列，排序就是把已有数据变成有序的数据。在 Excel 中，排序就是以工作表中某个字段名或某些字段名为关键字重新组织记录的排列顺序，操作步骤如下。

1）选中数据区域的任意单元格。

2）选择“数据”→“排序和筛选”→“排序”选项，弹出“排序”对话框，如图 5.28 所示。

图 5.28 “排序”对话框

3）对“排序”对话框进行设置。在“主要关键字”列表框中选择选项，若按多列排序则可以单击“添加条件”按钮继续选择“次要关键字”，并注意选择右侧的次序栏。当两条记录主要关键字的值相同时，按次要关键字顺序排列。

4）单击“确定”按钮完成排序操作。单列排序时，在表格中选中某一列的任意单元格，在“数据”选项卡的“排序和筛选”选项组中，单击“升序”和“降序”按钮，即可依据所选列排序。

Excel 对排序遵循以下原则：①如果按某一列进行排序，在该列上有完全相同项的行将保持它们原有的次序不变；②隐藏行不会被移动；③对于特定列的内容，Excel 根据下列顺序进行递增排序，即数字、文字和包含数字的文字（如产品编号、型号等）、逻辑值、错误值、空白单元格。

如果想随时都能很容易地返回到数据清单的原来顺序，那么最好在排序操作之前增加一个存放记录号的列。这样，若要恢复数据清单的原来顺序，只需用此栏排序即可。

3. 数据筛选

Excel 提供数据筛选功能，可以快速地从大量的记录中找出符合若干条件的记录。筛选包括“自动筛选”和“高级筛选”两种。前者是对整个列表操作，筛选结果将在原有区域显示，相对简单；当筛选条件比较复杂，自动筛选不能完成任务时，可使用“高级筛选”功能。

在拟筛选的数据区中选择单元格区域。选择“数据”→“排序和筛选”→“筛选”选项，此时每个列标题中都出现了一个下拉按钮。单击拟提供筛选条件的标题中的下拉按钮，出现一个筛选条件列表框，从中选择筛选条件，如图 5.29 所示。

选择后即可将满足条件的数据记录显示在当前工作表中，Excel 隐藏了所有不满足指定筛选条件的记录，可通过多个筛选条件下拉按钮选择多个筛选条件。如果数据清单中的记录很多，这个功能非常有效。自动筛选后，若再次选择“筛选”选项，将退出筛选状态，恢复显示原有工作表的所有记录。

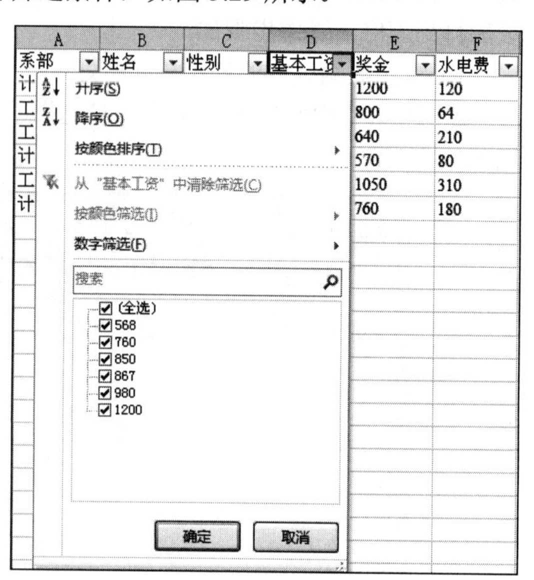

图 5.29　选择筛选条件

4. 分类汇总

对数据清单上的数据进行分析的另一种方法是分类汇总。选择“数据”→“分级显示”→“分类汇总”选项，以选择的方式对数据进行汇总。Excel 提供的分类汇总功能可在基本数据的基础上方便地生成分类汇总表，使数据统计变得简单易行。

在建立分类汇总之前，必须对分类字段进行排序，以保证将要进行分类汇总的字段值相同的行排在一起。例如，以下需要对图 5.30 中的数据按系部分类汇总，对每个部门的工资进行汇总，则首先需要按“系部”列对数据区域进行排序。

	A	B	C	D	E	F
1	工资表					
2	系部	姓名	性别	基本工资	奖金	水电费
3	计算机	张某	男	867	1200	120
4	计算机	许某	男	1200	570	80
5	计算机	孙某	女	850	760	180
6	工商管理	王某	女	568	800	64
7	工商管理	刘某	男	980	640	210
8	工商管理	杨某	女	760	1050	310
9						

图 5.30　分类汇总的源数据

具体操作步骤如下。

1）单击数据工作表中的任意单元格，按“系部”字段排序。

2）选择“数据”→“分级显示”→“分类汇总”选项，弹出“分类汇总”对话框，如图 5.31 所示。在“分类字段”下拉列表框中选择“系部”，在“汇总方式”下拉列表框中选择“求和”，然后在“选定汇总项”下拉列表框中选择“基本工资”“奖金”“水电费”。

3）单击“确定”按钮，屏幕显示按“系部”进行分类汇总的结果，如图 5.32 所示。如果要回到未分类汇总前的状态，只需在如图 5.31 所示的对话框中单击“全部删除”按钮，屏幕就会回到未分类汇总前的状态。

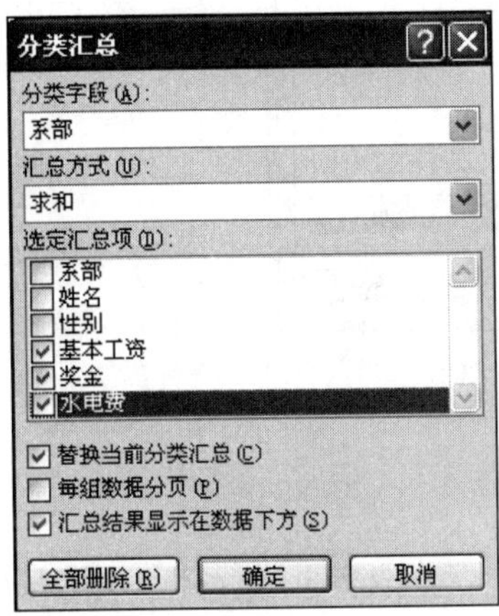

图 5.31 “分类汇总”对话框

	A	B	C	D	E	F
1	系部	姓名	性别	基本工资	奖金	水电费
2	工商管理	王某	女	568	800	64
3	工商管理	刘某	男	980	640	210
4	工商管理	杨某	女	760	1050	310
5	工商管理 汇总			2308	2490	584
6	计算机	张某	男	867	1200	120
7	计算机	许某	男	1200	570	80
8	计算机	孙某	女	850	760	180
9	计算机 汇总			2917	2530	380
10	总计			5225	5020	964

图 5.32 汇总结果

分类汇总适合于按一个字段进行分类，然后对一个或多个字段进行汇总。如果要求按照多个字段进行分类汇总，则需要使用“数据透视表”来完成。

5.8 工作表打印呈现

工作簿文件创建完成之后，若需要可对工作表进行打印。在打印之前，应当进行页面设置，调整打印的页面，还应该进行打印预览，最后进行实际的打印。这样可以提高工作效率。

Excel 提供了丰富的功能进行打印设置，可以设置打印区域、网格线、页面等，还可以在文件中插入分页符。

1. 打印设置

打印设置主要包括页面的设置、页边距的设置、页眉和页脚的设置及工作表（或图表）的设置。单击“页面布局”→“页面设置”→“页边距”下拉按钮，选择“自定义边距”选项，弹出的对话框如图 5.33 所示，然后选择对应选项卡进行相应项目的设定。

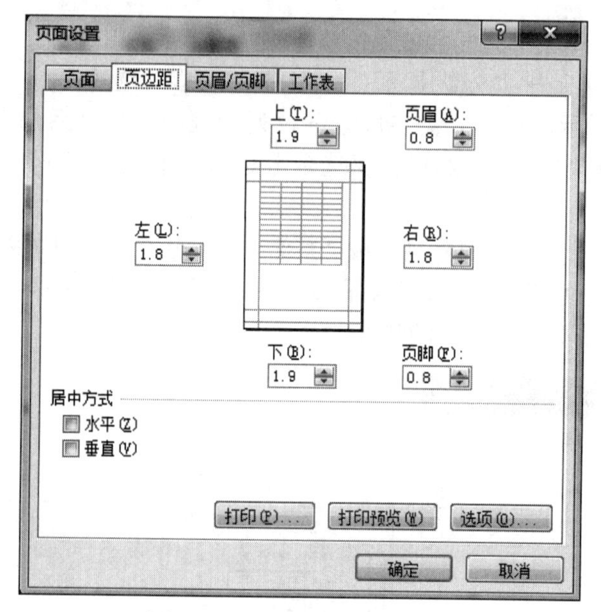

图 5.33　“页面设置”对话框

2. 打印预览及打印输出

打印工作表时，Excel 会自动进行分页，即将工作表分成多页进行打印。这些分页符的位置取决于纸张的大小、页边距设置和设定的打印缩放比例。此外，用户还可以根据需要在适当的位置自行插入分页符。

在工作表中插入分页符的方法：单击某一行号（或列标），单击“页面布局”→“页面设置”→“分隔符”下拉按钮，选择“插入分页符”选项，则可在所选行的上面（或所选列的左侧）产生分页符，并以虚线表示，如图 5.34 所示。

	A	B	C	D	E	F	G
1				工资表			
2	系部	姓名	性别	基本工资	奖金	水电费	应发工资
3	计算机	张某	男	867	1200	120	1947
4	工商管理	王某	女	568	800	64	1304
5	工商管理	刘某	男	980	640	210	1410
6	计算机	许某	男	1200	570	80	1690
7	工商管理	杨某	女	760	1050	310	1500
8	计算机	孙某	女	850	760	180	1430
9							

图 5.34　插入分页符

系统设置的自动分页符不能删除，而人工分页符可以删除。方法是，单击所要删除分页符的右侧（对于垂直分页符）或下侧（对于水平分页符）紧邻的某一单元格，单击"页面布局"→"页面设置"→"分隔符"下拉按钮，选择"删除分页符"选项，即可删除对应分页符。

设定好版面后，在打印之前，最好先进行打印预览，以确认实际打印效果是否与预想的一致。选择"文件"→"打印"选项，在窗口右侧即可看到"打印预览"的效果。单击"打印"按钮，便可以正式打印。如果对预览效果不满意，可返回继续进行编辑修改。

习　题

一、选择题

1. Excel 2010 新建的工作簿中，系统默认自动创建（　　）个工作表。

A. 2　　B. 4　　C. 3　　D. 1

2. 下列 Excel 单元格地址中，表示正确的是（　　）。

A. 22E　　B. 2E2　　C. AE　　D. E22

3. 在选中不相邻的多个区域时使用的快捷键是（　　）。

A. Shift　　B. Alt　　C. Ctrl　　D. Enter

4. 可以将 Excel 数据以图形的方式显示在图表中。图表与生成它们的工作表数据相连接。当修改工作表数据时，图表（　　）。

A. 不会更新　　B. 可能被更新

C. 设置后会被更新　　D. 会被更新

5. Microsoft Excel 是一个（　　）应用软件。

A. 数据库　　B. 电子表格　　C. 文字处理　　D. 图形处理

6. Excel 文档文件的扩展名是（　　）。

A. .txt　　B. .docx　　C. .wps　　D. .xlsx

7. 工作簿与工作表之间的正确关系是（　　）。

A．一个工作表中可以有三个工作簿

B．一个工作簿里只能有一个工作表

C．一个工作簿最多有 25 列

D．一个工作簿里可以有多个工作表

8. 单元格 E3 的绝对地址表达式为（　　）。

A. $E3　　B. #E3　　C. $E$3　　D. E#3

二、简答题

在 Excel 2010 中，什么是工作簿、工作表、单元格？

三、操作题

1. 在 Excel 中输入表 5.3 中的数据，并根据要求完成操作。

表 5.3　工资表

系部	姓名	性别	基本工资	奖金	水电费	应发工资	实发工资
计算机	张某	男	867	1200	120		
工商管理	王某	女	568	800	64		
工商管理	刘某	男	980	640	210		
计算机	许某	男	1200	570	80		
工商管理	杨某	女	760	1050	310		
计算机	孙某	女	850	760	180		

1）给表格加上标题“工资表”，并要求标题跨行居中。

2）利用公式计算应发工资和实发工资（应发工资=基本工资+奖金）。

3）在张某的实发工资单元格中加入批注，内容为“张某”。

4）将实发工资按升序排列。

5）制作出包含姓名和实发工资的图表，图表的样式自定。

2. 启动 Excel 2010，在 Sheet1 工作表中输入图 5.35 所示的数据，并将 Sheet1 重命名为“职工工资表”；然后将工作簿文件以“实验 6（初始数据）.xlsx”为文件名，保存到“D:\电子表格”目录下（“电子表格”文件夹需自己创建）。

	A	B	C	D	E	F	G
1	姓名	性别	基本工资	奖金	房租	应发工资	实发工资
2	程俊	男	315	253	50		
3	程宗文	男	285	230	40		
4	单娟	女	490	300	45		
5	董江波	男	200	100	35		
6	傅珊珊	女	580	320	65		
7	谷金力	男	390	240	55		
8	何再前	女	500	258	40		
9	黄威	男	300	230	45		
10	黄芯	女	450	280	35		
11	贾丽娜	女	200	100	60		
12	简红强	男	280	220	55		
13	刘念	男	360	240	45		
14	刘启立	女	612	450	50		
15	刘晓瑞	男	460	260	55		
16	陆东兵	女	380	230	60		

图 5.35　工作表初始数据

1）将“性别”列调整为合适的列宽。

2）将职工“谷金力”和“刘启立”两行记录交换位置。

3）在“姓名”列前插入一列，列标题为“职工工号”，第一条记录的工号为“0130001”，其他职工的工号通过填充柄进行填充（工号为字符型）。

4）给“基本工资”数据区域 D2:D16 中最高的数据添加批注“该职工的基本工资最高”。

5）在“房租”列前插入一列，列标题为“交通补贴”，由于每个职工的“交通补贴”

都是 100 元，所以只需在 F2 单元格输入“100”。

6）利用公式，计算每个职工的“应发工资”和“实发工资”，并将这两列的数据格式设置为加“¥”的货币格式，且以整数形式显示结果。

其中，应发工资=基本工资+奖金+交通补贴，实发工资=应发工资－房租。

7）设置第 1~16 行的行高为“15”，并将所有数据水平居中显示。

8）利用突出显示单元格的方法，将“实发工资”列中“800”以上的数据以加粗、红色字体显示；“500”以下的数据以加粗倾斜、蓝色字体显示。

9）在 G17 和 G18 单元格分别输入“合计”和“平均值”，利用函数计算“应发工资”和“实发工资”的总和及平均值，其中平均值保留 1 位小数。

10）在第 1 行之前插入一行，合并居中该行的 A1:I1 单元格区域，再在合并后的单元格中输入文字内容 “职工工资表”作为表标题，并设置表标题的格式为楷体、14 号、加粗、黄色，所在单元格的填充格式为浅蓝色填充。

11）将列标题设置为宋体、黑色、加粗字体，单元格填充颜色为白色，背景 1，深色 35%。

12）将“职工工资表”的外边框设置为深蓝色的粗实线，内部表格线设置为深蓝色的细实线。

13）将“职工工资表”中的数据复制到工作表 Sheet2 中 A1 开始的区域，并将 Sheet2 重命名为“实验 6”，设置工作表标签颜色为红色。

14）将“职工工资表”中“实发工资”列的数据设置保护，并将工作簿文件以文件名“实验 6（结果）.xlsx”另存到“D:\电子表格”目录下。

3. 创建一个新的工作簿文件，以“求职简历”为文件名保存到“D:\电子表格”目录下。在工作表 Sheet1 中，如图 5.36 所示，输入求职简历的相关内容，并完成以下题目。

	A	B	C	D	E	F	G	H	I
1	求职简历								
2	个人情况	姓名		性别		出生年月		（近期照片）	
3		毕业院校		毕业时间		专业			
4		学历		学位		英语水平			
5		籍贯		民族		计算机水平			
6		政治面貌		联系电话		E-mail			
7	教育经历	起止时间		学校		学历			
8									
9									
10	工作经历	工作时间		工作单位及所在部门				职位	
11									
12									
13	自我评价								
14									
15									
16	爱好特长								
17									
18	个人荣誉								
19									
20									
21	应聘职位			期望的年收入					
22	备注								

图 5.36　求职简历相关内容

1）将第一行的单元格区域 A1:I1 合并居中，行高设置为“25”，字体为黑体、18 号。

2）表格中其他部分的行高设置为“15”，字体为宋体、12 号。

3）分别将单元格区域 A2:A6 和 H2:I6 合并居中；将第 6 行以下其他对应的单元格区域合并，设置单元格内数据自动换行显示。

4）分别将 H 列和 I 列的列宽设置为“4.25”。

5）将表格中除标题外的其他部分数据区域的外边框设置为黑色的粗边框，内部表格线设置为黑色的细实线，操作结果如图 5.37 所示。

4. 创建一个新的工作簿文件，以“美化数据统计表”为文件名保存到“D:\电子表格”目录下。在工作表 Sheet1 中，输入图 5.38 所示的数据，并完成以下题目。

	A	B	C	D	E	F	G	H	I
1	求职简历								
2	个人情况	姓名		性别		出生年月		（近期照片）	
3		毕业院校		毕业时间		专业			
4		学历		学位		英语水平			
5		籍贯		民族		计算机水平			
6		政治面貌		联系电话		E-mail			
7	教育经历	起止时间		学校				学历	
8									
9									
10	工作经历	工作时间		工作单位及所在部门				职位	
11									
12									
13	自我评价								
14									
15									
16	爱好特长								
17									
18	个人荣誉								
19									
20									
21	应聘职位			期望的年收入					
22	备注								

图 5.37 “求职简历”效果

	A	B	C	D	E	F	G
1	比赛日期	对阵球队	得分	总篮板	投篮	投中	投篮命中率
2	2012/11/3	国王	14	10	8	6	
3	2012/11/6	黄蜂	24	14	20	10	
4	2012/11/9	魔术	17	4	15	6	
5	2012/11/11	热队	20	14	22	8	
6	2012/11/13	网队	18	2	7	5	
7	2012/11/14	凯尔特人	22	10	16	10	

图 5.38 数据统计表

1）在第 1 行之前插入一行，在 A1 单元格中输入表标题“某篮球队员 2012 年末数据统计表”

2）将 A1:G1 单元格区域合并居中，并将表标题设置为黑体、16 号、加粗。

3）将 A2:G8 单元格区域中的数据字体设置为 12 号，并“水平居中”和“垂直居中”显示。

4）将比赛日期的数据格式设置为“2001 年 3 月 14 日”的格式。

5）设置 B 列数据为“文本”格式。

6）计算投篮命中率，将结果设置为百分比，并保留 1 位小数。

7）每列调整为合适的列宽。

8）选定 A2:G8 单元格区域，套用“套用表格格式”中“中等深浅”的一种，美化结果如图 5.39 所示。

	A	B	C	D	E	F	G
1	某篮球队员2012年末数据统计表						
2	比赛日期	对阵球队	得分	总篮板	投篮	投中	投篮命中率
3	2012年11月3日	国王	14	10	8	6	75.0%
4	2012年11月6日	黄蜂	24	14	20	10	50.0%
5	2012年11月9日	魔术	17	4	15	6	40.0%
6	2012年11月11日	热队	20	14	22	8	36.4%
7	2012年11月13日	网队	18	2	7	5	71.4%
8	2012年11月14日	凯尔特人	22	10	16	10	62.5%

图 5.39 美化数据统计表

5. 创建一个新的工作簿文件，以“实验 7.xlsx”为文件名保存到“D:\电子表格”目录下；如图 5.40 所示，建立工作表 Sheet1，并完成如下操作：

	A	B	C	D	E	F	G	H	I	J	K
1	停车情况记录表							停车价目表			
2	车牌号	车型	单价	停车时间	应付金额		小轿车	中客车	大客车		
3	沪A12345	小轿车		8			8	10	12		
4	沪A32581	大客车		9							
5	沪A21584	中客车		4							
6	沪A66871	小轿车		5				汇总表			
7	沪A51271	中客车		7			车型	应付金额总和	排名		
8	沪A54844	大客车		3			小轿车				
9	沪A56894	小轿车		9			中客车				
10	沪A33221	中客车		7			大客车				
11	沪A68721	小轿车		8							
12	沪A33547	大客车		2							
13	沪A87412	中客车		3			应付金额大于等于50元的停车记录条数				
14	沪A52485	小轿车		9			最高的应付金额				
15	沪A45742	大客车		6							
16	沪A21588	中客车		4							

图 5.40 初始数据

1）使用 IF 函数，对工作表 Sheet1 中的停车单价进行自动填充，要求：

根据工作表 Sheet1 中“停车价目表”中的价格，使用 IF 函数对“停车情况记录表”中的“单价”列根据不同的车型进行自动填充。

2）使用公式，计算应付金额，结果以整数形式显示。

其中，应付金额=单价×停车时间。

3）使用 SUMIF 函数，求出“汇总表”内各类车型的“应付金额总和”，并填入相应的单元格区域内。

4）使用 RANK 函数，求出“汇总表”内各类车型的“排名”，并填入相应的单元格区域内。

5）使用统计函数，对工作表 Sheet1 中的“停车情况记录表”统计出应付金额大于等于 50 元的停车记录条数，并填入 K13 单元格中。

6）统计最高的应付金额，并填入 K14 单元格中。

7）将工作表 Sheet1 中的数据复制到工作表 Sheet2 中，并按应付金额升序排序，应付金额相同时，按单价升序排序。

8）将工作表 Sheet1 中的数据复制到工作表 Sheet3 中，并按车型分类，分别对小轿车、中客车和大客车的应付金额进行求和及求平均汇总，结果显示在数据下方。

9）用自定义筛选功能，将工作表 Sheet1 中应付金额大于等于 80 或小于 40 的记录复制到工作表 Sheet4 中；再将工作表 Sheet1 中的记录全部显示。

10）对工作表 Sheet1 中的“停车情况记录表”进行高级筛选，要求：

① 筛选条件为：“车型” - 大客车 或 “应付金额”<=30；

② 将结果保存在工作表 Sheet1 中 A18 单元格开始的区域。

11）根据工作表 Sheet1 中的“停车情况记录表”，创建一个显示各种车型所收费用的汇总数据透视表，要求：

① 行区域设置为“车型”；

② 数据区域设置为“应付金额”，汇总方式为求和；

③ 将对应的数据透视表保存在新的工作表中。

12）根据工作表 Sheet1 中的“停车情况记录表”，创建一个显示各种车型所收费用的汇总数据透视图 Chart1，要求：

① X 轴字段设置为“车型”;

② 数据区域设置为“应付金额”，汇总方式为求和；

③ 将对应的数据透视表保存在 Sheet1 中 M1 单元格开始的区域。

6. 创建一个新的工作簿文件，如图 5.41 所示，建立工作表 Sheet1，并完成以下操作：

1）使用 REPLACE 函数，对工作表 Sheet1 中的“员工工号”进行升级，将结果填入表中的“升级员工工号”列。

	A	B	C	D	E	F	G	H	I	J	K	L	M	N	O
1	员工姓名	员工工号	升级员工工号	性别	出生年月	年龄	参加工作时间	工龄	基本工资	职称	岗位级别	是否评选高级工程师			
2	蔡超	PC726		男	1968年9月		1993年9月		600	助工	5级			统计条件	统计结果
3	曹丽娟	PC312		女	1983年10月		2005年5月		850	技术员	1级			男性员工的人数：	
4	柴安华	PC331		男	1979年1月		1998年8月		1250	工程师	6级			高级工程师的人数：	
5	陈莉	PC923		女	1976年7月		1996年8月		500	助工	4级			工龄大于等于20年的人数：	
6	张涛	PC401		男	1949年10月		1968年10月		680	技师	5级			女性员工的基本工资总和：	
7	王小红	PC302		女	1961年7月		1985年7月		1900	高级工程师	8级				
8	陈昌	PC129		男	1964年11月		1988年11月		500	助工	5级				

图 5.41 初始数据

升级要求为：在 PC 后面加上 0。

2）对工作表 Sheet1 中职称为“高级工程师”的蓝色加粗显示。

3）使用日期与时间函数，对工作表 Sheet1 中员工的“年龄”和“工龄”进行计算，并将结果填入到表中的“年龄”列和“工龄”列中。

4）使用统计函数，对工作表 Sheet1 中的数据，根据以下统计条件进行如下统计：

① 统计男性员工的人数，结果填入 O3 单元格中；

② 统计高级工程师的人数，结果填入 O4 单元格中；

③ 统计工龄大于等于 20 的人数，结果填入 O5 单元格中；

④ 统计女性员工的基本工资总和，结果填入 O6 单元格中。

5）使用逻辑函数，判断员工是否有资格评“高级工程师”。

评选条件为：工龄大于等于 15，且职称为“工程师”的员工。

6）对职称为“助工”的员工基本工资增加 30%（提示：可采取选择性粘贴方法）。

7）对工作表 Sheet1 进行高级筛选，要求：

① 筛选条件为：“性别”- 男 且 “年龄”>50 且 “工龄”>=20 或 “职称”- 高级工程师；

② 将结果保存在 Sheet1 中 A10 单元格开始的区域。

8）根据工作表 Sheet1 中的数据，创建一张显示各个职称人数的数据透视图 Chart1，要求：

① X 轴字段设置为“职称”;

② 计数项为职称；

③ 将对应的数据透视表保存在工作表 Sheet2 中。

9）在工作表中输入数据，如图 5.42 所示，计算服装的促销天数，填入对应的单元格内。提示：使用 DATE 函数。

10）在工作表中输入停车时间表的数据，如图 5.43 所示，计算停车的小时数。提示：使用 HOUR 函数。

服装促销天数						
服装名称	开始时间			结束时间		促销天数
	年	月	日	月	日	
服装1	2012	7	15	10	5	
服装2	2012	8	2	9	16	
服装3	2012	10	1	11	10	

图 5.42　服装促销天数

停车时间表			
车牌号	停车开始时间	停车结束时间	停车小时数
浙A37622	8:40	10:30	
浙B34245	10:50	15:20	
浙A86336	9:20	13:25	

图 5.43　停车时间表

11）在工作表中输入数据，如图 5.44 所示，根据时、分和秒的数值，计算开始时间。

12）在工作表中输入某连锁超市季度销售量的数据，如图 5.45 所示，根据左侧的数据在相应的单元格内创建迷你折线图、柱状图和盈亏图，如图 5.46 所示。

时	分	秒	开始时间
8	0	0	
9	10	15	
11	20	25	
13	55	14	
23	45	56	

图 5.44　计算开始时间

某连锁超市季度销售量							
	一季度	二季度	三季度	四季度	折线图	柱形图	盈亏
食品销售量	4000	3000	2800	3300			
服饰销售量	1800	3000	3200	2000			

图 5.45　某连锁超市季度销售量

某连锁超市季度销售量							
	一季度	二季度	三季度	四季度	折线图	柱形图	盈亏
食品销售量	4000	3000	2800	3300			
服饰销售量	1800	3000	3200	2000			

图 5.46　迷你图的创建

7. 创建一个新的工作簿文件，以“实验 8.xlsx”为文件名保存到“D:\电子表格”目录下；如图 5.47 所示，建立工作表 Sheet1，其中“身份证号码”和“电话号码”为字符型，并完成以下操作：

学生成绩表												
学号	姓名	性别	专业	身份证号码	电话号码	高数	英语	C语言	总分	奖学金	总分排名是否在前3名	升级后的电话
201178990901	金建超	男	信管	372526199206154×××	0635-3230611	67	93	98				
201178990902	杨萍	女	经济	372526199402215×××	0635-3230613	76	63	95				
201178990903	张佳佳	女	英语	372526199303301×××	0635-3230614	80	99	98				
201178990904	俞伟	男	计算机	372526199308032×××	0635-3230615	83	64	97				
201178990905	王超	男	信管	372526199405128×××	0635-3230616	83	78	97				
201178990906	倪艳	女	英语	372526199411045×××	0635-3230617	85	71	90				
201178990907	洪莉	女	经济	372526199310032×××	0635-3230620	92	64	93				
201178990908	艾辰	男	信管	372526199303312×××	0635-3230621	93	72	97				
201178990909	王杰	男	经济	372526199311252×××	0635-3230623	96	73	86				
201178990910	洪颖	女	计算机	372526199309162×××	0635-3230624	97	87	94				
					信管专业总分:							
					大于85分的人数							
					女生平均分:							

图 5.47　初始数据

1）在“身份证号码”列前插入一列，列标题为“班级”；在“身份证号码”后插入两列，列标题分别为“出生日期”和“年龄”，并调整为合适的列宽。

2）使用 MID 函数，利用“学号”列的数据，计算并填充“班级”列的数据。

其中：“班级”由“专业+学号第 10 位+班”组成，例如“信管 3 班”。

3）使用 MID 函数和日期函数，根据“身份证号码”，计算“出生日期”，并将结果填充到“出生日期”列中。

4）使用日期函数，计算每个学生的“年龄”，并将结果填充到“年龄”列。

5）使用函数，计算每个同学的总分。

6）对 C 语言成绩大于等于 90 分的女同学或者英语成绩大于等于 90 分的男同学奖励 500，否则不奖励，使用逻辑函数计算并将结果填充到“奖学金”列。

7）使用函数，计算并填充 O 列中的数据。

8）使用 REPLACE 函数，对每个学生的电话号码进行升级，并将升级后的电话号码填充到 P 列中。

升级过程为：在每个电话号码前面添加数字 8。

9）计算信管专业学生各门功课的总分，并填入相应的单元格区域内。

10）统计各门功课中大于 85 分的学生人数，并填入相应的单元格区域内。

11）计算女生各门功课的平均分，并填入相应的单元格区域内。

12）如图 5.48 所示，建立工作表 Sheet2，使用统计函数，统计英语成绩各个分数段的学生人数，并将统计结果保存在工作表 Sheet2 中的相应位置。

	A	B
1	统计情况	统计结果
2	英语分数大于等于60且小于70的人数：	
3	英语分数大于等于70且小于80的人数：	
4	英语分数大于等于80且小于90的人数：	
5	英语分数大于等于90的人数：	

图 5.48　英语分数统计表

13）将“学号”“姓名”“性别”“高数”“英语”“C 语言”列的数据复制到工作表 Sheet3 中，并按性别分类，分别对男、女同学各门成绩进行求和及求平均汇总，并将结果显示在数据下方。

14）对工作表 Sheet1 中的数据，筛选出 1994 年以后出生的学生记录，将筛选结果保存到工作表 Sheet1 中 A19 单元格开始的区域。

15）将“学号”“姓名”“性别”“专业”“高数”“英语”“C 语言”“总分”列的数据复制到新的工作表 Sheet4 中，创建一个显示对男、女同学的总分求平均的数据透视表，要求：

① 行区域设置为“性别”；

② 数据区域设置为“总分”，汇总方式为求平均；

③ 将数据透视表保存在工作表 Sheet4 中 A13 开始的单元格区域。

8. 创建一个新的工作簿文件，如图 5.49 所示，建立工作表 Sheet1，完成以下操作。

	A	B	C	D	E	F	G	H	I	J	K	L
1	采购表							折扣表			价格表	
2	项目	采购数量	采购时间	单价	折扣	总金额		数量	折扣率		项目	单价
3	帽子	30	2012/1/12					1	0%		帽子	100
4	鞋子	122	2012/2/5					100	8%		围巾	60
5	帽子	180	2012/2/5					200	10%		鞋子	150
6	围巾	210	2012/3/14					300	12%			
7	鞋子	260	2012/3/14									
8	帽子	380	2012/4/30					统计表				
9	围巾	310	2012/4/30					统计类别	采购总量	总金额	总金额排名	
10	鞋子	20	2012/5/15					帽子				
11	帽子	340	2012/5/15					围巾				
12	鞋子	260	2012/6/24					鞋子				

图 5.49　初始数据

1）使用 VLOOKUP 函数，对工作表 Sheet1 中的商品单价进行自动填充。

要求：根据“价格表”中的商品单价，利用 VLOOKUP 函数，将其单价自动填充到采购表中的“单价”列中。

2）使用 VLOOKUP 函数，对工作表 Sheet1 中的商品折扣率进行自动填充。

注意：根据“折扣表”中的商品折扣率，利用相应的函数，将其折扣率自动填充到采购表中的“折扣”列中。

3）利用公式，计算工作表 Sheet1 中的“总金额”。

注意：根据“采购数量”“单价”和“折扣”，计算采购的“总金额”，结果保留整数。

计算公式：单价*采购数量*（1－折扣率）

4）使用 SUMIF 函数，统计各种商品的“采购总量”和“总金额”，将结果保存在工作表 Sheet1 中的“统计表”相应的单元格内。

5）使用 RANK 函数，求出各种商品总金额的“排名”，将结果保存在工作表 Sheet1 中的“统计表”相应的单元格内。

6）对工作表 Sheet1 的“采购表”进行高级筛选。

① 筛选条件为：“采购数量”>200，“折扣率”>10%；

② 将筛选结果保存在工作表 Sheet1 中 A14 开始的区域中。

7）根据工作表 Sheet1 中的采购表，新建一个数据透视图 Chart1，要求：

① 该图形显示每个采购时间点所采购的所有项目数量的汇总情况；

② X 轴字段设置为“采购时间”；

③ 将对应的数据透视表保存在工作表 Sheet2 中。

创建一个新的工作簿文件，如图 5.50 所示，建立工作表 Sheet1，完成以下操作。

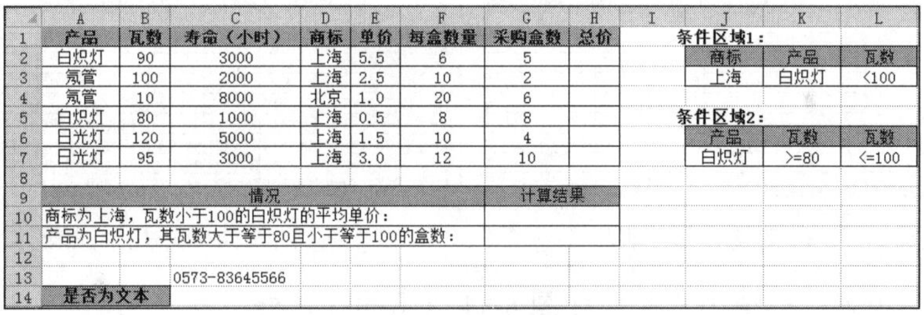

	A	B	C	D	E	F	G	H	I	J	K	L
1	产品	瓦数	寿命（小时）	商标	单价	每盒数量	采购盒数	总价		条件区域1：		
2	白炽灯	90	3000	上海	5.5	6	5			商标	产品	瓦数
3	氖管	100	2000	上海	2.5	10	2			上海	白炽灯	<100
4	氖管	10	8000	北京	1.0	20	6					
5	白炽灯	80	1000	上海	0.5	8	8			条件区域2：		
6	日光灯	120	5000	上海	1.5	10	4			产品	瓦数	瓦数
7	日光灯	95	3000	上海	3.0	12	10			白炽灯	>=80	<=100
8												
9	情况						计算结果					
10	商标为上海，瓦数小于100的白炽灯的平均单价：											
11	产品为白炽灯，其瓦数大于等于80且小于等于100的盒数：											
12												
13			0573-83645566									
14	是否为文本											

图 5.50　初始数据

8）使用公式，计算工作表 Sheet1 中每种产品的总价，将结果保存到表中的“总价”列中。

计算总价的计算方法为：“单价*每盒数量*采购盒数”。

9）在工作表 Sheet1 中，利用数据库函数及已设置好的条件区域，计算以下情况的结果，并将结果保存在相应的单元格中。

① 计算：商标为上海，其瓦数小数 100 的白炽灯的平均单价；

② 计算：产品为白炽灯，其瓦数大于等于 80 且小于等于 100 的盒数。

10）使用函数，对工作表 Sheet1 中的 C13 单元格中的内容进行判断，判断其是否为文本，如果是，结果为“TRUE”；如果不是，结果为“FALSE”，并将结果保存在工作表 Sheet1 中的 C14 单元格中。

11）工作表 Sheet1 进行高级筛选，要求：

① 筛选条件：“产品为白炽灯，商标为上海”；

② 将结果保存在 A16 开始的区域中。

12）根据工作表 Sheet1 中的数据，创建一张数据透视表，保存在新的工作表中，要求：

① 显示不同商标的不同产品的采购数量；

② 行区域设置为“产品”；

③ 列区域设置为“商标”；

13）在工作表中输入数据，如图 5.51 所示，计算节假日对应的年月日和星期，结果填入相应的单元格区域中，如图 5.52 所示。提示：使用 DATE 函数和 WEEKDAY 函数。

	A	B	C	D	E
1	2013年节假日表				
2	年份	2013			
3	节假日名称	日期		年月日	星期
4		月	日		
5	元旦节	1	1		
6	清明节	4	4		
7	劳动节	5	1		
8	国庆节	10	1		
9	圣诞节	12	25		

图 5.51 节假日表

	A	B	C	D	E
1	2013年节假日表				
2	年份	2013			
3	节假日名称	日期		年月日	星期
4		月	日		
5	元旦节	1	1	2013/1/1	2
6	清明节	4	4	2013/4/4	4
7	劳动节	5	1	2013/5/1	3
8	国庆节	10	1	2013/10/1	2
9	圣诞节	12	25	2013/12/25	3

图 5.52 计算结果

14）在工作表中输入数据，如图 5.53 所示，使用逻辑函数在 B3 中完成一个公式，并使用此公式通过拖动填充柄对单元格区域 B3:J11 进行填充，得到九九乘法表，如图 5.54 所示。

	A	B	C	D	E	F	G	H	I	J
1	九九乘法表									
2		1	2	3	4	5	6	7	8	9
3	1									
4	2									
5	3									
6	4									
7	5									
8	6									
9	7									
10	8									
11	9									

图 5.53 待完成的九九表

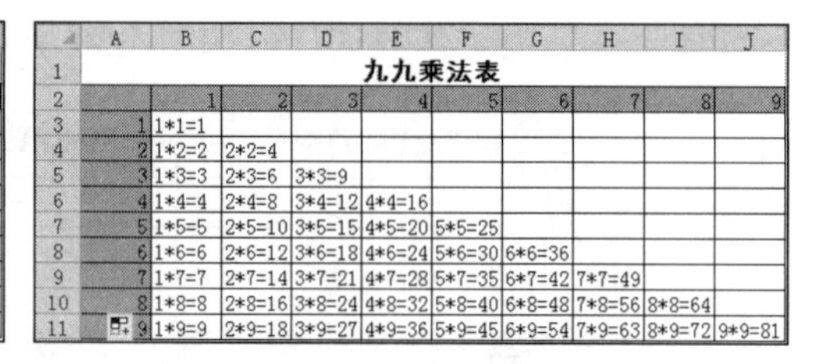

	A	B	C	D	E	F	G	H	I	J
1	九九乘法表									
2		1	2	3	4	5	6	7	8	9
3	1	1*1=1								
4	2	1*2=2	2*2=4							
5	3	1*3=3	2*3=6	3*3=9						
6	4	1*4=4	2*4=8	3*4=12	4*4=16					
7	5	1*5=5	2*5=10	3*5=15	4*5=20	5*5=25				
8	6	1*6=6	2*6=12	3*6=18	4*6=24	5*6=30	6*6=36			
9	7	1*7=7	2*7=14	3*7=21	4*7=28	5*7=35	6*7=42	7*7=49		
10	8	1*8=8	2*8=16	3*8=24	4*8=32	5*8=40	6*8=48	7*8=56	8*8=64	
11	9	1*9=9	2*9=18	3*9=27	4*9=36	5*9=45	6*9=54	7*9=63	8*9=72	9*9=81

图 5.54 九九乘法表

注意：只能使用一个公式完成如图 5.54 所示的九九乘法表。

第6章 PowerPoint 2010 演示文稿

PowerPoint是微软公司推出的Office系列产品之一，主要用于设计制作广告宣传、产品演示的电子版幻灯片，制作的演示文稿可以通过计算机屏幕或者投影机播放。利用PowerPoint，不但可以创建演示文稿，还可以在互联网上召开远程会议或在Web上给观众展示演示文稿。随着办公自动化的普及，PowerPoint 的应用越来越广泛。学会使用PowerPoint是当代信息社会发展的要求。

6.1 PowerPoint的主要功能与特点

1. 幻灯片式的演示效果

PowerPoint是一种功能强大并且可塑性强的图形文稿制作软件包。该文稿制作工具提供了在计算机上生成、显示和制作演示文稿、投影、幻灯片的各种工具，同时在演示文稿中可以嵌入音频、视频及Word或Excel等其他应用程序对象。演示文稿是由若干张连续幻灯片所组成的文档，幻灯片是演示文稿的组成单位。

2. 强大的多媒体功能

PowerPoint能简便地将文本、图形、图像、音频和视频等各种媒体素材插入演示文稿中，使其具有强大的多媒体功能。

插入图片：在幻灯片中允许插入图片，插入幻灯片中的图片可以是Microsoft剪贴画库中的图片、图片文件、手工绘制的图形等。

插入音频和视频：选择“插入”→“音频”或“视频”选项进行设置。PowerPoint中可以播放多种格式的视频文件，如AVI、MOV、MPG、DAT，其中首选AVI格式的视频文件，这样可以保证在其他计算机上播放演示文稿。

3. 支持Web页功能

在PowerPoint 2000以后的版本中，HTML已成为PowerPoint的内部文件格式，将幻灯片保存为HTML格式后，可直接在网络站点上发布。用户无须安装PowerPoint就可以通过网络浏览器直接浏览幻灯片。网络、多媒体和幻灯片的有机结合是PowerPoint的突出体现。

6.2 PowerPoint 2010 新增功能

PowerPoint 2010 新增的功能主要有以下几方面。

1）Backstage 视图中管理文件。可以通过新增的 Microsoft Office Backstage 视图快速访问与管理文件相关的常见任务，如查看文档属性、设置权限及打开、保存、打印和共享演示文稿。

2）分节功能。可以使用多个节来组织大型幻灯片版面，以简化其管理和导航。此外，通过对幻灯片进行标记并将其分为多个节，可以与他人协作创建演示文稿。可以命名和打印整个节，也可将效果应用于整个节。

3）“动画刷”工具。使动画设计简洁方便，通过 PowerPoint 2010 中的动画刷，可以复制动画，复制方式与使用格式刷复制文本格式类似。借助动画刷，可以复制某一对象中的动画效果，然后将其粘贴到其他对象中。

4）图片的编辑功能。PowerPoint 2010 可以对图片进行艺术效果处理，增加了一些效果，如铅笔素描、粉笔素描、水彩海绵、马赛克气泡、玻璃、水泥、蜡笔平滑、塑封、发光边缘、影印和画图笔画等。通过新增的高级图片编辑功能，可以很轻松地去除图像背景，实现抠图的功能。

5）快速向 PowerPoint 2010 演示文稿中添加屏幕截图，而无须离开 PowerPoint。添加屏幕截图后，可以使用“图片工具”选项卡上的工具来编辑图像和增强图像效果。

6）视频的编辑功能。通过 PowerPoint 2010，在将视频插入演示文稿时，这些视频就已成为演示文稿文件的一部分，在移动演示文稿时不会再出现视频文件丢失的情况。可以编辑和剪裁视频，并在视频中添加同步的叠加文本、标牌框架、书签和淡化效果。

7）将演示文稿转换为视频是分发和传递它的一种新方法。压缩媒体文件，可以节省磁盘空间并提高播放性能。

8）想在幻灯片上强调要点时，可将鼠标指针变成激光笔。在“幻灯片放映”视图中，只需按住 Ctrl 键单击，即可开始标记。

6.3 PowerPoint 2010 窗口的组成

打开 PowerPoint 2010 时，PowerPoint 会自动进入如图 6.1 所示的新演示文稿的创建状态。

1. 标题栏

标题栏位于窗口的最上面，用于显示当前正在编辑文档的文件名等相关信息。标题栏的最右面有三个按钮，分别为最小化按钮、最大化（向下还原）按钮和关闭按钮。

2. 选项卡

选项卡包含文件、开始、插入、设计、切换、动画、幻灯片放映、审阅、视图等选项卡。用户可以通过使用这些选项卡中的按钮来完成对 PowerPoint 2010 的各种操作。

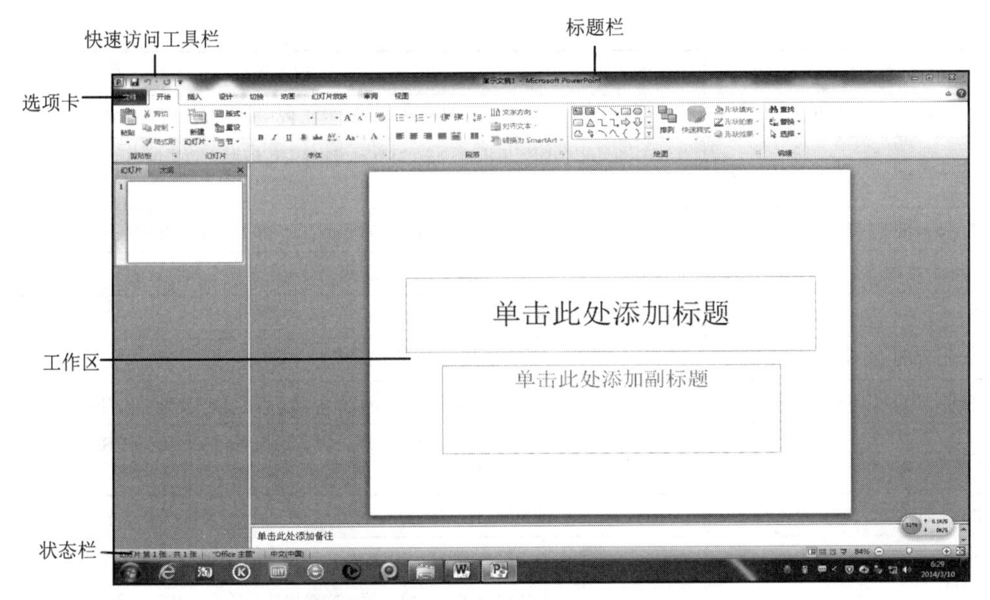

图 6.1　PowerPoint 2010 的工作窗口

3. 工作区

工作区是编辑和制作演示文稿内容的区域。

4. 快速访问工具栏

快速访问工具栏主要提供常用应用程序的调用命令。

5. 状态栏

状态栏显示当前演示文稿的状态信息。

6.4　PowerPoint 2010 的文件类型

PowerPoint 2010 支持的文件类型如表 6.1 所示。

表 6.1　PowerPoint 2010 支持的文件类型

保存为文件类型	扩展名	用于保存
PowerPoint 演示文稿	.pptx	PowerPoint 2010 或 2007 演示文稿，默认情况下为支持 XML 的文件格式
PowerPoint 启用宏的演示文稿	.pptm	包含 Visual Basic for Applications（VBA）代码的演示文稿
PowerPoint 97-2003 演示文稿	.ppt	可以在早期版本的 PowerPoint（97-2003）中打开的演示文稿
PDF 文档格式	.pdf	发布为 PDF 或 XPS，由 Adobe Systems 开发的基于 PostScript 的电子文件格式，该格式保留了文档格式并允许共享文件
XPS 文档格式	.xps	发布为 PDF 或 XPS，新的 Microsoft 电子纸张格式，用于以文档的最终格式交换文档

续表

保存为文件类型	扩展名	用于保存
PowerPoint 设计模板	.potx	用于对演示文稿进行格式设置的 PowerPoint 2010 或 2007 演示文稿模板
PowerPoint 启用宏的设计模板	.potm	包含预先批准的宏的模板，这些宏可以添加到模板中，以便在演示文稿中使用
PowerPoint 97-2003 设计模板	.pot	可以在早期版本的 PowerPoint（97-2003）中打开的模板
Office 主题	.thmx	包含颜色主题、字体主题和效果主题的定义的样式表
PowerPoint 放映	.pps；.ppsx	始终在幻灯片放映视图（而不是普通视图）中打开的演示文稿
PowerPoint 启用宏的放映	.ppsm	包含预先批准的宏的幻灯片放映，可以从幻灯片放映中运行这些宏
PowerPoint 97-2003 放映	.ppt	可以在早期版本的 PowerPoint（97-2003）中打开的幻灯片放映
PowerPoint 加载宏	.ppam	用于存储自定义命令、Visual Basic for Applications（VBA）代码和特殊功能的加载宏
PowerPoint 97-2003 加载宏	.ppa	可以在早期版本的 PowerPoint（97-2003）中打开的加载宏
网页	.htm；.html	作为文件夹的网页，其中包含一个.htm 文件和所有支持文件
Windows Media 视频	.wmv	存为视频的演示文稿。演示文稿可按高质量（1024×768，30 帧/s）、中等质量（640×480，24 帧/s）和低质量（320×240，15 帧/s）进行保存
GIF（图形交换格式）	.gif	作为用于网页的图形幻灯片。GIF 支持动画和透明背景
JPEG 文件格式	.jpg	作为用于网页的图形幻灯片。最适于照片和复杂图像
PNG（可移植网络图形）格式	.png	作为用于网页的图形幻灯片。PNG 不像 GIF 那样支持动画，某些旧版本的浏览器不支持此文件格式
TIFF（Tag 图像文件格式）	.tif	作为用于网页的图形幻灯片。TIFF 是用于个人计算机上存储位映射图像的最佳文件格式
设备无关位图	.bmp	作为用于网页的图形幻灯片。位图是一种表示形式，包含由点组成的行和列及计算机内存中的图形图像
Windows 图元文件	.wmf	作为 16 位图形的幻灯片（用于 Microsoft Windows 3.×和更高版本）
增强型 Windows 元文件	.emf	作为 32 位图形的幻灯片（用于 Microsoft Windows 95 操作系统和更高版本）
大纲/RTF	.rtf	文本文档的演示文稿大纲，可提供更小的文件体积，使其能够与不同版本的 PowerPoint 或操作系统共享文件
PowerPoint 图片演示文稿	.pptx	其中每张幻灯片已转换为图片的 PowerPoint 2010 或 2007 演示文稿
OpenDocument 演示文稿	.odp	可以保存 PowerPoint 2010 文件，使其可以在演示文稿应用程序（如 Google Docs 和 OpenOffice.org Impress）中打开

6.5 演示文稿的创建

演示文稿实际上就是 PowerPoint 的文件，其默认的后缀名是“.pptx”。在 PowerPoint 中，最基本的工作单元是幻灯片。一个 PowerPoint 演示文稿由一张或多张幻灯片组成，幻灯片又由文本、图片、声音、表格等元素组成。PowerPoint 本身提供了创建演示文稿的向导，用户可以根据向导的提示逐步完成创建工作。如果有特别的要求，还可以根据需要创建空白文档，或者使用设计模板来创建演示文稿。

1. 创建空白的演示文稿

创建空白的演示文稿将会产生空白的文档窗口。在空白文档窗口中，用户可以设置背景和版式等。选择“文件”→“新建”选项，然后选择“空白演示文稿”选项即可创建空白的演示文稿，如图 6.2 所示。

如果用户要继续添加新的文稿页，则可选择“开始”→“新建幻灯片”选项插入新的幻灯片，同时选择相应的版式，如图 6.3 所示，然后对插入的幻灯片进行编辑，直到完成所有幻灯片的文档输入为止。

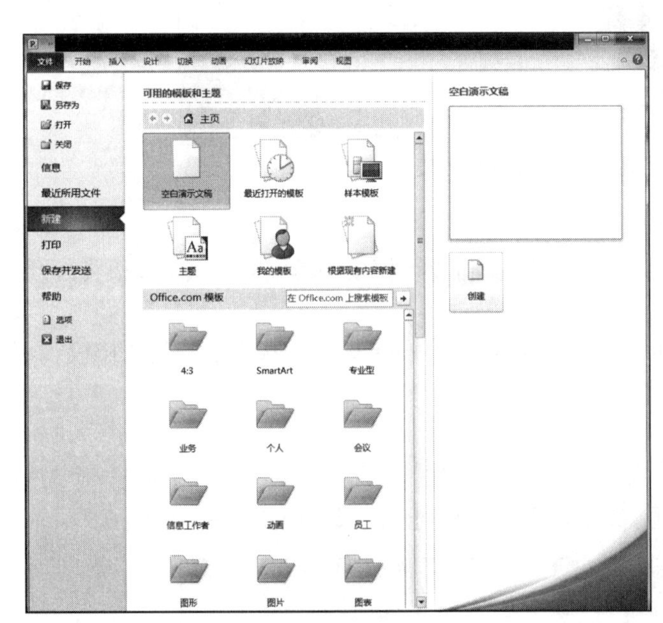

图 6.2　新建演示文稿

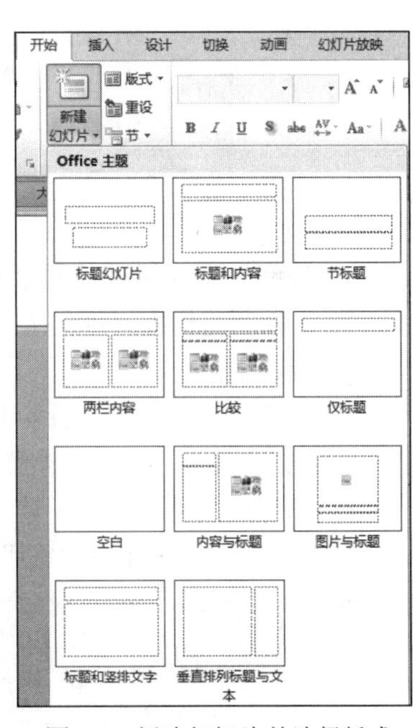

图 6.3　新建幻灯片并选择版式

2. 根据设计模板创建演示文稿

模板是一种针对不同主题设计的特殊演示文稿文件，包含一整套预先定义好的母板、自动版式和配色方案，是 PowerPoint 中最为完整的预定义工具。模板有“已安装的模板”“我的模板”“Microsoft Office Online 模板”三种。

（1）已安装的模板

已安装的模板是 Microsoft 提供的模板。已安装的模板数量有限，因为 Microsoft 认为大多数人会有随时在线的 Internet 连接。每个安装的模板都示范了一种特定用途的演示文稿，如相册、宣传手册或小测验短片。按照以下步骤可根据已安装的模板新建一份演示文稿。

1）选择“文件”→“新建”选项。

2）在“可用的模板和主题”列表中，选择“样本模板”选项。此时将出现样本模板列表，如图 6.4 所示。

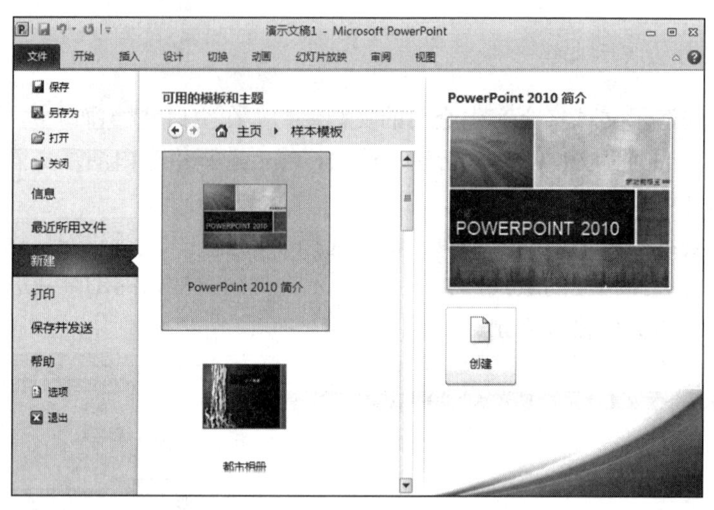

图 6.4　样本模板列表

3）选择一个模板进行预览。

4）选择所需模板，并选择“创建”选项，一份以该模板为基础的新演示文稿将打开。

（2）我的模板

“我的模板”是存储在计算机上的自定义 PowerPoint 模板或从网上下载的模板。要访问自定义模板，应按以下步骤操作。

1）选择“文件”→“新建”选项。

2）在“可用的模板和主题”列表中，选择“我的模板”选项，此时会弹出一个与之前不同的“新建演示文稿”对话框，其中包含自定义创建的或下载的模板，如图 6.5 所示。

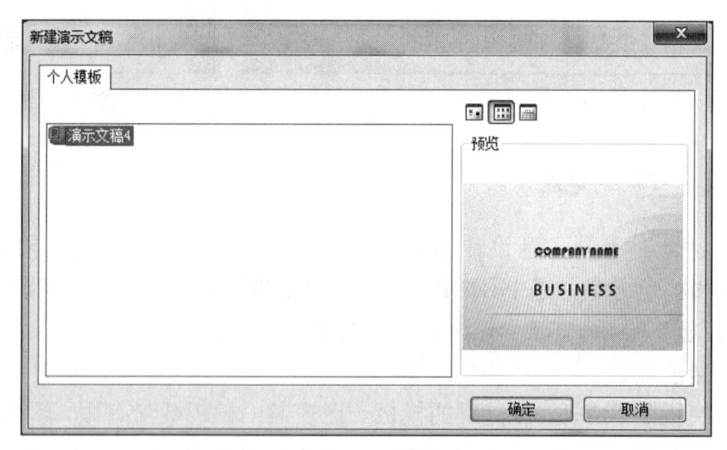

图 6.5　应用“我的模板”新建文档

（3）Microsoft Office Online 模板

在网上可以找到许多演示文稿的模板，访问联机模板库，可按照以下步骤操作。

1）选择“文件”→“新建”选项。

2）在“可用的模板和主题”列表中，选择“Office.com 模板”中所需模板的类别。

3）选择所需模板，选择“下载”选项。此时将以该模板为基础创建一份演示文稿。

3. 根据现有演示文稿新建演示文稿

如果已经有的演示文稿与需要创建的新演示文稿类似，那么可以根据现有内容新建演示文稿。按照以下步骤将现有演示文稿作为模板使用。

1）选择“文件”→“新建”选项。

2）选择“根据现有内容新建”选项，弹出“根据现有演示文稿新建”对话框，如图 6.6 所示。

3）选择路径到现有演示文稿，单击“新建”按钮创建演示文稿。

图 6.6　选择一个现有演示文稿作为模板

6.6　演示文稿的编辑

1. 文本编辑

对于幻灯片中文本的编辑，PowerPoint 2010 和 Word 2010 相似，包括对幻灯片字体、段落的设置，通过“开始”选项卡下的各组工具来实现相应的操作，如图 6.7 所示。

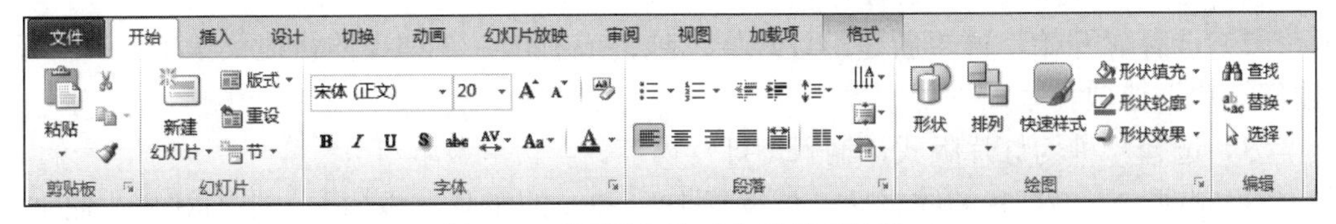

图 6.7　“开始”选项卡及其工具栏

PowerPoint 2010 提供的自动版式中有许多都包含标题、正文和项目符号列表占位符。用户可以在任何时候改变文本占位符的大小和位置，或对已有幻灯片应用不同的自动版式，而不会丢失幻灯片的任何信息。如果有个别行超出占位符的范围，PowerPoint 2010 会自动将文本尽量安排于占位符内。

编辑演示文稿时，若不选择“空白”版式，在每一张幻灯片上都有虚线方框，它们是各种对象的占位符。单击相应的提示处，在工作窗口中就会出现一个文本框，即可输入文字或插入相应的对象。

如果用户希望自己设计幻灯片的布局，在创建演示文稿时就应选择“空白”版式，此时输入文字时，应先添加文本框。如果用户想在占位符之外添加文本，在输入文字之前，也必须先添加文本框。文本的输入、编辑、格式化等操作与 Word 操作方法相似。

2. 幻灯片操作

在普通视图的幻灯片窗格和幻灯片浏览视图中，可以进行幻灯片的选择、查找、添加、删除、移动和复制等操作。

（1）选择幻灯片

对幻灯片操作之前，首先要选择幻灯片。选择幻灯片的方法通常有以下几种。

1）单击相应的幻灯片（或幻灯片编号），可选择该幻灯片。

2）按住 Ctrl 键，同时单击相应的幻灯片（或幻灯片编号），可选择多张不连续的幻灯片。

3）单击欲选择的第一张幻灯片，按住 Shift 键，同时单击要选择的最后一张幻灯片，可选择多张连续的幻灯片。

4）按 Ctrl+A 组合键可选择全部幻灯片。

若要放弃选择，单击幻灯片以外的空白区域即可。

（2）查找幻灯片

查找幻灯片的方法通常有以下几种。

1）单击垂直滚动条下方的“下一张幻灯片”或“上一张幻灯片”按钮，可把上一张或下一张幻灯片作为当前幻灯片。

2）按 PageUp 键和 PageDown 键可选择上一张或下一张幻灯片。

3）拖动垂直滚动条中的滑块，可快速定位到所需要查找的幻灯片。

（3）添加新幻灯片

打开电子演示文稿后，用户可根据需要添加新的幻灯片。添加新的幻灯片的操作步骤如下。

1）定位要插入幻灯片的位置。

2）选择“开始”→“新建幻灯片”选项；或右击，在弹出的快捷菜单中选择“新建幻灯片”选项。

3）选择一种幻灯片版式，输入幻灯片内容。

每完成一张幻灯片的编辑后，可重复 1）～3）的步骤，添加下一张幻灯片。通常，新增加的幻灯片位于当前幻灯片之后。

（4）删除幻灯片

可以在“普通视图”“阅读视图”“幻灯片浏览”视图中选择所要删除的幻灯片，按

Delete 键删除。

（5）移动和复制幻灯片

可以选择“开始”→“剪贴板”→“复制”选项移动和复制幻灯片，也可以利用鼠标拖动实现幻灯片的移动和复制。

3. 表格创建与编辑

表格是指按所需的数据内容，分项目画成格子，分别填写文字或数字的书面材料，便于统计查看。在 PowerPoint 2010 中，表格的具体使用方法如下。

（1）表格创建

要创建指定行数和列数的基本表格，可以利用下面几种方式之一完成创建：通过拖动白色正方形网格选择表格的行列、选择“插入表格”选项、选择“绘制表格”选项的方法插入表格，也可以插入“Excel 电子表格”，如图 6.8 所示。

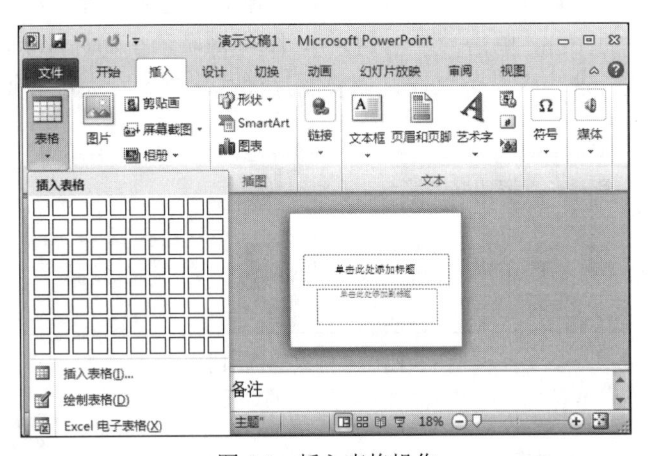

图 6.8　插入表格操作

（2）表格编辑

表格创建后会激活“表格工具”选项卡，其中包括“设计”和“布局”两个选项卡，如图 6.9 和图 6.10 所示。通过这两个选项卡可以对表格进行相应的操作和设计。

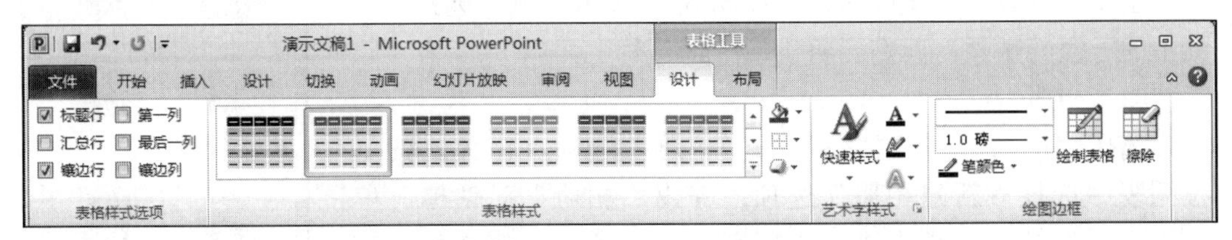

图 6.9　表格“设计”选项卡

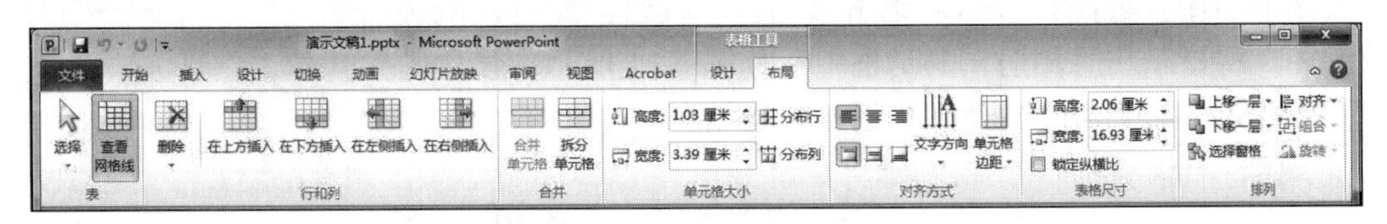

图 6.10　表格“布局”选项卡

4. 图像和插图

PowerPoint 2010 提供了图像和插图功能，包括图片、剪贴画、相册、形状、SmartArt、图表等，如图 6.11 所示。

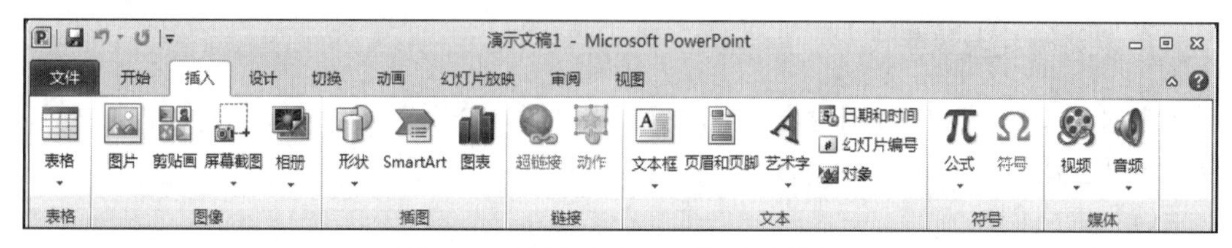

图 6.11 “图像”和“插图”选项卡

（1）图片

选择“插入”→“图像”→“图片”选项，弹出“插入图片”对话框，通过路径选择，选取一幅所需的图片，单击“打开”按钮，图片将显示在幻灯片上。此时将激活“图片工具”的“格式”选项卡，可以通过调整图片样式、排列、大小等工具栏对图片进行设置，如图 6.12 所示。

图 6.12 “格式”选项卡

（2）剪贴画

选择“插入”→“图像”→“剪贴画”选项，弹出“剪贴画”面板。选择“搜索范围”（默认为“所有搜藏集”）和“结果类型”（默认为“所有媒体文件类型”）。在“搜索文字”下的文本框输入剪贴画描述，然后单击“搜索”按钮，搜索的结果集将出现在下方的预览区域内，如图 6.13 所示。单击选择结果集中的一幅剪贴画，剪贴画将出现在幻灯片上。

图 6.13 搜索剪贴画

（3）相册

选择“插入”→“插图”→“相册”选项，在弹出的下拉列表中选择“新建相册”选项，弹出“相册”对话框。单击“文件”按钮，弹出“插入新图片”对话框，选择想要加入相册的图片或照片，然后单击“插入”按钮。此时，所选的图片将显示在“相册”对话框中，如图 6.14 所示。设置图片版式，然后单击“创建”按钮，生成相册。

（4）形状

选择“插入”→“插图”→“形状”选项，选择相应的图形添加到幻灯片中，如图 6.15 所示。

图 6.14　“相册”对话框

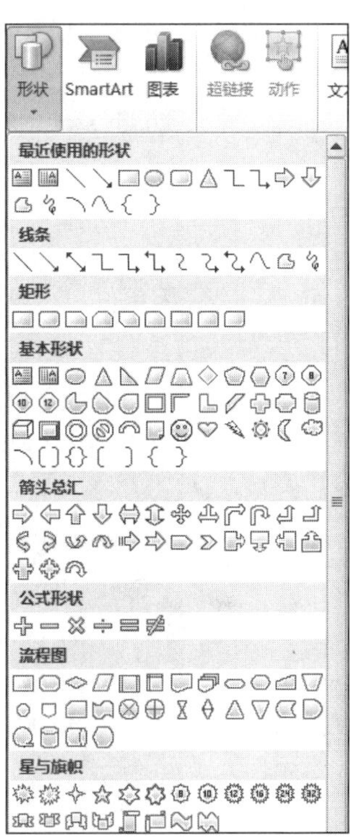

图 6.15　插入形状

（5）SmartArt

SmartArt 是一种特殊的矢量图形对象，该对象组合了形状、线条和文本占位符。SmartArt 经常用于阐述各个文本之间的关系。

选择“插入”→“插图”→“SmartArt”选项，弹出“选择 SmartArt 图形”对话框。选择某个样式的 SmartArt 图形，然后单击“确定”按钮，幻灯片上将显示此样式的 SmartArt 图形。此时将激活“SmartArt 工具”选项卡，包括“设计”和“格式”两个选项卡，如图 6.16 和图 6.17 所示。

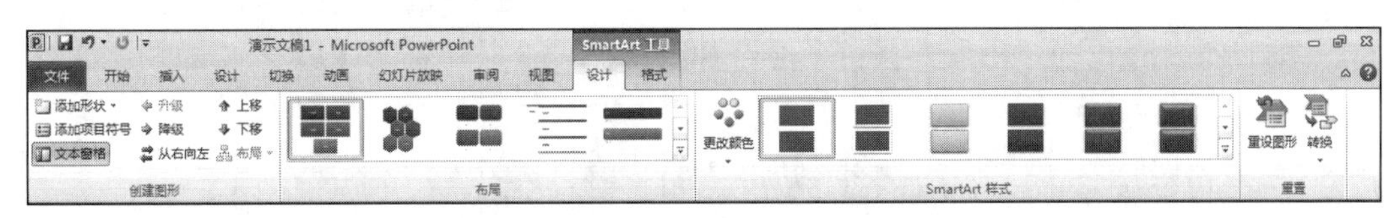

图 6.16　SmartArt 工具“设计”选项卡

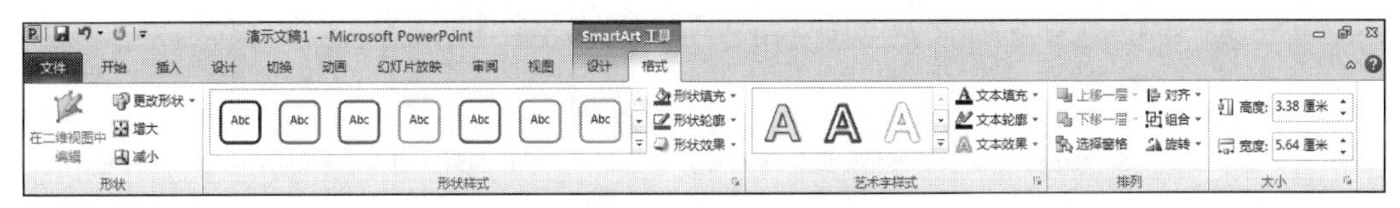

图 6.17　SmartArt 工具“格式”选项卡

还可以将普通文本转换为 SmartArt 图形，方法是右击文本区域，在弹出的快捷菜单中选择“转化为 SmartArt（M）”选项，如图 6.18 所示。

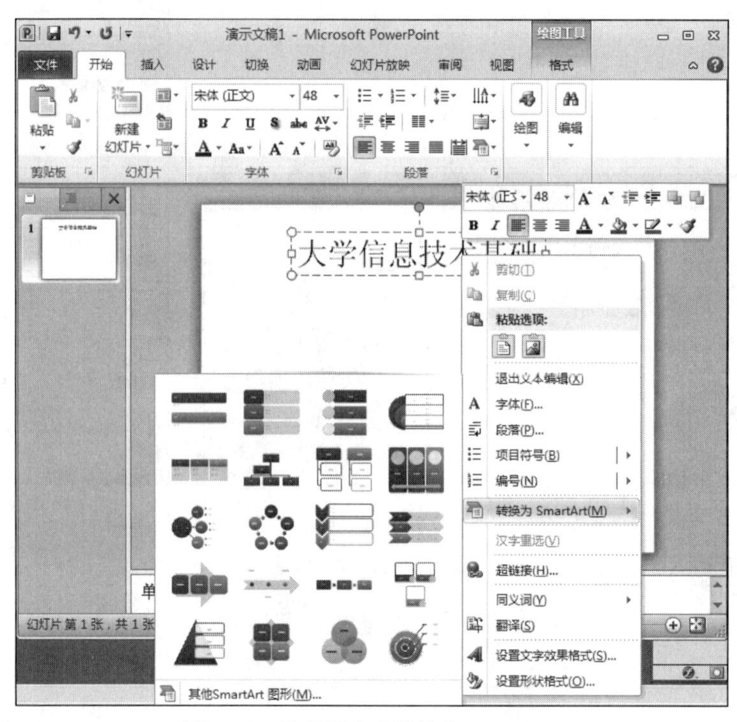

图 6.18 将普通文本转换为 SmartArt

（6）图表

选择“插入”→“插图”→“图表”选项，弹出“插入图表”对话框，如图 6.19 所示，选择图表类型，单击“确定”按钮。

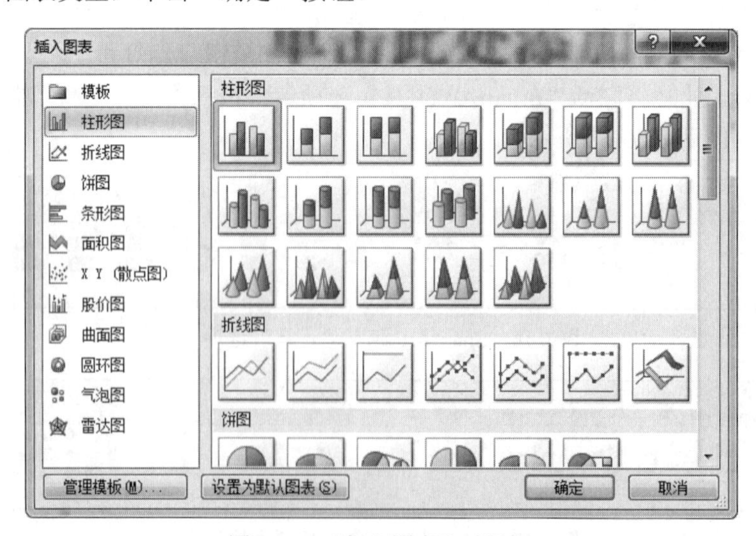

图 6.19 “插入图表”对话框

此时将激活 Excel 2010，通过电子表格对图表区域进行编辑，然后关闭 Excel 电子表格。图表将出现在幻灯片上。插入图表将激活“图表工具”选项卡，包括“设计”“布局”“格式”三个选项卡，用来对图表进行修饰与设置。

5. 超链接

（1）创建“超链接”

选择要设置超链接的对象，可以是一个图或一段文本文字等，选择“插入”→“链接”→“超链接”选项，弹出“插入超链接”对话框，如图 6.20 所示。在对话框中完成超链接设置，可以链接到下列四种文件。

1）现有文件或网页：设置超链接到其他文档、应用程序或由网站地址决定的网页。

2）本文档中的位置：设置超链接到本文档的其他幻灯片。

3）新建文档：设置超链接到一个新文档中。

4）电子邮件地址：设置超链接到一个电子邮件地址。

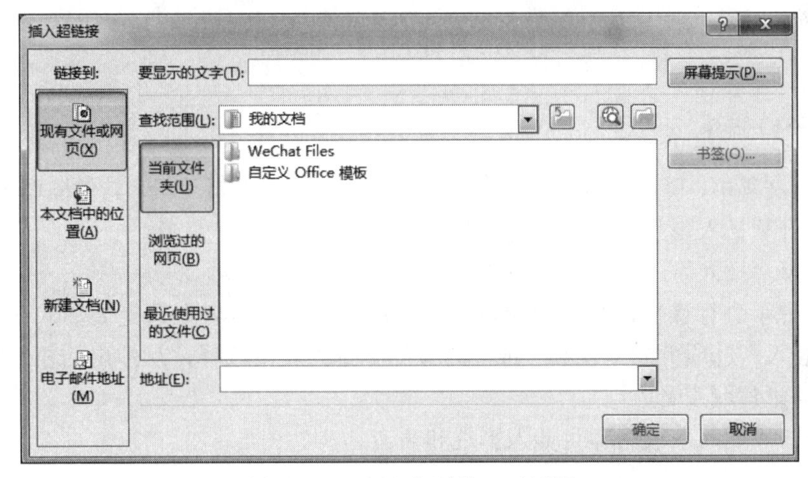

图 6.20　“插入超链接”对话框

（2）动作设置

选择要设置链接的对象，选择“插入”→“链接”→“动作”选项，弹出“动作设置”对话框，如图 6.21 所示。

“动作设置”对话框中有两个选项卡，包括“单击鼠标”选项卡和“鼠标移过”选项卡，可设置超链接的动作属性。

（3）删除超链接

有以下三种方法删除超链接。

1）选择“插入”→“链接”→“超链接”选项，弹出“编辑超链接”对话框，单击“删除链接”按钮。

2）在幻灯片中选择代表超链接的对象，选择“插入”→“链接”→“动作”选项，在弹出的“动作设置”对话框中选择“无动作”单选按钮。

3）右击设置有超链接的文本或对象，在弹出的快捷菜单中选择“取消超链接”选项。

图 6.21 “动作设置”对话框

6. 媒体的插入

在演示文稿中，可以插入声音文件、动画文件及电影剪辑片段，具体操作步骤如下。

1）打开要插入影片和声音的幻灯片。

2）选择“插入”→“媒体”→“视频”或“音频”选项。

3）按提示进行操作，将从剪辑库中获得所需文件，或者在选定要插入剪辑的区域后，在“插入”选项卡的“视频”或“音频”下拉列表中选择，从弹出的相应的对话框中选择所需影片或声音。

4）单击“插入”按钮即可插入影片和声音。

6.7 幻灯片的设计

选择“设计”选项卡，可对幻灯片进行页面、主题、背景等设置，如图 6.22 所示。

图 6.22 “设计”选项卡

1. 页面设置

选择“设计”→“页面设置”→“页面设置”选项，弹出“页面设置”对话框，如图 6.23 所示。可对幻灯片大小、宽度、高度、幻灯片编号起始值、方向等进行设置。

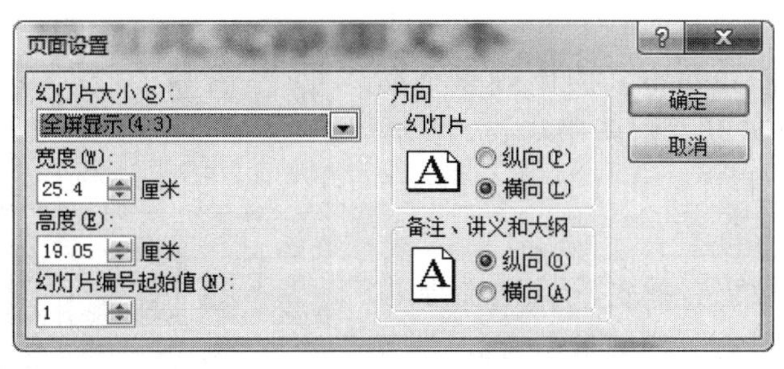

图 6.23　“页面设置”对话框

2. 主题

主题就是一组设计设置，其中包含颜色设置、字体选择、对象效果设置，还包含背景图形。一个主题仅能包含一组设置。主题就是一个 XML（可扩展标识语言）文件，是一段代码片段。主题可来自以下任意来源。

1）内置：PowerPoint 内置了一些主题，无论使用哪种模板，都可通过“设计”选项卡的“主题”库使用这些主题。

2）自定义（自动加载的）：所有主题及包含主题的模板自动显示在“设计”选项卡的“主题”库之中，构成“自定义”类别。

3）继承自初始模板：如果使用模板创建了新演示文稿，而未使用默认的空白演示文稿，模板将为演示文稿包含一个或多个主题。

4）存储在当前演示文稿中：如果在处理一个演示文稿时，在“幻灯片母版”视图中修改了一个主题，该主题修改后的代码将嵌入该演示文稿文件中。

5）存储在单独的文件中：如果保存了一个主题，也就是创建了一个带有.thmx 扩展名的独立的主题文件。这些文件可在其他 Office 应用程序中共享，因此可跨应用程序标准化设置，如字体和颜色选择等。

3. 背景

背景是应用于整个幻灯片（或幻灯片母版）的颜色、纹理、图案或图片，其他一切内容都位于背景之上。按照标准的定义，它应用于幻灯片的整个表面。不能使用局部背景，但可以使用覆盖在背景之上的背景图形。背景图形是一种放置在幻灯片母版上的图形图像，补充背景并与背景协同工作。

（1）应用背景样式

背景样式是预设的背景格式，随 PowerPoint 中的内置主题一起提供。根据应用的主题不同，可用的背景样式也不同。这些背景样式均使用来自该主题的颜色占位符，因此其颜色更改将取决于所应用的主题颜色。要应用一种背景样式，应按以下步骤操作。

1）选择幻灯片。

2）选择“设计”→“背景”→“背景样式”选项，此时显示样式库，如图 6.24

所示。

3）选择所需样式并将其应用到整个演示文稿。此外，也可以右击所需样式，在弹出的快捷菜单中选择“应用于所选幻灯片”选项。

这里不能自定义背景样式，也无法添加自定义背景样式；背景样式的数量是 12，本身是由主题决定的。选择不同的主题，相应地会显示不同的背景样式。如果需要另外一种背景，那么可以选择“设置背景格式”选项，在弹出的对话框中自定义背景。

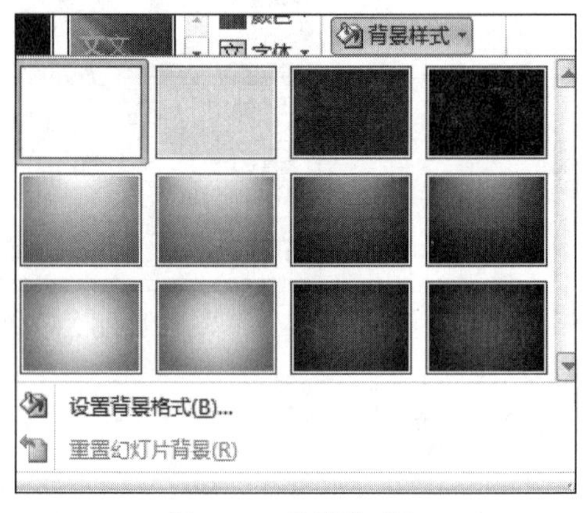

图 6.24　背景样式库

（2）应用背景填充

自定义背景填充可以包含纯色、渐变、图片或纹理填充。选择“背景样式”→“选择背景格式”选项，弹出“设置背景格式”对话框，如图 6.25 所示。

1）纯色填充。在“填充”选项组中选择“纯色填充”单选按钮，在“颜色”下拉列表框中选择颜色，再设置透明度。

2）渐变填充。在“填充”选项组中选择“渐变填充”单选按钮，再在“预设颜色”下拉列表框中选择预设颜色，然后选择类型、方向、角度等，如图 6.26 所示。

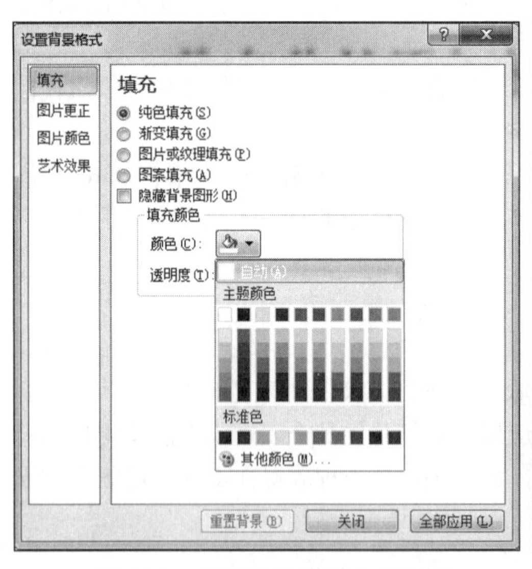

图 6.25　“设置背景格式”对话框

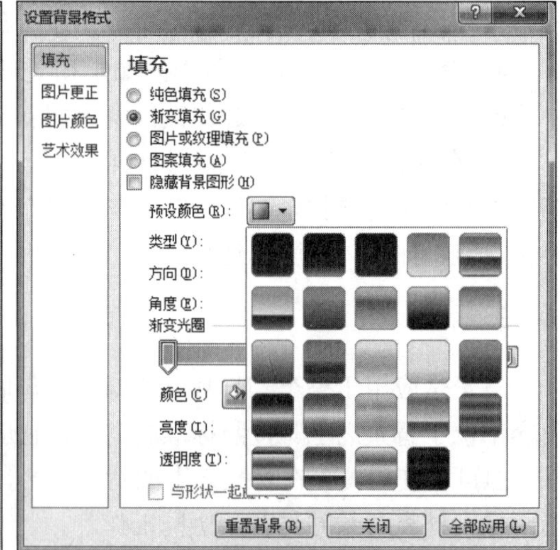

图 6.26　渐变填充

3）图片或纹理填充。在“填充”选项组中选择“图片或纹理填充”单选按钮，然后在“纹理”下拉列表框中选择一种纹理，如图 6.27 所示；单击“文件”、“剪贴板”或“剪贴画”按钮选择一幅图片，再勾选“将图片平铺为文理”复选框。

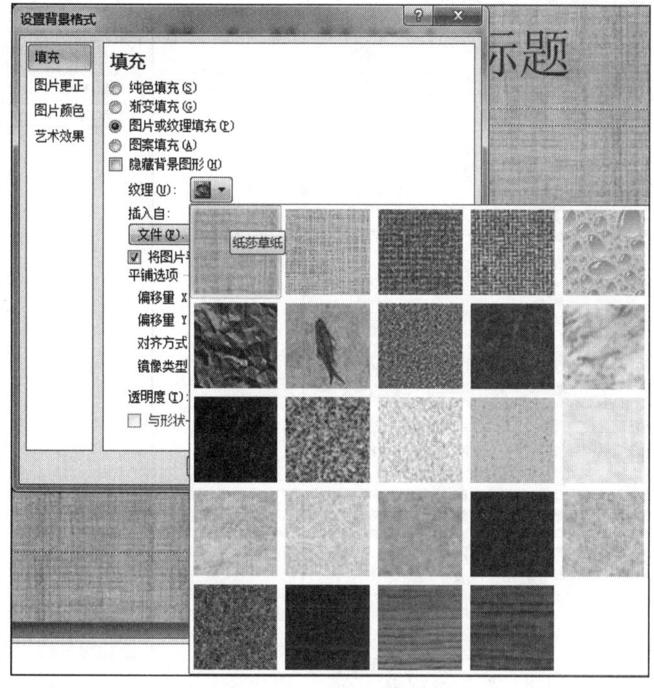

图 6.27　纹理填充

6.8　演示文稿的放映效果

对创建好的演示文稿，如何按照预定的顺序和设定的效果展示出来，以突出重点、增加演示文稿的趣味性，也是一个非常重要的环节。放映效果包括动画效果、切换效果、幻灯片放映等。

1. 动画效果

默认情况下，幻灯片的放映效果与传统的幻灯片一样，幻灯片上的所有对象都无声无息地同时出现。利用 PowerPoint 2010 提供的“动画”选项卡，可以为幻灯片中的每个对象设计出现的顺序、方式及伴音，这样既可以起到突出主题、丰富版面的作用，又可以大大提高演示文稿的趣味性。

PowerPoint 提供了多种动画形式，还可以规定动画对象出现的顺序及方式。自定义动画的操作方法如下。

1）选择“动画”选项卡。

2）选择“动画”→“高级动画”→“添加动画”选项，弹出下拉列表，如图 6.28 所示。选择“动画窗格”选项，弹出“动画窗格”任务窗格，如图 6.29 所示。

3）选择幻灯片中第一个动画显示的对象，选择“添加动画”选项。根据需要选择幻灯片的动画效果。

4）选择幻灯片中其他需要动画显示的对象，按照步骤 3）的方法设置动画。

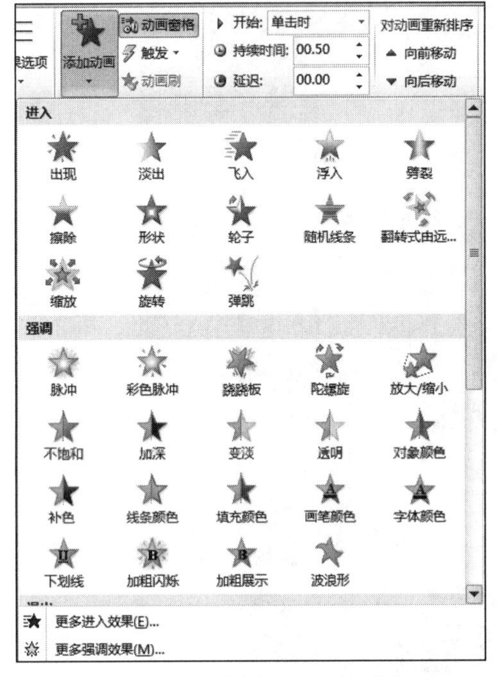

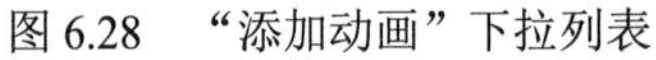
图 6.28 “添加动画”下拉列表

图 6.29 “动画窗格”任务窗格

当设置完动画效果后，在被设置动画的对象左侧出现一个图标，表示该对象已经设置了动画效果，图标中的数字表示放映幻灯片时该对象出现的顺序。当有多个动画对象时，可以用上下按钮重新排序。

2. 切换效果

切换效果是应用在幻灯片换片过程中的特殊效果，它决定了以何种效果从一张幻灯片切换到另一张幻灯片。

设置幻灯片切换效果的步骤如下。

1）在普通视图或幻灯片浏览视图中，选择要进行设置切换效果的幻灯片，可以是一张也可以是多张。

2）选择“切换”→“切换到此幻灯片”选项组，如图 6.30 所示。

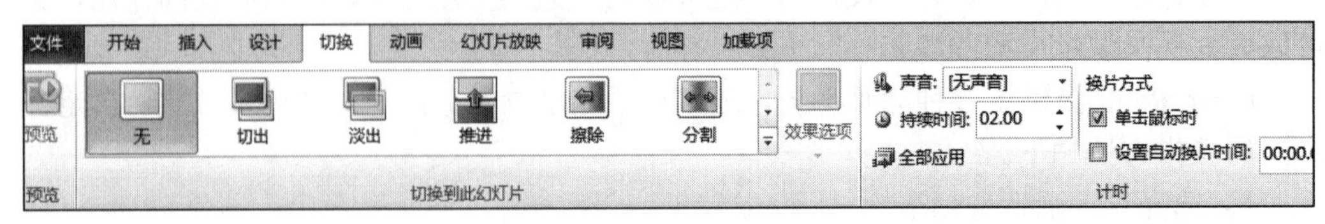

图 6.30 “切换”选项卡

3）切换设置主要包括以下几个选项。

① 切换方式：在“切换到此幻灯片”组中，选择所需的幻灯片切换方式，如切出、闪光、涡流、擦除等。

② 切换速度：在“计时”组的“持续时间”中可精确设置切换速度。

③ 切换声音：在“计时”组的“声音”下拉列表中选择幻灯片切换时的伴音，如“打字机”声、“鼓掌”声等。如果不选择，默认“无声音”。

④ 换片方式：通过勾选复选框确定切换方式。其中，“单击鼠标时”为人工控制进片；“设置自动换片时间”为自动定时换片。

如果要检查设置后的实际效果，可以选择“预览”选项。

3. 幻灯片放映

PowerPoint 2010 演示文稿提供了“从头开始”“从当前幻灯片开始”“广播幻灯片”“自定义幻灯片放映”四种放映方式。通过“幻灯片放映”选项卡（图 6.31），可对幻灯片放映进行进一步的设置。

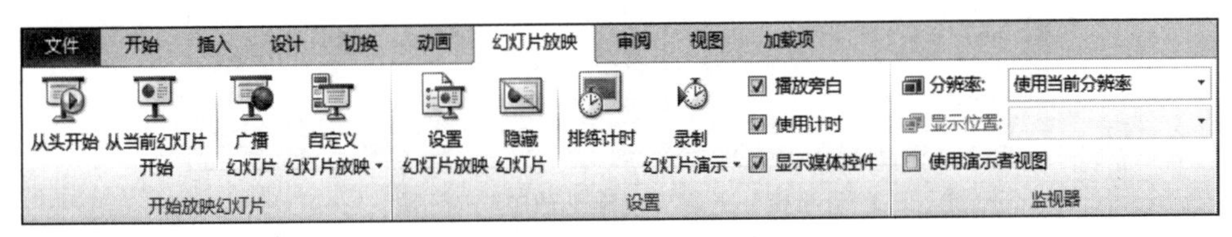

图 6.31　“幻灯片放映”选项卡

（1）设置幻灯片放映

选择“幻灯片放映”→“设置”→“设置幻灯片放映”选项，弹出“设置放映方式”对话框。通过此对话框，可对放映类型、放映选项、放映幻灯片、换片方式等进行设置。

根据用户的需求，电子演示文稿可以采用以下不同的放映方式进行放映。

1）简单放映。首先，启动 PowerPoint，打开准备放映的演示文稿，然后选择“幻灯片放映”→“开始放映幻灯片”→“从头开始”选项或按 F5 键启动幻灯片的放映。

2）将演示文稿存为以放映方式打开的类型。操作步骤如下：打开要保存为幻灯片放映的演示文稿，选择“文件”→“保存并发送”选项，选择“更改文件类型”中的“PowerPoint 放映”类型，单击“另存为”按钮，弹出“另存为”对话框，保存文件。

3）人工控制放映。要在当前演示文稿中设置人工控制放映方式，操作步骤如下：选择“幻灯片放映”→“设置幻灯片放映”选项，弹出“设置放映方式”对话框，如图 6.32 所示。

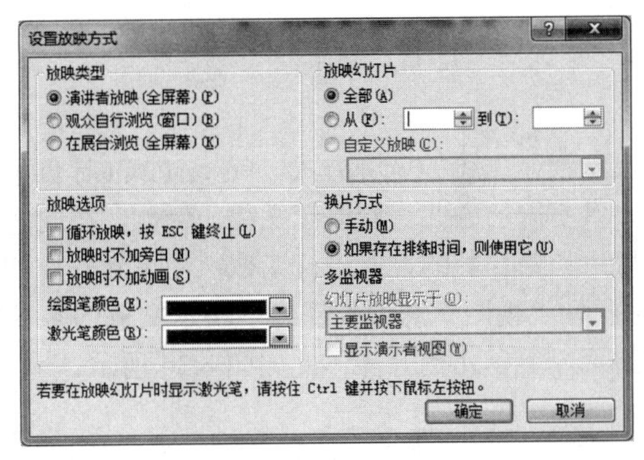

图 6.32　“设置放映方式”对话框

在“设置放映方式”对话框中设置放映参数，如“放映类型”“放映幻灯片”“放映选项”“换片方式”，设置完成后单击“确定”按钮。

4）自定义放映。选择“幻灯片放映”→“开始放映幻灯片”→“自定义幻灯片放映”→“自定义放映”选项，弹出“自定义放映”对话框。单击“新建”按钮，弹出“定义自定义放映”对话框，如图 6.33 所示。

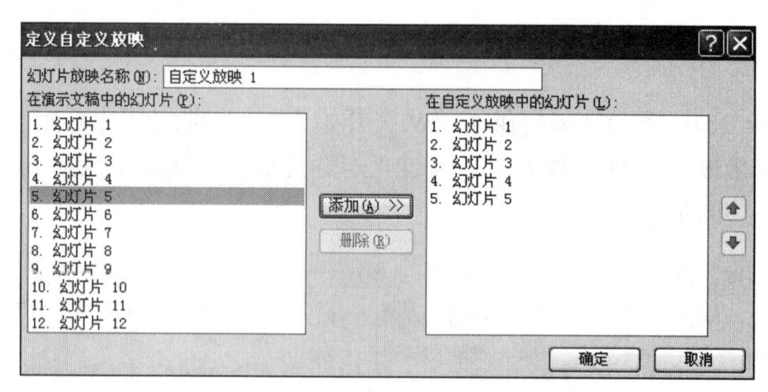

图 6.33 “定义自定义放映”对话框

在“幻灯片放映名称”文本框中，输入自定义幻灯片放映的名称。在“在演示文稿中的幻灯片”区域中，列表框显示所有的演示文稿中的所有幻灯片，在其中选择要放映的幻灯片，单击“添加”按钮，将其添加到“在自定义放映中的幻灯片”列表中。

可以单击“添加”“删除”按钮选择自定义放映的幻灯片；可以单击“上移”和“下移”按钮改变列表框中幻灯片的播放顺序。设定后单击“确定”按钮。

（2）排练计时

1）选择“幻灯片放映”→“设置”→“排练计时”选项，激活排练方式，打开“预演”工具栏并开始放映幻灯片。

2）准备播放下一张幻灯片时，单击“下一项”按钮。

3）若要重新设计某一张幻灯片的时间，则单击“重复”按钮。

4）放映完最后一张幻灯片时，弹出一个提示框，记录本次放映所用的时间。同时该提示框询问是否需要在观看幻灯片放映时记录新的放映时间并使用该时间。单击“是”按钮确认，单击“否”按钮重复试一次。

6.9 视　图

视图是在屏幕上显示演示文稿的一种方式。PowerPoint 提供了多种视图，可以在创建过程中的不同阶段，以不同的方式查看演示文稿。例如，在向一张幻灯片添加一幅图片时，需要以与该幻灯片紧密相关的方式进行工作；在重新安排幻灯片的顺序时，需要将演示文稿视为一个整体。“视图”选项卡提供了演示文稿的多种视图供用户选择，还包括标尺、网格线的显示，显示比例等操作，如图 6.34 所示。

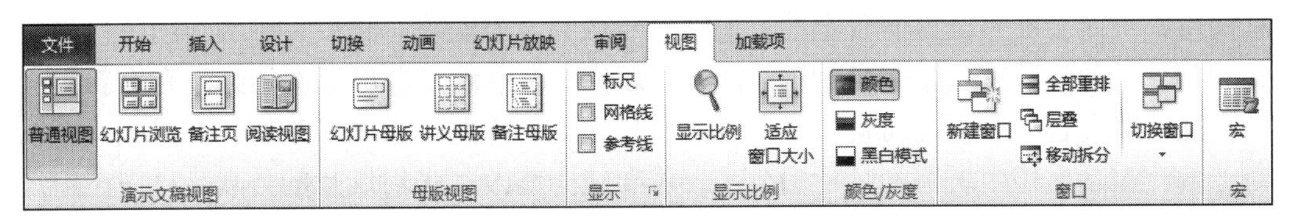

图 6.34　“视图”选项卡

1. 演示文稿视图

PowerPoint 2010 提供了以下几种视图。

1）普通视图：普通视图采用三框式画面显示大纲、幻灯片和备注，以方便浏览与编辑。普通视图是默认视图。

2）幻灯片浏览：按幻灯片序号顺序显示演示文稿中全部幻灯片的缩图。在幻灯片浏览视图下，可以复制、删除幻灯片，调整幻灯片的顺序，但不能对幻灯片的内容进行编辑、修改。

3）备注页：这种视图在页面顶端显示幻灯片，下面显示一个文本框，可供输入备注（可将这些备注打印出来，以便在演讲过程中使用）。

4）阅读视图：使用该视图在屏幕上显示幻灯片，依次显示每张幻灯片，每次显示的那张幻灯片都会填满整个屏幕。

有两种方法可以更改视图：选择“视图”→“演示文稿视图”中的相应选项或单击屏幕右下角处的视图按钮。通过这两种方法进行切换，备注页仅能通过“视图选项卡”访问。

在普通视图的幻灯片窗格和幻灯片浏览视图中，可以进行幻灯片的选择、查找、添加、删除、移动和复制等操作。

2. 幻灯片母版

母版又称为主控，用于建立演示文稿中所有幻灯片都具有的公共属性，是所有幻灯片的底版。选择“视图”→“母版视图”→“幻灯片母版”选项，会激活“幻灯片母版”选项卡，如图 6.35 所示。而选择“讲义母版”或“备注母版”选项则会激活与之对应的选项卡。

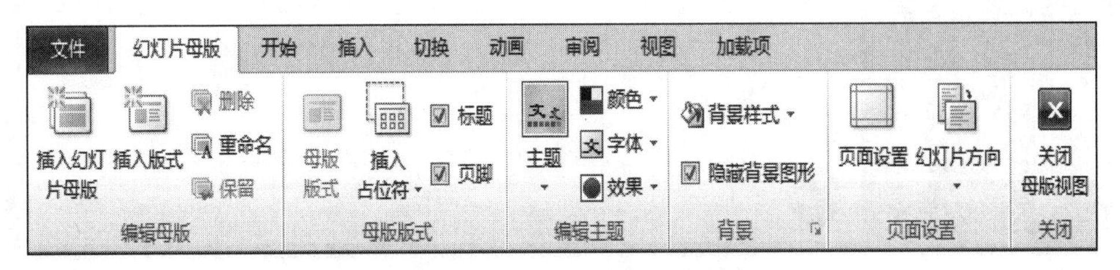

图 6.35　“幻灯片母版”选项卡

母版和具体幻灯片之间的关系类似于默认效果和自选图形之间的关系。任何一个自选图形都必须首先用默认效果绘制出来，然后才能进行修改。同样，幻灯片在母版的基底上诞生，开始时符合母版所规定的各种格式，随着制作过程的进行，原来从母版上继承的格式可能会被修改得面目全非，但这对母版并没有影响。相反，母版上的任何格式改动都会反映到所有新建幻灯片上。只要幻灯片上有继承来自母版而始终没有重新定义的格式，那么它和母版之间就一直保持着受控关系。因此，通过修改幻灯片母版，可以统一修改演示文稿中所有幻灯片的外观，若要统一修改多张幻灯片的外观，只需在幻灯片母版上做一次修改即可。

PowerPoint 提供的母版类型有幻灯片母版、备注母版和讲义母版。每种母版都能控制演示文稿中幻灯片的格式设置。用户也可以在幻灯片母版中改变背景、调整占位符、改变字体、字号和颜色。

PowerPoint 将自动更新已有的幻灯片，并对以后新添加的幻灯片应用这些更改。例如，要想使单位的名称出现在每张幻灯片上，那么，应当将单位的名称添加到幻灯片母版上。

幻灯片母版添加对象的步骤如下：

1）选择“视图”→“母版视图”→“幻灯片母版”选项，屏幕将显示当前演示文稿的幻灯片母版，如图 6.36 所示。

2）对幻灯片母版进行编辑。幻灯片母版的编辑类似于普通幻灯片，这里不再赘述。

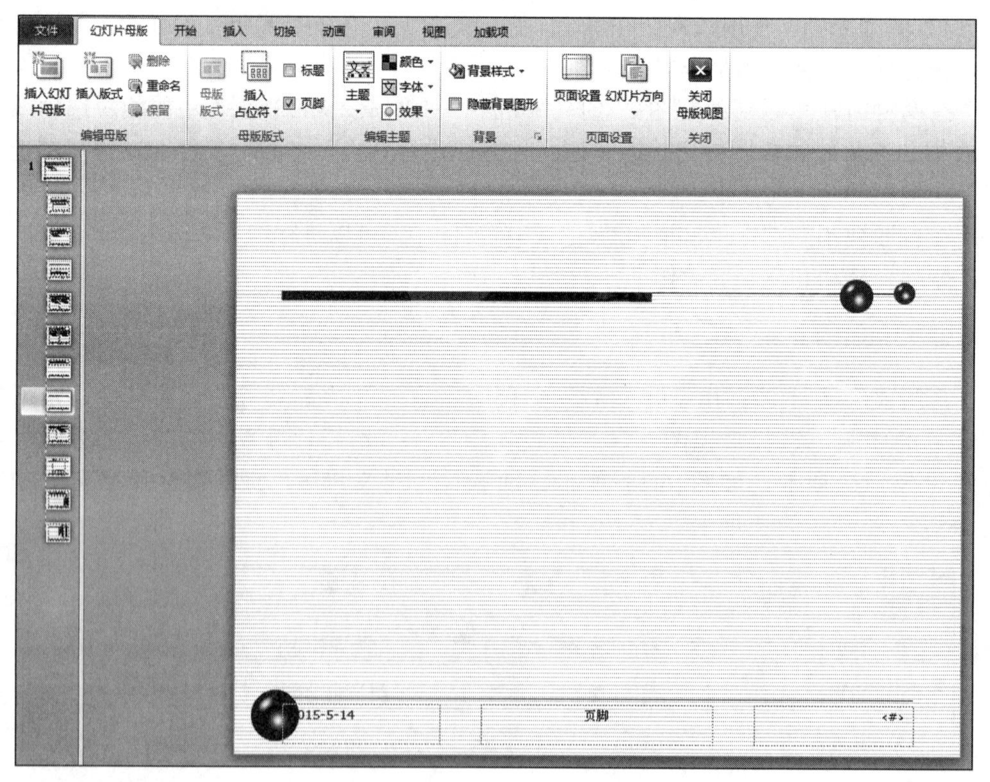

图 6.36 “幻灯片母版”设置窗口

3）单击“幻灯片母版”视图工具栏上的“关闭母版视图”按钮，返回幻灯片原视图方式。

3. 标尺、网格线

在“视图”选项卡“显示”选项组中，可以显示/隐藏上方的标尺或网格线来进行相应的显示，如图 6.37 所示。

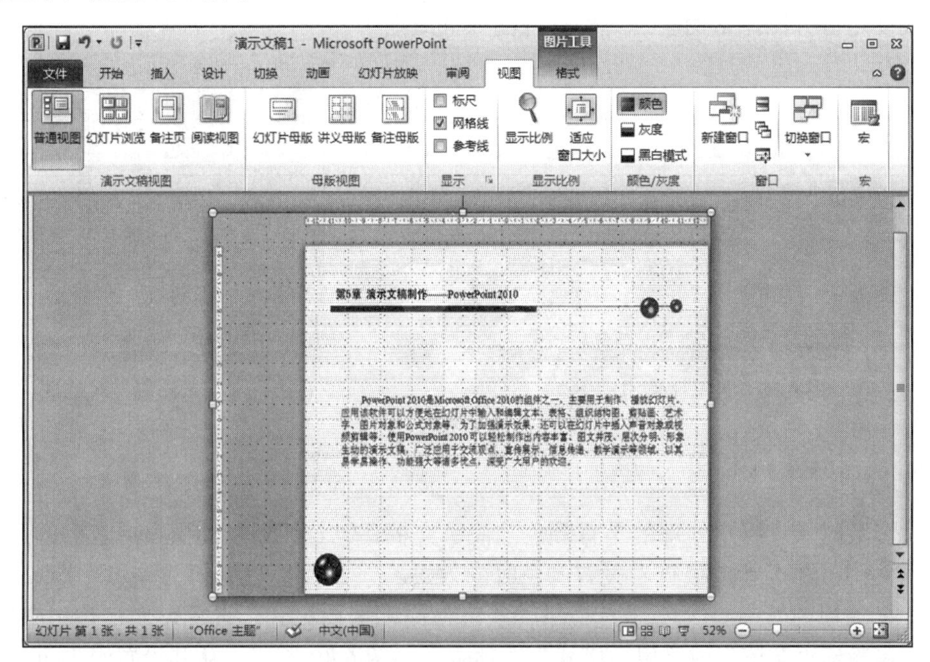

图 6.37　设置标尺、网格线

（1）标尺

围绕幻灯片窗格的垂直标尺和水平标尺可帮助用户准确地放置对象。要打开或关闭标尺，在“视图”选项卡中勾选或取消勾选“标尺”复选框即可。标尺仅在普通视图和备注页视图中可用。

无论处理的是哪种类型的内容，标尺都有助于定位，但在文本框中编辑文本时，标尺还具有其他用途。水平标尺显示文本框的段落缩进和任何自定义制表位，可拖动标尺上的缩进标记，就像在 Word 中一样。

（2）网格线

网格线是不会打印出来的虚线，这些线之间的间距是固定的。网格线能够帮助用户排列一张幻灯片上的对象。要打开或关闭网格线，在“视图”选项卡中勾选或取消勾选“网格线”复选框即可。

4. 显示比例

如果需要更仔细地查看演示文稿，用户可以放大或缩小视图。例如，放置一幅图片，希望它与旁边的一个文本框中的文字处于同一垂直水平，可以放大视图来获得更高的精度。可以在屏幕上以多种显示比例查看幻灯片，而不必更改周围工具的大小或打印输出结果的大小。

设置缩放级别的最简单方法就是拖动 PowerPoint 窗口右下角的显示比例滑动条，或单击“放大”和“缩小”按钮来改变缩放级别，如图 6.38 所示。

控制显示比例的另一种方法是使用“显示比例”对话框。选择“视图”→“显示比例”→“显示比例”选项，弹出“显示比例”对话框，如图 6.39 所示。再选择相应的比例，或设定百分比，从而实现对幻灯片的放大或缩小。

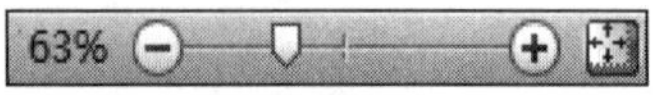

图 6.38 显示比例滑动条

图 6.39 “显示比例”对话框

5. *颜色/灰度视图*

大多数时候，用户处理的是有颜色的演示文稿。但若计划以纯黑白或灰度的形式打印演示文稿，那么就应该查看没有颜色时的效果。

选择“视图”→“颜色/灰度”→“灰度”或“黑白模式”选项可切换到相应视图。此时，将激活“灰度”或“黑白模式”选项卡，如图 6.40 所示。从其设置组中可以微调或黑白预览。将演示文稿打印或输出为灰度或黑白资源时使用此设置。

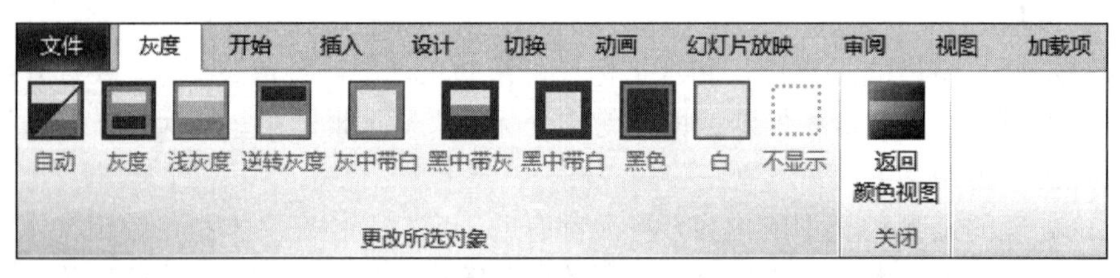

图 6.40 “灰度”选项卡

完成后，选择“灰度”→“返回颜色视图”选项。更改“灰度”或“黑白模式”设置不会对幻灯片上的颜色造成影响，仅影响以灰度或黑白模式形式显示和打印幻灯片的方式。

6.10 演示文稿的打印与发布

如果只在计算机屏幕上进行演示，那么可以不打印演示文稿。但是 PowerPoint 在生成演示文稿的同时，会自动生成一些和文稿有关的辅助性“副产品”，如文稿大纲、发言者讲话及讲义等，即使不需要打印幻灯片，也可能需要输出这些“副产品”，它们有助于增强演示效果。而且，借助于 PowerPoint 的强大功能，可以制作出精美的报告封面、书籍插图、数字图表或者其他文字材料。对于这些工作，实际输出效果的检验是必不可少的一步，这就需要使用 PowerPoint 的打印和发布功能。

1. 打印演示文稿

演示文稿不仅可以放映，还可以打印成讲义。大部分的演示文稿会设计成彩色，而打印时以黑白灰度图片居多。底纹填充和背景颜色在屏幕上看起来很美观，但打印出来可能会变得不清晰、不易阅读。为了在打印之前预览打印效果，PowerPoint 2010 提供了灰度、黑白显示功能。

2. 发布演示文稿数据包

PowerPoint 2010 提供了“打包”工具，它将播放器（pptview.exe）和演示文稿压缩后存放在一起，然后在演示的计算机上将播放器和演示文稿解压缩。这样在异地计算机上即使没有安装 PowerPoint 软件，也可以播放打包的演示文稿。演示文稿打包的步骤如下。

1）打开要打包的演示文稿。

2）选择“文件”→“保存并发送”选项，在其下级列表“文件类型”中选择“将演示文稿打包成 CD”选项，选择“打包成 CD”选项，如图 6.41 所示，弹出“打包成 CD”对话框。

图 6.41 “打包成 CD”选项

3）若单击“添加”按钮，则弹出“添加文件”对话框，添加所需要的文件。

4）若单击“选项”按钮，则弹出“选项”对话框，既可以更改设置，还可以设置密码保护。

5）若单击“复制到文件夹”按钮，则弹出“复制到文件夹”对话框，设置文件夹名及存放位置。

6）单击“复制到 CD”按钮，完成打包操作。

要在异地计算机上播放打包的演示文稿，只需运行打包文件夹里的 pptview.exe 文件，然后选择要播放的演示文稿即可。

习 题

一、选择题

1. PowerPoint 文件默认扩展名为（　　）。
   A. .docx　　B. .txt　　C. .xlsx　　D. .pptx
2. PowerPoint 可以存为多种文件格式，（　　）文件格式不属于此类。
   A. .ppt　　B. .pot　　C. .psd　　D. .html
3. 在 PowerPoint 中打开了一个演示文稿，对文稿进行修改，并进行“关闭”操作后，（　　）。
   A. 文稿被关闭，并自动保存修改后的内容
   B. 文稿不能关闭，并提示出错
   C. 文稿被关闭，修改后的内容不能保存
   D. 弹出对话框，并询问是否保存对文稿的修改
4. 在一个演示文稿中选择了一张幻灯片，按下 Delete 键，则（　　）。
   A. 这张幻灯片被删除，且不能恢复
   B. 这张幻灯片被删除，但能恢复
   C. 这张幻灯片被删除，但可以利用“回收站”恢复
   D. 这张幻灯片被移到回收站内
5. 在 PowerPoint 中，如果希望在演示过程中终止幻灯片的放映，则随时可按（　　）键。
   A. Esc　　B. Alt+F4　　C. Ctrl+C　　D. Delete
6. PowerPoint 中，在（　　）中，可以定位到某特定的幻灯片。
   A. 备注页视图　　B. 浏览视图　　C. 放映视图　　D. 黑白视图
7. 在 PowerPoint 2010 中，幻灯片内的动画效果可通过“动画”选项卡的（　　）选项来设置。
   A.“动作设置”　　B.“自定义动画”　　C.“动画预览”　　D.“幻灯片切换”
8. 在 PowerPoint 2010 中，在空白幻灯片中不可以直接插入（　　）。
   A. 文本框　　B. 文字　　C. 艺术字　　D. Word 表格
9. 在“页眉和页脚”对话框中设置幻灯片编号，将其放置到幻灯片的（　　）。
   A. 左下方　　B. 中部　　C. 右下方　　D. 顶部
10. PowerPoint 2010 中，艺术字具有（　　）。
    A. 文件属性　　B. 图形属性　　C. 字符属性　　D. 文本属性编辑

二、简答题

什么是演示文稿的母版？母版起什么作用？

三、操作题

1. 制作一个宣传演示文稿。

1）打开一个“空白演示文稿”，制作“数学与信息工程学院.pptx”演示文稿，其中包括“学院的历史”“学院荣誉”“丰富多彩的学院活动”“学院专业设置”“先进的实训中心”等内容，篇幅为10页，其中，首页标题为“数学与信息工程学院简介”，标题文字设置为宋体，65号字。

2）在该演示文稿的第2张幻灯片中插入文本框，输入文字“学院历史”，在第3张幻灯片中插入图表（学院各专业人数分布），在第4张幻灯片中插入合适的图片，在其他幻灯片合适位置插入声音文件等可视化项目。

3）将第10张幻灯片删除。

4）将第2张、第5张幻灯片依次复制到最后。

5）将第1张幻灯片的文档主题设为“暗香扑面”，其余幻灯片的文档主题设为“风舞九天”。

6）按照以下要求设置并应用幻灯片的母版：

① 将首页所应用的标题母版的标题样式设置为黑体，60号字。

② 将其他页面所应用的一般幻灯片母版的标题样式设置为楷体，50号字，并插入“信阳职业技术学院”校徽，在日期区插入日期（格式参考“2013年3月1日”），在页脚区插入幻灯片编号（即页码）。

7）将第6张幻灯片的背景填充效果设置为“红日西斜”。

8）对于建立的演示文稿，进行以下主题方案的设置：

① 新建一个自定义主题方案，其中颜色如下：

a. 文字/背景 深色1：RGB值分别为：51、51、0；

b. 文字/背景 浅色1：RGB值分别为：255、255、204；

c. 文字/背景 深色2：RGB值分别为：102、51、0；

d. 文字/背景 浅色2：RGB值分别为：204、236、255；

完成后，将名称改为“主题1”，并应用到第1张幻灯片。

② 再新建一个主题方案，其中颜色如下：

a. 文字/背景 深色1：RGB值分别为：0、51、0；

b. 文字/背景 浅色1：RGB值分别为：102、255、255；

c. 文字/背景 深色2：RGB值分别为：0、0、102；

d. 文字/背景 浅色2：RGB值分别为：204、204、255；

完成后，将名称改为“主题2”，并应用到除第1张幻灯片以外的所有幻灯片。

9）将演示文稿定义为“演讲者放映（全屏幕）”放映方式。

10）将演示文稿保存在D盘中，文件名为“数学与信息工程学院.pptx”。

2. 使用“空白演示文稿”制作“自我介绍.pptx”演示文稿。

1）内容自定义，篇幅为 10 页，其中首页标题为“自我简介”，标题文字设置为幼圆，65 号字，红色。

2）在该演示文稿的第 2 张幻灯片中插入文本框，输入文字“自我风采”，第 3 张幻灯片中插入图表（学历简介），第 4 张幻灯片中插入合适的图片，在其他幻灯片合适位置插入声音文件等可视化项目。

3）在第 6 张幻灯片之前插入一张幻灯片。

4）将第 2 张、第 5 张两张幻灯片位置交换。

5）将第 1 张幻灯片的文档主题设为“行云流水”，其余幻灯片的文档主题设为“市镇”。

6）按照以下要求设置并应用幻灯片的母版：

① 对于首页所应用的标题母版，将其中的标题样式设置为黑体，60 号字。

② 对于其他页面所应用的一般幻灯片母版，将其中的标题样式设置为楷体，50 号字，并插入学校校徽。

7）将其中的第 6 张幻灯片的背景填充效果设置为“雨后初晴”。

8）对于建立的演示文稿，进行以下主题方案的设置：

① 对第 1 张幻灯片，应用内置的“波形”主题方案；

② 除第 1 张幻灯片以外的所有幻灯片，应用内置的“华丽”主题方案。

9）将演示文稿定义为“演讲者放映（全屏幕）”放映方式。

10）将演示文稿保存在 D 盘中，文件名为“自我介绍.pptx”。

3. 打开实训项目 1 中完成的“数学与信息工程学院.pptx”演示文稿，完成以下操作：

1）设置幻灯片切换方式。要求：效果为“随机线条”；幻灯片的换页方式为单击或过 2 s 自动播放；在切换时，并伴随“爆炸”声；应用到所有的幻灯片，观看放映效果。

2）在第 2 张幻灯片中插入艺术字“计算机科学学院”，设置其进入的动画效果为“百叶窗”。

3）在第 2 张幻灯片中插入一幅剪贴画（自选），设置其在单击标题“数学与计算机科学”时进入，动画效果为“向内溶解”。

4）在第 3 张幻灯片中，写一个文本“链接至第 5 张幻灯片”，单击后，转到第 5 张幻灯片。在第 5 张幻灯片中，插入一个文本框“返回首页”，单击后，返回到第 1 张幻灯片。

5）在第 4 张幻灯片中添加一个自定义动作按钮，在其上输入文字“画图软件”，单击该按钮打开 Windows 自带的画图软件。

6）设置放映方式为“循环放映，按 Esc 键终止”。

7）将第 1、3、5、7、9 张幻灯片定义成自定义放映。

8）将演示文稿打包成 CD，并将 CD 命名为“我的 CD 演示文稿”，并将其复制到指定位置（D 盘），文件夹名与 CD 命名相同。

4. 对操作练习题 2 中建立的“自我介绍”演示文稿进行以下操作：

1）设置幻灯片切换方式。要求：效果为“随机线条”；幻灯片的换页方式为单击或过 2s 自动播放；在切换时，并伴随“爆炸”声；应用到所有的幻灯片，观看放映效果。

2）设置第 1 张幻灯片中的图片的动画效果，使在放映时伴随着打字机的声音从右侧飞入，观看放映效果。

3）设置放映方式为“放映时不加旁白”。

4）对第 1 张幻灯片和第 3 张幻灯片进行循环放映。

5）在第 1 张幻灯片中，写一个文本“优缺点”，单击后，转到第 3 张幻灯片。

6）在第 1 张幻灯片中，添加一个动作按钮，要求当单击该按钮时结束放映。

7）保存文稿，并将文稿发布为 Web。

第 7 章 计算机网络技术及应用

21 世纪的重要特征就是数字化、网络化和信息化。网络已经成为信息社会的命脉，对社会生活的很多方面及社会经济的发展产生巨大的影响。计算机网络日益成为现代社会中各行业不可或缺的一部分。同时，网络技术水平、网络的规模及网络在商业领域的应用，已经成为衡量一个国家科学技术水平与经济实力的重要标志。本章主要介绍计算机网络的基本概念、Internet 的基础知识及应用、制作网页的基础知识等。通过本章的学习，学生能更深入地认识计算机网络，熟练运用计算机网络。

7.1 计算机网络基础知识

计算机网络是计算机技术与通信技术相结合的产物，本节主要介绍计算机网络的基础知识与硬件组成，以及网络的构建。若无特别说明，本节提及的网络是指计算机网络。

7.1.1 计算机网络概述

1. 计算机网络的定义

计算机网络是在网络协议的控制下，通过通信设备和线路将分布在不同地理位置且具有独立功能的多个计算机系统连接起来，通过网络操作系统等网络软件实现数据通信和资源共享。计算机网络是计算机技术与通信技术相结合的产物。计算机网络示意如图 7.1 所示。

计算机网络需要从以下三个方面理解。

1）自主：网络上的计算机没有主从关系，所有计算机都是平等、独立的。

2）互联：计算机之间通过通信信道相连，实现信息传输。

3）协议：计算机之间要通信交换信息，彼此就需要有某些约定和规则。

2. 计算机网络的功能

计算机网络的功能主要体现在三个方面：信息交换、资源共享和分布式处理。

（1）信息交换

信息交换是计算机网络最基本的功能，为分布在各地的用户提供了强有力的通信手段。用户可以在网络上传送电子邮件，发布新闻消息，进行电子购物、电子贸易、远程教育等，极大地方便了用户，提高了工作效率。

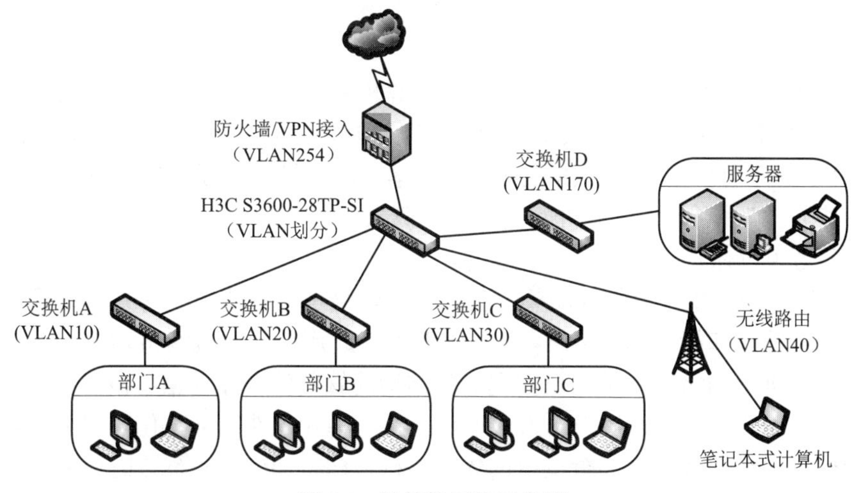

图 7.1　计算机网络示意图

（2）资源共享

网络上的计算机不仅可以使用自身的资源，也可以共享网络上的资源。这里的资源是指构成网络系统的所有要素，包括软件、硬件和数据资源。共享是指网络用户能够部分或全部享受这些资源。例如，在硬件方面，可以在全网范围内提供对处理资源、存储资源、输入输出资源等的共享，如巨型计算处理、具有特殊功能的处理部件、大型绘图仪及大容量的外部存储器等，以提高硬件的利用率，从而使用户节省投资费用，也便于集中管理，均衡分担负荷。在软件方面，允许互联网上的用户远程访问各种类型的数据库，可以得到网络文件传送服务等。提高软件的利用率，从而可以避免软件研发上的重复劳动及数据资源的重复存储，也便于集中管理。

（3）分布式处理

一项复杂的任务可以划分为多个部分，由网络内各计算机分别完成有关部分，以增强系统的性能。例如，当某台计算机负担过重，或该计算机正在处理其他工作，网络可将新任务转交给空闲的计算机来完成，以均衡各计算机的负载，提高处理问题的实时性。又如，对大型复杂问题，可将问题各个部分交给不同的计算机分别处理，充分利用网络资源，扩大计算机的处理能力。这就是分布式处理的含义。

3. 计算机网络的发展

计算机网络于 20 世纪 60 年代起源于美国，起初用于军事通信，后逐渐进入民用，经过不断发展和完善，现已广泛应用于各个领域，并正以高速向前迈进。纵观计算机网络的发展，大致可划分为以下四个阶段。

（1）诞生阶段

诞生阶段是远程终端联机阶段，时间可以追溯到 20 世纪 50 年代末。当时，人们把计算机网络定义为“以传输信息为目的而连接起来，实现远程信息处理或进一步达到资源共享的系统”。这种以单个主机为中心的联机系统称为面向终端的远程联机系统，这样的通信系统已具备网络的雏形。

（2）形成阶段

20世纪60年代中期至70年代的第二代计算机网络是以多个主机通过通信线路互联起来，为用户提供服务的，典型代表是美国国防部高级研究计划局协助开发的ARPANET。这个时期网络为“以能够相互共享资源为目的互联起来的具有独立功能的计算机之集合体”，形成了计算机网络的基本概念。

（3）互联互通阶段

20世纪70年代末至90年代的第三代计算机网络是具有统一的网络体系结构并遵循国际标准的开放式和标准化的网络。ARPANET 兴起后，计算机网络发展迅猛，各大计算机公司相继推出网络体系结构及实现这些结构的软硬件产品。由于没有统一的标准，不同厂商的产品之间互联很困难，人们迫切需要一种开放性的标准化实用网络环境。这样应运而生了两种国际通用的最重要的体系结构，即 TCP/IP 体系结构和国际标准化组织的 OSI 体系结构。

（4）高速网络技术阶段

20 世纪 90 年代末至今的第四代计算机网络，由于局域网技术发展成熟，出现了光纤及高速网络技术、多媒体网络、智能网络等，整个网络就像一个对用户透明的大的计算机系统。这个阶段的重要标志是 20 世纪 80 年代的 Internet（因特网）的诞生。

7.1.2 计算机网络的组成与分类

1. 计算机网络的组成

计算机网络由网络硬件和网络软件两部分组成。网络硬件是网络运行的实体，其性能对网络具有决定性的作用。网络软件是支持网络运行，开发网络资源使用效率，挖掘网络潜力的工具。

（1）网络硬件

网络硬件包括客户机、服务器、网卡、互联设备和传输介质。其中，客户机是指用户上网使用的计算机，也可以称作网络工作站或主机；服务器是指提供某种网络服务的计算机，由运算功能强大的计算机担任；网卡即为网络适配器，是计算机与传输介质连接的接口设备；互联设备包括集线器、中继器、网桥、交换机、路由器、网关等；传输介质包括有线介质和无线介质两种，目前使用的有线介质有双绞线、同轴电缆、光纤，无线介质有微波和卫星。

（2）网络软件

网络软件包括网络传输协议、网络操作系统、网络管理软件和网络应用软件四个部分。

1）网络传输协议：连入网络的计算机必须共同遵守的规则和约定，它是网络数据传送与资源共享能够顺利完成的保证。

2）网络操作系统：网络用户和计算机网络之间的接口，用来实现网络资源的共享、数据传输、网络管理和安全控制，以保证用户方便有效地使用网络资源。网络操作系统一般具有以下功能：网络服务、安全控制服务、错误检测和处理、网络通信环境支撑、网络运行管理和监控等。较为常见的网络操作系统有微软公司的 Windows 操作系统，Novell 公司的 Netware 操作系统、UNIX 操作系统和 Linux 操作系统等。

3）网络管理软件：能够完成网络管理功能的网络管理系统，简称网管系统。它的功能是对网络参数进行测量与控制，优化网络性能，以保证用户安全、稳定、正常地得到网络服务。

4）网络应用软件：能够使用户在网络上完成具体功能的工具软件。网络应用软件可以分为两类，一类是网络软件开发商开发的通用型网络软件，如 Web 浏览器、电子邮件收发软件等；另一类是基于不同用户的业务需求开发的用户业务专用软件，如大型数据库软件、办公自动化软件和企业 ERP 软件等。

2. 计算机网络的分类

计算机网络类型的划分方法有多种，每种分类标准只能从一方面反映网络的特性。例如，根据网络覆盖的地理范围分类，根据网络使用的传输技术分类，根据网络的拓扑结构分类，根据网络协议分类等。下面介绍按照网络覆盖的地理范围和网络的拓扑结构的分类方法。

（1）根据网络覆盖的地理范围分类

按照从地理范围划分，计算机网络可以划分为局域网（local area network，LAN）、城域网（metropolitan area network，MAN）和广域网（wide area network，WAN）三种。

1）局域网。局域网指覆盖在较小的局部区域范围内，将内部的计算机、外部设备互连构成的计算机网络。一般常见于一间房间、一幢大楼、一个学校或者一个企业园区，它所覆盖的范围较小，一般在几米到 10km。局域网具有数据传输速率高、误码率低、组网容易、成本低、易维护管理、使用灵活方便等特点。

2）城域网。城域网的规模局限在一座城市的范围内，一般是一个城市内部的计算机互连构成的城市地区网络。城域网比局域网覆盖的范围更广，连接的计算机更多，可以说是局域网在城市范围的延伸。这种网络的连接距离为 10～100km 的区域。城域网可以满足多个局域网的互联需求，以实现大量用户之间的信息传输。

3）广域网。广域网也称远程网，其覆盖的地理范围更广，一般由不同城市和不同国家的局域网、城域网互联构成。网络覆盖跨越国界、洲界，甚至遍及全球范围。广域网是通过电话交换网、微波、卫星通信网或它们的组合信道进行通信，将分布在不同地区的计算机系统互联起来，达到资源共享的目的。

局域网是组成其他两种类型网络的基础，城域网一般加入了广域网，广域网的典型代表是 Internet。

（2）根据网络的拓扑结构分类

网络的拓扑结构是抛开网络物理连接来讨论网络系统的连接形式，网络中各站点相互连接的方法和形式称为网络拓扑。拓扑图给出网络服务器、工作站的网络配置和相互间的连接，它的结构主要有星形结构、总线型结构、环形结构、树形结构、网状结构、蜂窝状结构和混合型结构等。

1）星形结构。星形结构是指以中央结点为中心，所有接入网络的设备都与中央结点直接相连，各结点之间必须通过中央结点进行通信。它具有如下特点：结构简单，便于管理；控制简单，便于组建局域网；网络延迟时间较小，传输误差较低。但缺点也是明显的：成本高、可靠性较低、中央结点负载较重。

2）总线型结构。总线型结构是指所有接入网络的设备均连接到一条公用通信传输线路上，传输线路上的信息传递总是从发送信息的结点开始向两端扩散。为了防止信号在线路终端发生反射，需要在两端安装终结器。总线型结构的网络特点如下：结构简单，可扩充性好；使用的电缆少，且安装容易。缺点是网络维护难，分支结点故障查找困难。局域网大多采用此类结构。

3）环形结构。环形结构由网络中所有结点通过点到点的链路首尾相连形成一个闭合的环，这种结构使公共传输电缆组成环形连接，数据在环路中沿着一个方向在各个结点间传输，信息从一个结点传到另一个结点。环形结构网络特点如下：信息流在网络中是沿着固定方向流动的，传输控制简单、实时性强，但是可靠性差，不便于网络扩充。

4）树形结构。树形结构是分级的集中控制式网络，结点按层次进行连接，有分支、根结点、叶子结点等。这种结构可以看作星形结构的一种扩展，与星形结构相比，它的通信线路总长度短，成本较低，结点易于扩充，寻找路径比较方便。它主要适用于汇集信息的应用。

5）网状结构。网状结构没有明显的连接规则，结点的连接是任意的。在网状结构中，网络的每台设备之间均有点到点的链路连接。这种连接安装复杂、成本较高，但系统可靠性高，容错能力强。广域网基本采用网状结构。

6）蜂窝状结构。蜂窝状结构是无线局域网中常用的结构。它以无线传输介质（微波、卫星、红外等）点到点和多点传输为特征，是一种无线网，适用于城市网、校园网、企业网。它是星形结构与总线型结构的结合体，克服了星形网络分布空间限制问题。

7）混合型结构。混合型结构是由星形结构和总线型结构的网络结合在一起的网络结构，这样的拓扑结构更能满足较大网络的拓展，解决星形网络在传输距离上的局限，又解决了总线型结构在连接用户数量上的限制。这种网络拓扑结构同时兼顾了星形结构与总线型结构的优点，在缺点方面得到了一定的弥补。这种网络拓扑结构主要用于较大型的局域网中。

7.1.3 计算机网络协议与体系结构

1. 协议的定义及组成要素

协议是指网络中的计算机在通信时对传送信息的理解、信息表示的形式及各种应答信号所应遵循的共同约定，即事先规定的通信规则和标准。这些规则和标准规定了网络结点同层对等实体之间交换数据及控制信息的格式和时序。

计算机网络各结点之间要不断交换数据和控制信息，保证数据交换的顺利进行，每个节点都必须遵守网络协议。一般来说，协议由语法、语义、时序三个要素所组成。语法确定通信双方之间数据和控制信息的数据结构及格式；语义确定发出何种控制信息，以及执行的动作和做出的反应；时序确定事件的实现顺序及速度匹配。

2. 计算机网络的体系结构

计算机网络是一个非常复杂的系统，相互通信的两台计算机的系统必须高度协调工作。为降低网络设计的复杂性，计算机网络协议采用分层结构，每层协议完成特定的功能，下一层为上一层提供服务，各层之间的协议总和称为体系结构。早在最初的 ARPANET 设计时就已经提出了网络分层体系结构的概念。

20 世纪 70 年代，计算机网络发展很快，种类繁多。1974 年，国际商业机器公司（international business machine，IBM）宣布了它研制的系统网络体系结构 SNA（system network architecture），后来其他公司又提出了十几种网络体系结构。这些商用网络体系结构的出现使得同一个公司生产的各种设备可以很容易互联成网，但若采用两个不同公司的产品，会由于网络体系结构的不同，很难互相连通。这就意味着采用不同网络体系结构的网络之间无法互连和互操作。

全球经济的发展使得采用不同网络体系结构的用户迫切要求互相交换信息。为了在更大范围内共享网络资源和相互通信，人们急需一个可以共同参照的标准，使得不同公司的软硬件资源和设备能够互连和互操作。为此国际标准化组织于 1977 年建立了信息技术委员会 TC97 来专门研究该问题，不久，就提出了一个试图使各种计算机在世界范围内互联成网的网络体系结构的七层参考模型，即著名的开放系统互联参考模型（open systems interconnection reference model，OSI/RM），简称 OSI。

“开放”这个词表示：只要遵循 OSI 标准，一个系统可以和位于世界上任何地方的、也遵循 OSI 标准的其他任何系统进行连接。模型提出的目的是实现基于不同设备但又相互开放的网络之间互连，因此又称为开放式系统互联模型。遵照这个共同的开放模型，各个网络产品生产厂商就可以开发兼容的网络产品。

OSI 参考模型将计算机网络划分为七层，由下至上依次是物理层、数据链路层、网络层、传输层、会话层、表示层和应用层，如图 7.2 所示。通过 OSI 各层，信息可以从一台计算机的应用程序传输到另一台的应用程序上。例如，计算机 A 要将信息从其应用程序上发送到计算机 B 的应用程序，计算机 A 中的应用程序需要将信息先发送到它本身的应用层（第七层），然后此层将信息发送到表示层（第六层），表示层将数据转送到会话层（第五层），如此继续，直至物理层（第一层）。在物理层，数据通过物理网络媒体被传输，并且被发送至计算机 B。计算机 B 的物理层接收来自物理网络媒体的数据，然后将信息向上发送至数据链路层（第二层），再转送给网络层，依次继续直到信息到达计算机 B 的应用层。最后，计算机 B 的应用层再将信息传送给应用程序接收端，从而完成通信过程。

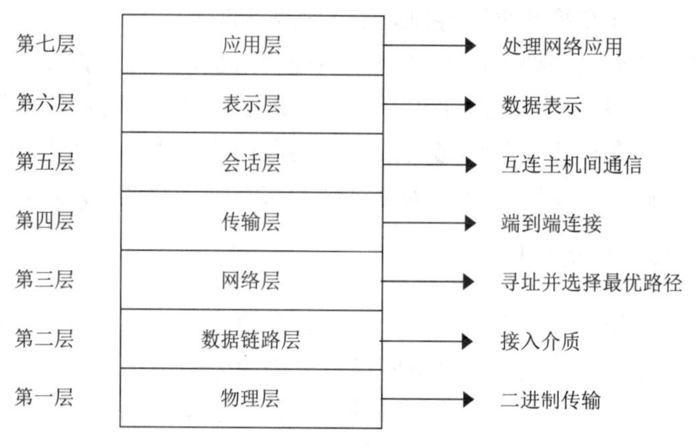

图 7.2　OSI 参考模型

（1）物理层

物理层是 OSI 的第一层，传送的是原始的二进制比特流，它是整个开放系统的基础。物理层为设备之间的数据通信提供传输媒体及互联设备，为数据传输提供可靠的环境。

（2）数据链路层

在物理媒体上传输的数据难免受到各种不可靠因素的影响而产生差错，为了弥补物理层上的不足，为上层提供无差错的数据传输，就要对数据进行检错和纠错。数据链路的建立、拆除，以及对数据的检错、纠错是数据链路层的基本任务。链路层的数据传输单元是帧。

（3）网络层

网络层负责为网络上的不同主机提供通信服务。网络层最重要的一个功能是将数据设法从源端传送到目的端，从而向传输层提供最基本的端到端的数据传送服务。网络层的目的是实现两个端系统之间的数据透明传送，具体功能包括寻址和路由选择、连接的建立、保持和终止等。

（4）传输层

传输层也称为运输层，是两台计算机经过网络进行数据通信时，第一个端到端的层次，它为上层用户提供端到端的、可靠的数据传输服务。同时，传输层还具备差错恢复、流量控制等功能，以提高网络的服务质量。传输层的数据传输单元是数据段。

（5）会话层

会话层为应用建立和维持会话，并能使会话获得同步。会话层使用校验点可保证通信会话在失效时从校验点继续恢复通信。会话层同样要担负应用进程服务要求，实现对话管理、数据流同步和重新同步。

（6）表示层

表示层为上层用户提供数据或信息的语法、格式转换，实现对数据的压缩、恢复、加密和解密。同时，由于不同的计算机体系结构使用的数据编码并不相同，在这种情况下，不同的体系结构的计算机之间的数据交换，需要会话层来完成数据格式转换。

（7）应用层

应用层是 OSI 参考模型的最高层，是网络操作系统和网络应用程序之间的接口，向应用程序提供服务。

在提出 OSI/RM 后，TC97 分别为它的各层制定了协议标准，从而使 OSI 网络体系结构更为完善，已被作为国际上公认的网络标准协议，但是由于过于复杂、难以实现，因此并没有被广泛应用。

3. TCP/IP

各种计算机网络通常都有各自环境下的网络通信协议。TCP/IP 即传输控制协议（TCP）和 Internet 协议（IP），它是 Internet 采用的协议标准，也是目前全世界采用的最广泛的工业标准。TCP/IP 协议成功地解决了不同网络之间互连的问题，实现了异构网络的互联。TCP/IP 实际上是由若干层协议组成的集合，它的分层思想与 OSI 参考模型一致，整个协议分成四个层次结构，即应用层、传输层、国际互联层和网络接口层，如图 7.3 所示。

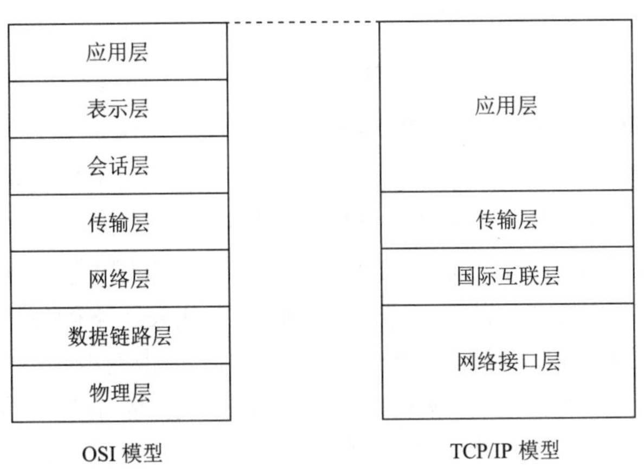

图 7.3　TCP/IP 参考模型

TCP/IP 协议族包括多种协议，如应用层的简单邮件传输协议 SMTP、文件传输协议 FTP、超文本传输协议 HTTP、远程登录标准协议 TELNET 等，而 TCP 和 IP 是保证数据完整传输的两个最基本的重要协议。因此，通常用 TCP/IP 代表整个 Internet 协议系列。TCP/IP 协议既可以在局域网内部应用，也可以在广域网应用，是目前应用最为广泛的协议。

7.1.4　计算机网络设备与传输介质

1. 连接设备

连接设备是指将网络中的通信线路连接起来的各种设备。下面对一些主要设备做简要介绍。

（1）网卡

网卡（图7.4）又称为网络适配器，是计算机网络中最重要的连接设备。网卡连接在计算机的主板上，用来实现与主机总线的通信连接，解释并执行主机的控制命令，实现对发送信号的传输、侦听与接收信号等，以及形成数据帧、差错校验、发送接收等功能。

图7.4　网卡

网卡代表固定的网络地址。网络数据从一台计算机传输到另外一台计算机时，也就是从一块网卡传输到另一块网卡，即从源网络地址传输到目的网络地址。在每块网卡中都内置了一组代码，这组代码被称为MAC（网卡）地址，其由12个十六进制数组成，每个十六进制数长度为4bit，总长48bit。每两个十六进制数之间用冒号隔开，如“08:00:20:0A:8C:6D”。其中，前6个数“08:00:20”代表网络硬件制造商的编号，后6个数“0A:8C:6D”代表该制造商所制造的网卡系列号，每个网卡都必须具有唯一的MAC地址。查看MAC地址的方法：在Windows 7界面下，按Win+R组合键弹出“运行”对话框，输入“cmd”后按Enter键，在出现的命令提示符界面中输入“ipconfig/all”后按Enter键，可以看到本台计算机上网卡的MAC地址。

在无线网络中，计算机使用的是无线网卡，其功能与普通计算机网卡一样，是用来连接局域网的。无线网卡只是一个信号收发的设备，只有在找到上互联网的出口时才能实现与互联网的连接，必须在已布有无线局域网的范围内使用。无线网卡根据接口不同，主要有PCMCIA卡、PCI卡、USB卡等几类产品。其中，PCI卡主要用于台式机，可以直接插在台式机主板的PCI插槽中；PCMCIA主要用于笔记本式计算机，该卡支持“热插拔”功能，可以在计算机开机状态下安装和卸载；USB无线网卡则既可以用于笔记本式计算机，又可以用于台式机，具有即插即用、携带方便、使用灵活等特点。还有一种称为无线上网卡的设备，其功能相当于有线的调制解调器，它可以在有无线电话信号覆盖的任何地方，利用手机的SIM卡连接到互联网。

（2）中继器

中继器是一种连接网络线路的装置，常用于两个网络结点之间物理信号的双向转发工作。中继器是最简单的网络互联设备，负责在两个结点的物理层上按位传递信息，将传入信号放大整形后，再转发出去，以此来延长网络的距离。由于存在损耗，在线路上传输的信号功率会逐渐衰减，衰减到一定程度时将造成信号失真，因此会导致接收错误。中继器就是为解决这一问题而设计的。

（3）集线器

集线器的主要功能是对接收到的信号进行再生整形放大，以扩大网络的传输距离。它在 OSI 参考模型第一层，即“物理层”工作。集线器采用广播方式发送数据，也就是说当它要向某结点发送数据时，不是直接把数据发送到目的结点，而是把数据包发送到与集线器相连的所有结点。

（4）交换机

从工作原理看，交换机与网桥一样，都是工作在 OSI 模型的第二层的网络互连设备，它具有多端口，而每个端口都具有桥接功能，根据传输的数据帧的网卡地址来判别转发帧。从这一点来说，交换机就是多端口的网桥。但交换机与网桥相比，具有很多更强的特性，如提供全双工通信、流量控制和网络管理等功能。交换机可以直接替换现有的网络中的集线器，使得网络具有更高的性能。

（5）路由器

路由器是工作在 OSI 模型的第三层的网络互联设备，它的最重要的功能就是寻址，即为传输的每个 IP 报文寻找一条从源端到目的端之间的最优传输路径。路由器支持各种局域网和广域网接口，主要用作局域网和广域网的接口设备，实现不同网络之间的互相通信。同时，路由器具有网络管理、安全监控功能。

（6）网关

网关通过使用适当的硬件和软件，实现不同网络协议之间的转换功能。硬件用来提供不同网络的接口，软件实现不同的互联网协议之间的转换。

2. 传输介质

传输介质是通信网络中发送方和接收方之间的物理通路。计算机网络通信中常用的传输介质分为有线和无线两类。常见的有线传输媒介包括双绞线、同轴电缆、光纤等；无线传输媒介有微波、超声波及人造卫星等。

（1）有线传输

1）双绞线。双绞线是最常用的传输介质，由两条相互绝缘的铜线组成，典型直径为 1mm。两根线铰接在一起是为了防止其电磁感应在邻近线对中产生干扰信号。现行双绞线电缆中一般包含四个双绞线对。双绞线价格便宜，易于安装使用，具有较好的性价比，但是在传输速率和传输距离上有一定的限制。

双绞线分为屏蔽双绞线（shielded twisted pair，STP）和非屏蔽双绞线（unshielded twisted pair，UTP，图 7.5）。屏蔽双绞线在双绞线外层包有金属屏蔽层，对电磁干扰具有较强的抵抗能力，适用于网络流量较大的高速网络协议应用，但是价格比非屏蔽双绞线贵。

双绞线根据性能又可分为 5 类、6 类和 7 类，现在常用的为 5 类非屏蔽双绞线。双绞线最多应用于以太网（Ethernet）中。双绞线接头为具有国际标准的 RJ-45 连接器（俗称水晶头），以便与网络设备连接，如图 7.6 所示（左图为 RJ-45 连接器，右图为已经连接网线的 RJ-45 连接器）。

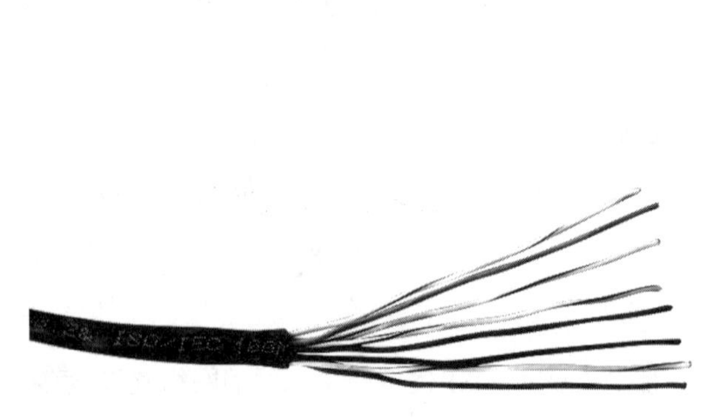

图 7.5 非屏蔽双绞线

图 7.6 RJ-45 连接器

2）同轴电缆。同轴电缆是局域网常用的传输介质之一。同轴电缆由内外两个导体构成，内导体是一根铜质导线或多股铜线，外导体是圆柱形铜箔或用细铜丝纺织的圆柱形网，内外导体之间用绝缘物充填。同轴电缆的组成由里往外依次是由铜芯、塑胶绝缘层、细铜丝组成的网状导体及塑料保护膜。铜芯与网状导体同轴，故名同轴电缆，如图 7.7 所示。

局域网中常用的同轴电缆分为粗缆和细缆两种，粗缆的传输性能优于细缆。在传输速率为 10Mb/s 时，粗缆网段传输距离可达 500m，细缆传输距离为 185m。

3）光纤。光纤用光导纤维作为信息传输介质，传输信息时先把电信号转换成光信号，接收后再把光信号转换成电信号。光纤的制作材料为能传送光波的超细玻璃纤维，外包一层比玻璃折射率低的材料。进入光纤的光波在两种材料的界面上形成全反射，从而不断地向前传播。

光纤电缆的芯线一般是直径为 0.11μm 的石英玻璃丝，它具有宽带域信号传输的功能及重量轻的特点。由终端发送的信息，先经光发送器的元件，将电信号转换成光的强弱变化信号，再传送到光纤光缆上传输。在接收端，由光接收器中的感光元件将光纤光缆上传输的光信号还原为电信号，再输给计算机进行处理，如图 7.8 所示。

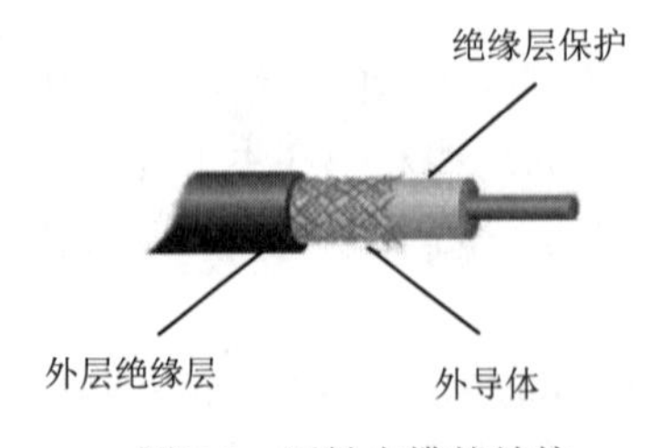

图 7.7 同轴电缆的结构

图 7.8 光纤

光纤通信具有信息量大、重量轻、体积小、可靠性好、安全保密性好、抗电磁干扰能力强、误码率低等优点。光纤可携带巨量信息做较长距离的迅速传递，并且其通信容量是没有限制的。

随着光器件、各种光复用技术和光网络协议的发展，光传输系统的容量已从Mb/s级发展到Tb/s级。光通信技术的发展主要有两个大的方向：一是主干传输向高速率、大容量的光传送网（optical transport network，OTN）发展，最终实现全光网络；二是接入向低成本、综合接入、宽带化光纤接入网发展，最终实现光纤到家庭和光纤到桌面。全光网络是指光信息流在网络中的传输及交换始终以光的形式实现，不再需要经过光/电、电/光变换，即信息从源结点到目的结点的传输过程中始终在光域内。

（2）无线传输

无线传输常用于一些不便于安装有线介质、覆盖面积较大的特殊地理环境，是实现在运动中通信的唯一手段。在无线传输中，微波通信使用较多，此外还有卫星通信、激光通信和红外线通信等。

在移动通信系统技术领域共经历了五代：第一代移动通信标准简称1G，技术种类为AMPS，也就是类比式移动电话系统，是最早期的移动电话系统，它主要提供一般语音通信服务，如大哥大；第二代移动通信技术为2G，语音加低速数据业务，基本是电话和短信；第三代通信技术为3G，具有更快的网速，可以提供网页浏览、音乐等基本业务；第四代通信技术为4G，具有100Mb/s以上的下载速度，能流畅进行视频、电话会议等；第五代通信技术为5G，是最新一代的蜂窝移动通信技术，特点是广覆盖、大连接、低延时、高可靠，与4G相比，其速度更快，网络连接更稳定，更关注用户体验。

目前，我们使用的4G系统是以宽带多媒体业务为基础，可在不同的网络间无缝连接，同时网络可以自行组织，终端可以重新配置和随身携带，是一个包括卫星通信在内的端到端的IP系统，可与其他技术共享一个IP核心网。

7.2　Internet基础

Internet也译作国际互联网，它是由全球众多的网络互连而成的全球最大的开放式计算机网络。Internet是全球最大的信息资源库，这些信息资源涉及人类社会从事的各个领域、各个行业和各种社会服务，成为当代信息社会的重要支柱。任何计算机系统和计算机网络只要遵守TCP/IP协议，就可以连入Internet，方便快捷地获取信息。

7.2.1　Internet概述

Internet最早源于美国国防部高级研究计划署建立的ARPANet的计算机网络，该网络于1969年投入使用，主要用于科学研究和军事领域。最初，Internet仅涉及几十个站点的研究项目，今天，Internet已经连接着世界上几乎所有国家和超过几十亿人口。

1989年，我国筹建了北京中关村地区计算机网络，该网络由北京大学、清华大学和中国科学院三个子网互联构成。1994年5月，它作为我国第一个互联网与Internet连通，使中国成为加入Internet的第81个国家。目前，我国有以下四大主干网络，各自都拥有与互联网连接的独立的国际出口。

1）中国科学技术网（CSTNet），其为非营利、公益性网络，主要为科技界、科技管理部门、政府部门和高新技术企业服务。

2）中国教育和科研计算机网络（CERNet），其是由政府资助的全国范围的教育与学术网络，最终目标是要全国所有的大学、中学和小学通过网络连接起来。

3）中国公用计算机互联网（CHINANet），其是中国公用 Internet 主干网，并向社会提供服务。目前，CHINANet 已经发展成一个采用先进网络技术，覆盖国内所有省份和几百个城市、拥有数百万用户的大规模商业网络。

4）中国金桥信息网（CHINAGBN），其是面向企业的网络基础设施，是中国可进行商业运营的公用互联网。CHINAGBN 实行天地一网，即天上卫星网和地面光纤网互联互通，互为备用，可覆盖全国各省市和自治区。

二十几年来，互联网在中国蓬勃发展。互联网用户数、国际顶级域名注册量等各项指标，中国均位居世界第一位。Internet 已经改变并且仍在不断改变着我们的生活方式：学生可以接受远程的高等教育；医学专家可以异地会诊；农民可以对几个月后收获的农作物通过轻点鼠标进行期货交易；科学文化资讯、典藏书籍可以被全球共享……网络交际使我们的社会交往空间呈几何级数地扩展。

7.2.2 Internet 的地址和域名服务

Internet 连接着数千万台计算机，无论是发送电子邮件、浏览 WWW 网页、下载文件还是远程登录，计算机之间都要交流信息，所以必须有一种方法来识别它们。Internet 上的每台计算机都有一个唯一的标识，即 Internet protocol 地址（IP 地址）。IP 地址分为 IPv4 与 IPv6 两个版本。

1. IPv4 地址

Internet 上的每台主机均被分配了唯一的一个 IP 地址，它定义了基于 TCP/IP 协议的计算机和网络所使用的网络地址。目前使用的 IP 地址分配方案是 IPv4 版本，IPv4 地址是一个 32 位的二进制数字标识，共四个字节。

为了便于 Internet 用户和管理者使用，IPv4 地址采用十进制数表示。在十进制表示中，IPv4 地址的四个字节由四个数组成，每个数的取值范围为 0～255，每组数之间用“.”分开。例如，190.106.0.97 就是一个有效的 IP 地址，而 266.35.43.6 则是一个无效的 IP 地址。

按照规定，IPv4 地址的四段分成主机号部分和主机所在的网络号部分。IPv4 地址的设计者将 IP 地址划分为五个不同的类别，如表 7.1 所示，其中 A、B、C 类地址最为常用。

表 7.1 IPv4 地址分类

类别	第一段数值	地址范围	应用
A 类地址	1～126	1.0.0.0～126.0.0.0	有大量主机的大型网络
B 类地址	128～191	128.0.0.0～191.255.255.255	中型计算机网络
C 类地址	192～223	192.0.0.0～223.255.255.255	小型计算机网络
D 类地址	224～239	224.0.0.0～239.255.255.255	多播地址

E 类地址	240～255	240.0.0.1～254.255.255.254	保留未用

从表 7.1 中可以看出，对于 Internet IPv4 地址中有特定的专用地址不做分配。

1）主机地址全为“0”。不论哪一类网络，主机地址全为“0”表示指向本网，常用在路由表中。

2）主机地址全为“1”。主机地址全为“1”表示广播地址，向特定的所在网上的所有主机发送数据包。

3）4 字节 32 比特全为“1”。若 IP 地址 4 字节 32 比特均为“1”，表示仅在本网内广播发送。

4）TCP/IP 协议规定网络号 127 不可用于任何网络。其中有一个特别地址 127.0.0.1 称为回送地址（Loopback），它将信息通过自身的接口发送后返回，可用来测试端口状态。

2. 子网掩码

子网掩码是指一个 32 位的二进制地址与 IP 地址结合使用。它的主要作用有两个，一是用于屏蔽 IP 地址的一部分，以区别网络号和主机号，并说明两个 IP 地址是在同一网段上，且在远程网上；二是用于将一个大的 IP 网络划分为若干小的子网络。

子网掩码一共分为两类。一类是默认子网掩码，另一类是自定义子网掩码。默认子网掩码即未划分子网，对应网络号的二进制位都置“1”，主机号的二进制位都置“0”，见表 7.2 所示。

表 7.2 常见网络默认子网掩码

分类	默认子网掩码
A 类网络	255.0.0.0
B 类网络	255.255.0.0
C 类网络	255.255.255.0

将一个网络划分为几个子网，每一子网需要使用不同的子网号，实际做法是将 IP 地址的主机号分为两个部分：子网号、子网主机号，形式如下。

未做子网划分的 IP 地址：网络号＋主机号。

做子网划分后的 IP 地址：网络号＋子网号＋子网主机号。

也就是说，IP 地址在划分子网后，以前的主机号的一部分给了子网号，余下的是子网主机号。自定义子网掩码时，网络号和子网号均置“1”，子网主机号全置“0”。这样就可以利用子网掩码判断两台主机是否在同一子网中。若两台主机的 IP 地址分别与它们的子网掩码做“与”（and）运算后的结果相同，则说明这两台主机在同一子网中。

划分子网时，随着子网地址借用主机号位数的增多，子网的数目随之增加，而每个子网中的可用主机数逐渐减少。以 C 类网络为例，原有 8 位主机号、256 个主机地址。借用 1 位主机号，可划分产生 2 个子网，每个子网有 126（128-2）个主机地址；借用 2 位主机号，产生 4 个子网，每个子网有 62（64-2）个主机地址。每个网中，第一个 IP 地址（主机号全为 0 的 IP）和最后一个 IP 地址（主机号全为 1 的 IP）不分配给主机使用，所以每个子网的可用 IP 地址数为总 IP 地址数减去 2。

3. IPv6 地址

目前使用的 IPv4 技术的最大问题是网络地址资源有限，从理论上讲，可编址 1600 万个网络、40 亿台主机，采用 A、B、C 三类编址方式后，可用的网络地址和主机地址数目还会减少，以致目前的 IP 地址近乎枯竭。IP 地址不足，严重地制约了我国及其他国家互联网的应用和发展。

IPv6 是 IPv4 的升级版本。IPv6 处在不断发展和完善的过程中，即将取代目前被广泛使用的 IPv4，使每个人拥有更多的 IP 地址。这样不仅能解决互联网 IP 地址的大幅短缺问题，还能够降低互联网的使用成本。

从 IPv4 到 IPv6 最显著的变化就是网络地址的长度。IPv6 采用 128 位地址长度，几乎可以不受限制地提供地址；如果说 IPv4 实现的只是人机对话，而 IPv6 则扩展到任意事物之间的对话，它不仅可以为人类服务，还将服务于众多硬件设备，如家用电器、传感器、远程照相机、汽车等，它将无时不在、无处不在地深入社会每个角落。

IPv6 地址为 128 位长度，通常记作 8 组，每组为四个十六进制数的形式，中间用冒号分隔。例如：

FE80:0000:0000:0000:AAAA:0000:00C2:0002

这是一个合法的 IPv6 地址。

这个地址看起来太长，可以采用“零压缩法”缩减其长度。如果几个连续段位的值都是 0，那么这些 0 就可以简单地以“::”来表示，上述地址就可以写成 FE80::AAAA:0000:00C2:0002。这里要注意的是只能简化连续段位的 0，且只能用一次。在上例中的 AAAA 后面的 0000 就不能再次简化。当然也可以在 AAAA 后面使用“::”，这样做时前面的 12 个 0 就不能被压缩。这个限制的目的是能准确还原被压缩的 0，否则无法确定每个“::”代表多少个 0。例如：

2001:0DB8:0000:0000:0000:0000:1428:0000

2001:0DB8:0:0:0:0:1428:0000

2001:0DB8::1428:0000

以上三个都是合法的地址，并且它们是等价的。但 2001:0DB8::1428::是非法的。另外，每组数字中前导的零可以省略，因此地址 2001:0DB8:02de::0e13 等价于 2001:DB8:2de::e13。

4. 域名

以数字串形式表示的 IP 地址，缺乏直观性，难以记忆。为了解决这一问题，引入了字符形式的域名来标识 Internet 中的地址，域名可以是英文字符，也可以是中文字符。

Internet 通过域名服务器（domain name server，DNS）把用户输入的便于记忆的字符域名地址翻译成难记的 IP 地址。

每个域名是由圆点分开的几部分构成的，每个组成部分称为子域名。域名采用的是层次结构，从右向左看，各个子域名范围从大到小，分别说明不同国家或地区的名称、组织类型、组织名称、分组织名称和计算机名称等。

例如，某一域名 computerl.lib.sut.edu.cn。其中，顶级域名为 cn 表示中国，子域名 edu 表示教育机构，sut 表示沈阳工业大学，lib 表示图书馆，而最后一级 computerl 则表示这是一台用于图书馆的计算机。各种顶级域名及其含义如表 7.3 所示。

表 7.3　各种顶级域名及其含义

国家或地区顶级域名				通用顶级域名		新增顶级域名	
域名	含义	域名	含义	域名	含义	域名	含义
cn	中国	jp	日本	com	商业组织	firm	公司、企业
hk	中国香港	ch	瑞士	edu	教育机构	store	销售公司或企业
mo	中国澳门	de	德国	gov	政府部门	web	从事与 WWW 相关业务的单位
tw	中国台湾	in	印度	mil	军事机构	art	从事文化娱乐的单位
fr	法国	uk	英国	net	网络服务商	rec	从事休闲娱乐的单位
br	巴西	us	美国	org	非营利组织	info	从事信息服务业务的单位
ca	加拿大	kr	韩国	biz	商业机构	nom	个人

7.2.3　Internet 接入方式

采用何种方式才能与 Internet 连接，这是用户十分关心的问题。Internet 接入方式是指用户采用什么设备，通过何种网络接入 Internet。

1. Internet 服务提供商的作用

随着 Internet 的逐步商业化，Internet 服务业成为越来越大的一门生意。由于租用数据专线与 Internet 主干线连接需要很高的费用，一般用户负担不起，于是，就出现了一些商业机构，他们架设（或租用）某一地区到 Internet 主干线路的数据专线，把位于本地区的接入服务器与 Internet 骨干线连通。这样，本地区的用户就可以通过较为低廉的价格连接该 Internet 接入服务器，然后通过该服务器接入 Internet。这种服务就是 Internet 接入服务。而向广大用户综合提供互联网接入业务、信息业务和增值业务的电信运营商就称为 Internet 服务提供商（ISP）。

目前，国内提供 Internet 接入的 ISP 比较多，较为有影响的有以下几家公司（机构）：中国电信集团公司、中国移动集团、中国联通集团公司等。

2. 有线局域网接入 Internet

通过局域网接入 Internet，一般是使用高速以太网接入。由于以太网已经成功地将速率提升到 10Mb/s～1Gb/s，并且光纤传输所覆盖的地理范围也在逐步扩展，因此人们开始使用以太网进行宽带接入。对于上网用户比较密集的办公楼或者新建居民小区，光纤＋局域网接入是可供选择的理想的宽带接入方式。它将光纤直接接入居民小区和办公大楼的中心机房，然后通过 5 类双绞线与各个用户的终端相连，为广大用户提供高速上网和其他宽带数据服务。采用这种接入方式可以实现百兆甚至千兆带宽到小区、十兆甚至百兆带宽到用户桌面。其具有传输速率高、用户端投资少的特点，可以满足不同层面用户的多种需求。

目前，很多高校、公司及企业建立了本单位的局域网，并将局域网接入 ISP，那么用户只要将自己的计算机通过局域网网卡正确接入局域网，安装 TCP/IP 协议，设置 IP 地址、子网掩码等就可以访问 Internet 资源。

3. 通过 ADSL 接入 Internet

ADSL 技术即非对称数字用户环路技术，就是利用现有的电话线网络，在线路两端加装 ADSL 设备，即可为用户提供高宽带服务。ADSL 接入技术提供上、下行非对称的传输速率（带宽），速率可达到上行 1M/下行 8M，具有较高的性能价格比，较其他接入技术具有独特的技术优势。使用 ADSL 上网不需要占用电话线路，打电话和上网互不干扰。ADSL 技术作为一种宽带接入方式，可以为用户提供宽带网的所有应用业务。目前普通家庭用户大多采用 ADSL 宽带接入方式。

4. 无线局域网接入技术

无线局域网是指不使用任何导线或传输电缆连接局域网，而使用无线电波作为数据传送的媒介，从而使网络的构建和终端的移动更加灵活。无线局域网的基础还是传统的有线局域网，它是有限局域网的扩展和替换。如果一个局域网已经接入 Internet，其他计算机可以通过无线的方式加入该网络并访问 Internet。通常无线局域网的传输距离为几十米至几百米，目前通用的标准是 IEEE 定义的 802.11 系列标准。

目前，许多公共服务场所都提供这种无线接入服务。例如，中国移动无线局域网已经覆盖学校、机场、酒店、商场超市等多种公共场所。无线上网速率可达 1Gb/s，有无线局域网网络覆盖的地方，可以通过智能手机、平板电脑、笔记本式计算机等设备，搜索无线局域网信号，随时自由接入无线网络。

5. 高速无线上网

移动通信技术经过五代的发展，现在已经进入 5G 时代。5G 是指第五代移动通信技术，与 4G、3G、2G 不同的是，5G 并不是独立的、全新的无线接入技术，而是对现有无线接入技术（包括 2G、3G、4G 和 WiFi）的技术演进，以及一些新增的补充性无线接入技术集成后解决方案的总称。

3G 将无线通信与国际互联网等多媒体通信有机地结合在一起，并开辟了新一代移动通信系统。3G 不但提升了移动通信传输声音和数据的速度，而且提供了移动宽带多媒体业务，所以说 3G 实际上是一个宽带的无线网络。

4G 是继 3G 之后的又一次无线通信技术演进，其开发更加具有明确的目标性：提高移动装置无线访问互联网的速度。4G 系统能够以 100Mb/s 的速度下载，上传的速度也能达到 20Mb/s，可以满足几乎所有用户对于无线服务的要求，是一种超高速无线网络，一种不需要电缆的信息超级高速公路。此外，4G 可以在 DSL 和有线电视调制解调器没有覆盖的地方部署，再扩展到整个地区。很明显，4G 有着不可比拟的优越性。

5G 网络的主要优势在于，数据传输速率远远高于以前的网络，最高可达 10Gb/s，比 4G 网络快 100 倍。另一个优点是较低的网络延迟（更快的响应时间），低于 1ms，而 4G 为 30～70ms。由于数据传输更快，5G 网络将不仅仅为手机提供服务，而且还将成为一般性的家庭和办公网络提供商。从某种程度上讲，5G 网络将是一个真正意义上的融合网络，以融合和统一的标准，提供人与人、人与物以及物与物之间高速、安全和自由的联通。

7.2.4　Internet 提供的服务

1. WWW 浏览

万维网（world wide web，WWW）基于超文本（hypertext）技术、使用简单、功能强大的全球信息系统，是 Internet 中发展最快的一项服务。WWW 具有多媒体信息集成功能，向用户提供一个具有声音、动画等多媒体全图形浏览界面。想得到某一专题的信息，只需单击页面关键字或图片，就可以看到通过超文本链接的详细信息。

为了在 Internet 上访问信息，Web 浏览器必须知道采用何种方式到哪里检索何种资源文件。URL 提供了有关的必要信息。统一资源定位器（uniform resource locators，URL）也称网址、Web 地址。用浏览器访问 Internet 中的资源时，使用 URL 来唯一地标识和定位信息的地址。

WWW 通过 HTTP 超文本传输协议向用户提供多媒体信息，信息的基本单位是网页，即 WWW 文件。URL 以协议规范（如“http://”）开头，后跟存放信息的地址。例如，在 Web 浏览器的地址栏输入 http://www.sohu.com（搜狐主页的 URL）即可进入搜狐主页。在地址栏中输入一个 URL 可以进入一个指定的页面；单击一个 URL 生成的超链接可以跳转至某个页面；还可以将感兴趣的页面的 URL 保存在收藏夹中方便以后再重新返回。

2. 收发电子邮件

电子邮件（electronic mail，E-mail）是利用计算机网络进行信息传输的一种现代化通信方式。电子邮件就是电子信件，即依靠计算机网络以电子的形式传送的信件。计算机网络出现不久，电子邮件也随之产生。目前，电子邮件是 Internet 上最重要的信息服务方式，它为世界各地的 Internet 用户提供了一种极为快速、经济和简单的通信方法。

电子邮件与传统的邮政信件相比，其优势为迅速、简便。一般的电子邮件，无论信有多长、路有多远，只要地址正确，连接 Internet 以后，片刻之间就可以传送到收信者那里。此外，电子邮件的使用非常简单，用户可以在世界的任何一个地方通过电子邮箱收发信件，这一点是传统邮政无法做到的。

在 Internet 上传输电子邮件是通过简单邮件传输协议（simple mail transfer protocol，SMTP）和邮局协议（post office protocol，POP）完成的。SMTP 主要负责如何将电子邮件从一台机器传至另外一台机器。POP 目前的版本为 POP3，POP3 负责如何把邮件从电子邮箱中接收到用户的计算机上。

通常 Internet 上的个人用户不能直接接收电子邮件，而是通过申请 ISP 的一个电子邮箱，由 ISP 的邮件服务器负责电子邮件的接收。用户计算机上运行电子邮件的客户程序（如 Outlook），邮件服务器上运行 SMTP 服务程序和 POP3 服务程序，用户通过建立客户程序与服务程序的连接来发送和接收电子邮件。当给客户发送一个电子邮件时，电子邮件首先从用户计算机发送到 ISP 的邮件服务器，再发送到收件人的 ISP 的邮件服务器，最后发送到收件人的个人计算机。

要发送电子邮件必须知道收件人的电子邮件地址，电子邮件地址是以域名为基础的地址。例如，zhangtao@public.bta.net.cn 就是用户 zhangtao 在中国互联网上的电子邮件地址，它由两部分组成，包括用户名“zhangtao”和域名“public.bta.net.cn”，这个电子邮件就是 Internet 上唯一的一个地址，用户不用担心会与他人的电子邮件地址相同，因为域名“public.bta.net.cn”在 Internet 上是唯一的，而在该域中创建的用户名也是唯一的。用户可以通过在 Internet 上申请免费或收费邮箱来获取电子邮件服务。

电子邮件地址的基本格式如下：

用户名@主机域名

其中，用户名常为收信人的姓名的某种缩写形式，用户也可用任意字母串作为用户名；符号“@”可以读成“at”，表示以用户名命名的信箱建立在该符号后面说明的主机上；主机域名就是向用户提供电子邮件服务的计算机主机的域名。

例如，wanggang@pub.net.cn就是表示存在于计算机主机pub.net.cn上的名为wanggang的电子邮箱地址。若用户要发本地邮件（就是说邮件是发给同一主机网络内的其他使用者），即发信方与收信方电子邮件地址的主机域名相同，则写收信人电子邮件地址时可省略“@主机域名”；若是远地邮件，也就是说收发双方的域名不同，这时就必须注明对方的完整电子邮件地址。

3. 搜索引擎

Internet 如同一个信息的海洋，在上面寻找所需要的东西就好像大海捞针。怎样才能快速准确地找到真正所需要的信息呢？从报纸杂志上查阅只能认识一部分，朋友推荐的也只能是他们自己常去的站点，而且 Internet 上的资源在不停地更新变化，如何才能掌握最新、最全面的资料？搜索引擎（search engine）就是解决这个问题的一个有效途径。

搜索引擎是一种特殊的 Internet 资源。它搜集了大量的各种类型网上资源的线索，使用专门的搜索软件，依据用户提出的要求进行查找。它的作用就像生活中的地图一样，为人们指明如何到达想要去的地方；或者像一份电视报一样，便于用来查阅电视节目。

如果按搜索引擎的检索方式来划分，主要分为两种：全文检索和目录索引类检索。全文检索是针对 Internet 上站点中的所有文本的内容进行记录的，当需要检索时，就在记录中查询相关的内容或主题，以查出所需的资料线索。全文检索是真正的搜索引擎，国内外具有代表性的网站有谷歌、百度等。

目录索引类检索就是按站点内容划分为不同的类型，再将大的类型细分为小的范围，如此一级一级地划分，最终形成一种多级目录的网站链接列表。这种检索从严格意义上讲并不是真正的搜索引擎。国内的搜狐、新浪及网易搜索都属于这一类。

4. 文件传输

文件传输协议（file transfer protocol，FTP）的作用是把文件从一台计算机传送到另一台计算机。因此，使用 FTP 可以不管两台计算机的位置，也可以不管它们是如何连接的，甚至可以不管它们是否使用同一操作系统，只要两台计算机使用相同的协议进行通信，就可以使用 FTP 来传送文件。

当用户从授权的异地计算机向本地计算机传输文件时，称为下载（download）；而把本地文件传输到其他计算机上称为上传（upload）。

5. 远程登录

远程登录是 Internet 上颇为广泛的应用之一。可以先登录（注册）到一台主机，然后通过网络，远程登录到任何其他一台网络主机上。远程登录的目的在于访问远地系统的资源。一个本地用户通过远程登录进入远地系统后，远地系统内核并不将它与本地登录加以区分，因此，远程登录和远程系统的本地登录一样，可以访问远地系统权限允许的资源。

在 TCP/IP 网络上，电信网络协议（telecommunication network protocol，Telnet）是标准的提供远程登录功能的应用，几乎每个 TCP/IP 网络都提供这个功能。它能够在不同的操作系统的主机之间运行。Telnet 通过客户进程和服务器进程之间选择协商机制，确定通信双方可以提供的功能特性。

习　题

一、判断题

1. Internet 的拓扑结构是全互联的星形拓扑。（　）
2. 计算机网络是能够通信的计算机系统的集合。（　）
3. 连接成计算机网络的目的是实现资源共享。（　）
4. 计算机网络通信中传输的信号是数字信号。（　）
5. OSI 开放系统互联模型是强制性标准。（　）
6. Internet 中每台计算机的 IP 地址是唯一的。（　）
7. Internet 中每台计算机的域名不是唯一的。（　）
8. Internet 中应用最广泛的协议是 TCP/IP。（　）
9. Wang tao#163.com 是一个正确的电子邮件地址。（　）
10. 202.169.296.12 是一个合法的 C 类 IP 地址。（　）

二、选择题

1. 要使计算机连接到网络中，必须在计算机上安装（　）。
   A. 交换机　B. 网络适配器　C. 集线器　D. 中继器
2. 协议是（　）间的规则和标准。

A．上下层　　B．不同系统
C．实体　　D．不同系统同层对等实体

3. 在 Internet 中，一个 IP 地址由（　　）位二进制组成。
A．16　　B．24　　C．32　　D．8

4. 在下面给出的协议中，TCP/IP 的应用层协议是（　　）。
A．TCP 和 FTP　　B．DNS 和 SMTP
C．RARP 和 DNS　　D．IP 和 UDP

5.（　　）IP 地址是合法的。
A．220.202.199.018　　B．220.202.256.248
C．202.230.261.105　　D．220.202.248P

6. 屏蔽双绞线电缆的电子屏蔽的好处是（　　）。
A．减少信号衰减　　B．减少电磁辐射干扰
C．减少物理损坏　　D．减少电缆的阻抗

7. 在常用的传输介质中，带宽最高、信号传输衰减最小、抗干扰能力最强的传输介质是（　　）。
A．双绞线　　B．同轴电缆　　C．光纤　　D．微波

8. 一台计算机的操作系统为 Windows，已经连入 Internet，则以下说法中唯一正确的是（　　）。
A．该计算机一定安装了调制解调器
B．该计算机一定安装了网络接口卡
C．该计算机一定安装了一部电话
D．该计算机一定安装了 TCP/IP 协议

9. 目前，实际存在与应用的广域网基本采用（　　）。
A．总线型拓扑　　B．环形拓扑　　C．网状拓扑　　D．星形拓扑

10. 计算机网络最突出的特点是（　　）。
A．计算精度高　　B．内存容量大　　C．运算速度快　　D．资源共享

三、填空题

1. 计算机网络是计算机技术和________相结合的产物。
2. 星形拓扑结构适用于________。
3. 计算机网络是一些________计算机系统的集合。
4. 最常见的局域网是________。
5. 计算机网络按作用范围（距离）划分，可分为________、________、________。
6. 网络接口卡也叫________，也就是常说的网卡。网卡是局域网中最基本的部件之一，是连接的硬件设备。
7. ADSL 技术称为________，它作为一种方式，可以为用户提供宽带网的所有应用业务。
8. Internet 地址是层次结构地址，由________和________两部分组成。

9. 超链接不但可以指向网站、网页，还可以指向________地址。

10. DNS 是________的简称，ISP 是________的简称，HTTP 是________的简称。

四、简答题

1. 什么是计算机网络？什么是 Internet？Internet 有哪些服务功能？
2. IP 地址的主要功能是什么？IPv4 地址格式如何规定？

第8章 多媒体技术基础

多媒体技术是利用对计算机文字、图像、声音和视频等信息进行综合处理的一种数字技术，是当代信息技术的重要发展方向之一。多媒体技术改变了人们认识事物的方式和速度，进入了人类生活和学习的各个领域。获取、传递和交换信息是多媒体技术的重要内容。本章介绍多媒体技术的概念及各种多媒体素材的获取方式，主要包括多媒体技术的概念、多媒体计算机硬件系统和软件系统、数字图像、数字音频和数字视频及计算机动画。

8.1 多媒体技术概述

8.1.1 多媒体的概念

信息技术中的媒体（medium）是一种载体，是用于存储或表示信息的手段、方法、工具、设备或装置。在信息技术领域，媒体有媒质和媒介两种含义。媒质是存储信息的物理实体，如磁盘、光盘、磁带、半导体存储器等。媒介是信息的存在和表现形式，主要是指用数字技术描述的文字、图像、声音等。

按照CCITT（国际电报电话咨询委员会）对媒体的分类标准，将媒体分为以下五种类型。

（1）感觉媒体

感觉媒体（perception medium）是能直接作用于人们的感觉器官，从而使人产生直接感觉的媒体，如语音、音乐、各种图像、动画和文本等。

（2）表示媒体

表示媒体（representation medium）是为了传送感觉媒体而研究出来的媒体。借助此种媒体，能更有效地存储或传送感觉媒体，如语音编码、电报码等。

（3）显示媒体

显示媒体（presentation medium）用于通信中，可使电信号和感觉媒体之间产生转换，如输入/输出设备，包括键盘、鼠标、显示器和打印机等。

（4）传输媒体

传输媒体（transmission medium）用于传输某些媒体，如电缆。

（5）存储媒体

存储媒体（storage medium）用于存放某种媒体，如纸张、磁带、磁盘和光盘等。

多媒体（multimedia）一词由来源于 multiple 和 media 的复合，是指两个或两个以上媒体的有机组合，其核心词是媒体。而多媒体技术是指将文字、图形、图像、音频、视频等多种媒体利用计算机进行数字化采集、获取、加工、存储和传播而综合为一体的技术，使信息声、图、文并茂。多媒体技术包括信息数字化处理技术、数据压缩和编码技术、高性能大容量存储技术、多媒体网络通信技术、多媒体系统软硬件核心技术、多媒体同步技术、超媒体技术、超文本技术等，其中信息数字化处理技术是基本技术，数据压缩和编码技术是核心技术。在多数情况下，人们所说的多媒体其实就是多媒体技术。

除了多媒体之外，还存在着超媒体（hyper media）的说法。超媒体是超级媒体的简称。它以多媒体的方式呈现相互链接的文件信息，是利用超链接引用其他不同类型的多媒体文件（音频、图像、动画等）的超文本和多媒体在信息浏览环境下的结合。

8.1.2　多媒体技术的特点

多媒体技术的主要特点可以概括为数字化、交互性、多样化、集成性四个方面。

（1）数字化

数字化是将文字、数字、图形、图像、音频和视频等多种媒体转化成数字设备可以处理的数字信息的过程。数字化后，各类媒体能使用计算机进行存储和传播，而且便于修改和保存。

（2）交互性

交互性是指用户可以与多媒体信息进行交互操作，并能有效地控制和使用信息。与传统信息处理手段相比，它允许用户主动地获取和控制各种信息。

（3）多样化

多样化是指计算机所能处理的信息媒体的多样化，包括图形、图像、动画、声频和视频等多种媒体信息。

（4）集成性

集成性是指以计算机为中心综合处理多种信息媒体，包括信息媒体的集成和处理这些媒体的硬件、软件的集成。

8.1.3　多媒体数据的类型

多媒体技术处理的信息包括以下几种类型。

（1）文本

文本是由文字编辑软件处理的文本文件，由数字、英文、汉字等文字符号构成。文本是人类表达信息的最基本的方式，具有字体、字号、样式、颜色等属性。在计算机中，表示文本的字符有点阵文字和矢量文字两种方式。

点阵文字也称点阵字体，是把每一个文字都分成 16×16 或 24×24 个点，然后用每个点的虚实来表示文字的轮廓，点阵文字也称位图文字。

矢量文字保存的是对每一个汉字的描述信息，如一个笔画的起始、终止坐标，半径、弧度等。在显示、打印矢量文字时，要经过一系列的数学运算才能输出结果，矢量文字理论上可以被无限地放大，笔画轮廓仍然能保持圆滑，打印时使用的字库均为此类字库，Windows 字库中扩展名为.tif 的文件均表示矢量字库。

目前，计算机中主要使用矢量文字。

（2）图形图像

计算机中的图片信息分为两类：一类是由点阵构成的位图图像，另一类是用数学方法描述形成的矢量图形。位图和矢量图的含义与前面的点阵文字和矢量文字类似，对它们的处理手段将在后面介绍。

（3）音频信息

音频信息即声音信息。声音是人们用于传递信息的简便方式，主要包括人的语音、音乐、自然界的各种声音、人工合成声音等。

（4）视频信息

连续的随时间变化的图像称为视频图像，也称运动图像。人们依靠视觉获取的信息占依靠感觉器官所获得信息总量的 80%，视频信息具有直观和生动的特点。

（5）动画

动画是通过一系列连续画面来显示运动的技术，通过一定的播放速度，来达到运动的效果。利用各种各样的方法制作或产生动画，是依靠人的“视觉暂留”功能来实现的，将一系列变化微小的画面，按照一定的时间间隔显示在屏幕上，就可以得到物体运动的效果。

8.1.4 多媒体技术的应用和发展

1. 多媒体技术的应用

就目前而言，多媒体技术已在教育与培训、电子出版、商业服务、多媒体通信和声像演示等方面得到了充分应用。

（1）教育与培训

多媒体综合文本、图形、音频、视频及交互式的特点，适合学习者通过多种感官来接受信息，加速了理解和接受知识信息的学习过程。学习者可以根据自己的实际情况，主动地进行创造性地学习，使学习者在学习中占据主导地位，这种方式成为当前国内外教育技术发展的新趋势。

多媒体技术使编写包括文字、图像、视频和语音等信息的立体化教材成为可能，不仅促进了教育表现形式的多样化，也促进了交互式远程教学的发展。目前，基于多媒体技术和网络技术的中国大学视频公开课发布了大量的优秀课程；国外的斯坦福大学、麻省理工学院、哈佛大学的公开课等均在国际上有广泛影响。多媒体技术在教育领域发挥着重要作用。

（2）数字图像

多媒体技术改变了摄影行业。现在所销售的照相机 99%是数字照相机，拍摄的数字图像可以很容易进行修改，实现各种具有创意的图像处理。数字成像技术在医学上有重大影响，形成的医学图像便于存储和传输，使得网上会诊、网上医疗成为可能。

（3）电子出版

多媒体技术使数字媒体进入人们的学习和生活。E-book（电子图书）、E-newspaper（电子报纸）、E-magazine（电子杂志）等数字出版物大量涌现，传统的出版业由单一的纸介质媒体向数字出版物转化。数字出版物具有容量大、体积小、成本低、检索快、易于保存和复制、能存储图文声像等特点。

（4）多媒体通信

多媒体技术在通信方面的应用主要有可视电话、视频会议、视频点播等。计算机的交互性、信息的分布性和多媒体的现实性相结合，将构成继电报、电话和传真之后的新的通信手段。

（5）商业服务

利用多媒体技术可为各类咨询提供服务，如旅游、邮电、交通、商业、气象等公共信息服务。基于多媒体技术的电子商务在商业领域的作用越来越突出。

除此之外，多媒体技术还可广泛应用于办公自动化、视频会议、娱乐等领域，该技术将越来越多地影响人们的学习和生活。

2. 多媒体技术的发展方向

未来多媒体技术的发展主要体现在以下几方面。

（1）多媒体通信网络环境的研究和建立

多媒体技术和网络技术结合，使多媒体技术从单机单点向分布式、网络、协同多媒体环境发展，将在世界范围内建立一个可全球自由交互的多媒体通信网。对网络及其设备的研究、网上分布应用、信息服务研究与多媒体技术结合将成为热点。

（2）促进计算机的智能化

多媒体技术与人工智能（artificial intelligence，AI）技术的结合，促进了计算机智能化的发展。多媒体技术将增加计算机的智能化，利用图像理解、语音识别、全文检索等技术，研究多媒体基于内容的处理，从而开发出能进行基于内容的处理系统是多媒体信息管理的重要方向。

（3）把多媒体技术和计算机系统结构融合

计算机产业的发展趋势是把多媒体和通信技术融合到 CPU 中。传统计算机结构设计考虑较多的是计算功能，现在随着多媒体技术、网络计算机、计算机网络技术的发展，在计算机系统结构设计中增加多媒体和通信功能是计算机体系结构的发展方向之一。

（4）多媒体虚拟现实技术的发展

虚拟现实是一种计算机的应用系统，它基于计算机及其外设，创造了一种可由用户进行动态控制的可感知环境，用户感觉这种环境似乎是真实的，其实质是一种虚拟环境。基于多媒体的虚拟现实技术和可视化技术相互补充，并与语音、图像识别、智能接口等技术相结合，建立高层次的虚拟现实环境。

8.2 多媒体计算机系统

多媒体计算机系统是由多媒体硬件系统和多媒体软件系统组成的整体，如图 8.1 所示。多媒体计算机（multimedia personal computer，MPC）是指能够对文字、图形、图像、声音、动画和视频等信息进行综合处理的计算机。

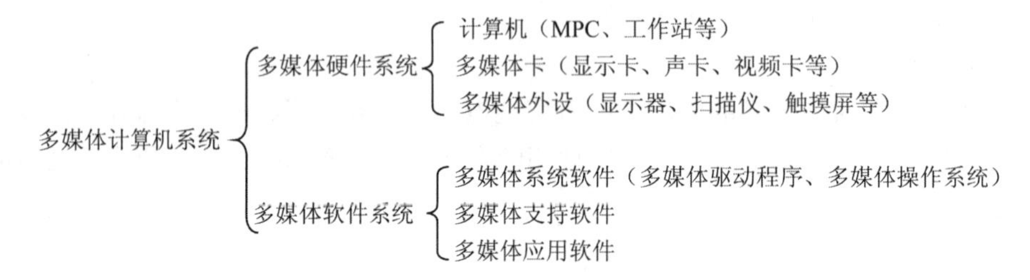

图 8.1 多媒体计算机系统的逻辑结构

8.2.1 多媒体硬件系统

多媒体硬件系统是由计算机主机，以及可以接收和播放多媒体信息的各种多媒体外设及其接口卡组成的，如图 8.2 所示。

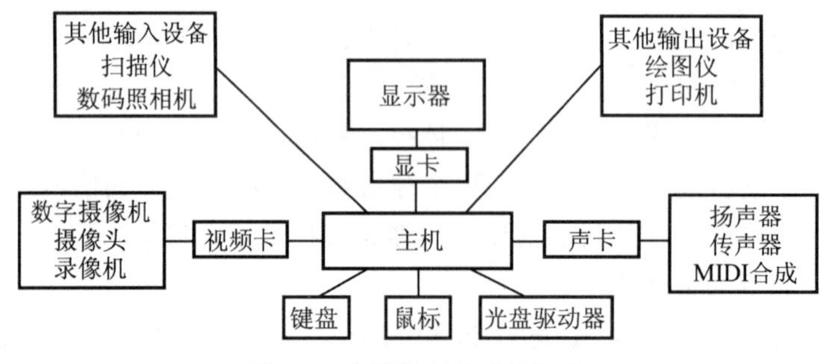

图 8.2 多媒体硬件系统组成

1. 计算机

目前，多媒体计算机主要包括多媒体个人计算机和多媒体工作站两种。

多媒体计算机目前采用的是 MPC 3.0 标准，现在市场上流行的微型计算机都符合该标准，即在个人计算机上扩充了声卡、CD-ROM 驱动器，并且具有高容量的内存、高速度的 CPU 和高分辨率的显示接口。作为多媒体个人计算机，一般也配置传声器、扫描仪、摄像头等设备。

除了多媒体个人计算机以外，另一种多媒体计算机就是工作站，目前采用已形成的工业标准 POSIX 和 XPG3，其特点是整体运算速度高、存储容量大、具有较强的图形图像处理能力、支持 TCP/IP 网络传输协议，以及拥有大量科学计算或工程设计软件包等。例如，美国 SGI 公司研制的 SGI Indigo 多媒体工作站，它能够同步进行三维图形、静止图像、动画、视频和音频等多媒体操作和应用。

工作站与 MPC 的区别在于工作站总体设计上采用先进的均衡体系结构，使系统的硬件和软件相互协调工作，能发挥最大效能，满足较高层次的多媒体应用要求。

2. 多媒体卡

多媒体卡是根据多媒体系统获取或处理各种媒体信息的需要插接在计算机上，以解决声音、图像、视频等输入/输出的硬件设备。常用的多媒体卡有显卡、声卡和视频卡等。

显卡又称显示适配器，它是计算机主机与显示器之间的接口，用于将主机中的数字信号转换成图像信号并在显示器上再现出来。

声卡可以用来录制、编辑和回放数字音频文件，控制各声源的音量并加以混合，在记录和播放数字音频文件时进行压缩和解压缩，具有初步的语音识别功能，还有 MIDI 接口及输出功率放大等功能。

视频卡也称视频采集卡，是一种多媒体视频信号处理设备，它可以对视频信号和音频信号进行捕获、压缩、存储、编辑和特技制作等处理，产生视频图像。

图 8.3 是常见的显卡、声卡和视频卡。

图 8.3　显卡、声卡和视频卡

3. 多媒体外设

多媒体外设主要用于多媒体信息输入或输出。常用的多媒体外设有光盘存储器、扫描仪、数码照相机、摄像头、数字摄像机、触摸屏、传声器、扬声器、显示器和投影仪等。

1）光盘存储器是利用激光的单色性和相干性，通过调制激光，把数据聚焦到记录介质上，使介质的光照区发生物理和化学变化，以实现写入。读取时，利用低功率密度的激光，扫描信息轨道，其反射光通过光电探测器检测和解调，从而获得所需要的信息。

2）扫描仪是一种静态图像采集设备。它内部有一套光电转换系统，可以把各种图片信息转换成数字图像数据，并传送给计算机。如果配上 OCR 文字识别软件，扫描仪就可以快速地把各种文稿录入计算机。

3）数码照相机利用电荷耦合器件（charge coupled device，CCD）进行图像传感，将光信号转变为电信号记录在存储器或存储卡上，然后借助于计算机对图像进行加工处理，以达到对图像制作的需要。

4）数码摄像机是一种记录声音和活动图像的数字视频设备。它不仅可以记录活动图像，还能够拍摄静止图像（相当于数码照相机的功能），且记录的数字图像可以直接输入计算机进行编辑处理，从而使其应用领域大大拓展。

5）摄像头又称为网络摄像机，它用于网上传送实时影像，在网络视频电话和视频电子邮件中实现实时影像捕捉。它作为数码摄像机的一个特殊分支，在网络视频应用方面，发挥数码照相机和数码摄像机的部分双重作用。

6）触摸屏是一种定位设备。当用户用手指或者其他设备接触时，所接触到的位置（以坐标形式）被触摸屏控制器检测到，并通过接口送到 CPU，从而确定用户所输入的信息。

7）传声器是一种将声音转换为电信号的输入设备。

8）扬声器是一个能将模拟脉冲信号转换为机械性的振动，并通过空气的振动形成人耳可以听到的声音的输出设备。

9）显示器是一种计算机输出显示设备，它由显示器件（如 CRT、LCD）、扫描电路、视放电路和接口转换电路组成，为了能清晰地显示出字符、汉字、图形，其分辨率和视放带宽比电视机要高出许多。

10）投影仪是一种计算机输出显示设备，可以将图像或视频投射到幕布上，可通过不同的接口同计算机、VCD 等相连接播放相应的视频信号。

8.2.2 多媒体软件系统

构建一个多媒体系统，硬件是基础，软件是灵魂。多媒体软件系统的主要任务是将硬件有机地组织在一起，使用户能够方便地处理和使用多媒体信息。多媒体软件按功能可分为多媒体系统软件、多媒体支持软件和多媒体应用软件。

1. 多媒体系统软件

多媒体系统软件即多媒体软件平台或多媒体操作系统，是多媒体软件的核心，其主要任务是提供基本的多媒体软件开发的环境。多媒体软件系统具有图形和音频、视频功能的用户接口，以及实时任务调度、多媒体数据转换和同步算法等功能，能完成对多媒体设备的驱动和控制，对图形用户界面、动态画面的控制。多媒体软件系统依赖于特定的主机和外设构成的硬件环境，一般是专门为多媒体系统而设计或是在已有的操作系统的基础上扩充和改造而成的。

典型的多媒体操作系统有 Commodore 公司为专用 Amiga 系统研制的多任务 Amiga 操作系统、Intel 和 IBM 公司为 DVI 系统开发的 AVSS 和 AVK 操作系统、Apple 公司在 Macintosh 的 System 7.0 中提供的 QuickTime 操作平台。在个人计算机上运行的多媒体软件平台，应用最广泛的是 Microsoft 公司的 Windows 操作系统。

2. 多媒体支持软件

多媒体支持软件是指多媒体创作工具或开发工具等，它是多媒体开发人员用于获取、编辑和处理多媒体信息，编制多媒体应用软件的一系列工具软件的统称。多媒体支持软件可以对文本、音频、图形、图像、动画和视频等多媒体信息进行控制和管理，并把它们按要求制作成完整的多媒体应用软件。多媒体支持软件大致可分为多媒体素材制作工具、多媒体创作工具和多媒体编程语言三种。

多媒体素材制作工具是为多媒体应用软件进行数据准备的软件，包括文字特效制作软件 Word（艺术字）、Ulead COOL 3D，音频处理软件 Cool Edit，图形与图像处理软件 CorelDraw、Photoshop，二维和三维动画制作软件 Flash、3DS Max，以及视频编辑软件 Adobe Premiere、MediaStudio Pro 等。

多媒体创作工具是利用编程语言调用多媒体硬件开发工具或函数库来实现的，并能被用户方便地编制程序，组合各种媒体，最终生成多媒体应用程序的工具软件。常用的多媒体创作工具有 AuthorWare、PowerPoint 等。

多媒体编程语言可用来直接开发多媒体应用软件，但对开发人员的编程能力要求较高。多媒体编程语言有较大的灵活性，适用于开发各种类型的多媒体应用软件。常用的多媒体编程语言有 Visual Basic、Visual C++等。

3. 多媒体应用软件

多媒体应用软件是由多媒体开发人员利用多媒体开发工具制作的多媒体产品，它面向多媒体的最终用户。多媒体应用软件是多媒体系统的必要组成部分，它的功能和表现是多媒体技术的直接体现。常见的多媒体应用软件包括各种多媒体教学软件、培训软件、电子图书等，这些产品都以光盘或网络形式传播。

8.3 数字图像

计算机中的图像有两种格式：位图图像和矢量图形。除了用于静态信息表现外，它们也是构成动画或视频的基础。

8.3.1 位图图像

1. 位图图像的概念

位图图像也称栅格图像，简称位图，它是指在空间和亮度上已经离散化的图像。可以把一幅位图理解为由多个网格点组成的，每一个网格都对应图像上的一个点，被称为像素（pixel）。像素的值是这个网格点的灰度或颜色等级，像素是能被计算机显示设备和打印机处理的最小元素。像素的颜色等级越多，图像越逼真。因此，图像是由许许多多像素组合而成的。

位图适合表现细致、层次和色彩丰富，包含大量细节的图像。位图占用存储空间较大，一般需要进行数据压缩。但是在缩放时清晰度会降低并且会出现锯齿。图 8.4 显示的是位图原图及局部放大后的效果。

影响位图显示质量的因素主要有分辨率和图像颜色深度。

（1）分辨率

分辨率包括屏幕分辨率、图像分辨率和像素分辨率，在处理位图时要理解这三者之间的区别。

1）屏幕分辨率指某一特定显示方式下，计算机屏幕上最大的显示区域，以水平方向和垂直方向的像素数表示。确定扫描图片的目标图像大小时，要考虑屏幕分辨率。

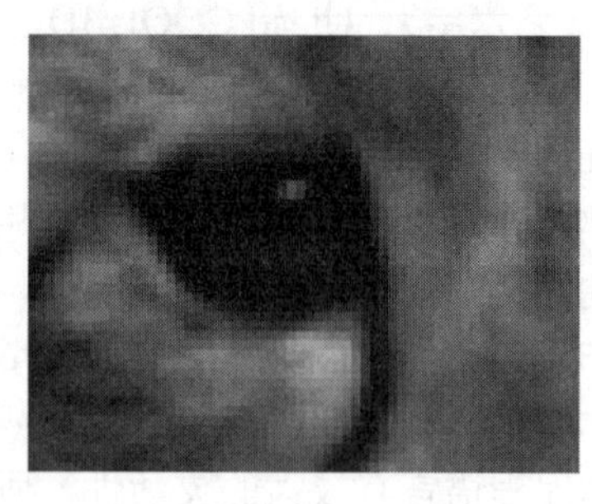

图 8.4 位图及局部放大后的效果

2）图像分辨率指数字化图像的大小，以水平方向和垂直方向的像素数表示。图像分辨率与屏幕分辨率可能不同，例如，图像分辨率为 400×320 像素，屏幕分辨率为 800×640 像素，则该图像在屏幕上显示时只占屏幕的 1/4。当图像大小与屏幕分辨率相同时，图像刚好充满整个屏幕。如果图像的分辨率大于屏幕分辨率，则屏幕上只能显示该图像的一部分。

3）像素分辨率指一个像素的长和宽的比例（也称像素的长宽比）。在像素分辨率不同的机器间传输图像时，图像会产生畸变，所以在不同的图形显示方式或计算机系统间转移图像时，要考虑像素分辨率。例如，捕捉图像的设备使用长宽比为 2∶1 的长方形像素，而捕捉到的图像在使用长宽比为 1∶1 的正方形像素的设备上显示时，这幅图像就会发生变形。这种像素分辨率不一致的情况一般不会经常发生，因为多数图像显示设备都使用像素分辨率为 1∶1 的正方形像素。

（2）图像颜色深度

图像颜色深度是指位图中每个像素所占的二进制位数。屏幕上的每一个像素都占有一个或多个位，用来存放与它相关的颜色信息。图像颜色深度决定了位图中出现的最大颜色数。目前，图像颜色深度分别为 1、4、8、24 和 32。若图像颜色深度为 1，则表明位图中每个像素只有一个颜色位，也就是只能表示两种颜色，即黑与白，或亮与暗，或其他两种色调（或颜色），这通常称为单色图像或二值图像。若图像颜色深度为 8，则每个像素有 8 个颜色位，位图可支持 256 种不同的颜色。自然界中的图像至少有 256 种颜色。如果图像颜色深度为 24，则位图中每个像素有 24 个颜色位，可包含 16 777 216 种不同的颜色，称为真彩色图像。

图像颜色深度值越大，显示的图像色彩越丰富，画面越自然、逼真，但数据量也随之增大。

（3）图像文件的大小

图像文件的大小是指在外存上存储整幅图像所占用的空间，单位是字节，它的计算公式为

$$图像文件的存储空间=图像分辨率×图像深度/8$$

其中，图像分辨率=高×宽。高是指垂直方向上的像素个数，宽是指水平方向上的像素个

数。例如，一幅 640×480 的真彩色图像（24 位）的数据量为

$$640×480×24/8=921\ 600B=900（KB）$$

显然，图像文件所需要的存储空间较大，在多媒体应用软件的制作中，一定要考虑图像的大小，适当地调整图像的宽、高和图像的深度，必要时可对文件进行数据压缩处理。

2. 图像的数字化

人眼看到的各种图像，如风景、人物、存在于纸介质上的图片、光学图像等，都有一个共同的特点，图像的亮度变化是连续的，这是传统的模拟图像。而计算机只能处理数字信息，要使计算机能处理图像信息，需要将模拟图像转化为数字图像，这一过程称为模拟图像的数字化。

图像数字化过程包括以下两个步骤。

（1）采样

采样就是将二维空间上模拟图像的连续亮度信息转化为一系列有限的离散数值。具体做法就是设置一定的宽度（通常称为采样间隔），在水平和垂直方向上将图像分割成矩形点阵的网状结构。采样结果是整幅图像画面被划分为由 $m×n$ 个像素点构成的离散像素点集合。正确选择 m、n 的值，可以减少图像数字化的质量损失，显示时才能得到较好的显示效果。

（2）量化

量化就是将亮度取值空间划分成若干个子区间，在同一子区间内的不同亮度值都用这个子区间内的某一确定值代替，这就使得取值空间离散化为有限个数值。这个实现量化的过程就是模/数转换过程，相反，把数字数据恢复到模拟数据的过程称为数/模转换。

图像的数字化过程使连续的模拟量变成离散的数字量，相对原来的模拟图像，数字化过程带来了一定的误差，会使图像重现时有一定程度的失真。影响图像数字化质量的主要参数就是前面提到的分辨率和颜色深度。

3. 常见的位图格式

位图的格式有很多种，常见文件格式包括 BMP 格式、JPEG 格式、GIF 格式、PSD 格式等。

（1）BMP 格式

BMP（bitmap）格式是 Windows 环境中交换与图有关的数据的一种标准，因此在 Windows 环境中运行的图形图像软件都支持 BMP 图像格式，扩展名为.bmp。

BMP 格式的每个文件存放一幅图像，可以用多种颜色深度保存图像，根据用户需要可以选择图像数据是否采用压缩形式存放（通常 BMP 格式的图像采用非压缩格式）。

（2）JPEG 格式

联合图像专家组（joint photographic experts group，JPEG）格式文件的扩展名为.jpg 或.jpeg，是常用的图像文件格式，是一种有损压缩格式。JPEG 格式文件能够将图像压

缩在很小的存储空间，图像中重复或不重要的数据会丢失，因此容易造成图像数据的损伤。

JPEG 格式是目前流行的图像格式，广泛应用于网络图像传输和光盘读物上。因为JPEG 格式的文件尺寸较小、下载速度快，目前各类浏览器均支持 JPEG 图像格式。

（3）GIF 格式

图形交换格式（graphics interchange format，GIF）是由 CompuServe 公司于 1987 年开发的图像文件格式，扩展名为.gif。目前，大多数图像软件支持 GIF 文件格式，它特别适合于动画制作、网页制作，以及演示文稿制作等领域。GIF 格式的文件对灰度图像表现最佳，图像文件短小，下载速度快。

（4）PSD 格式

PSD（photoshop document）是 Adobe 公司的图像处理软件 Photoshop 中建立的标准文件格式，扩展名为.psd。这种格式可以存储 Photoshop 中所有的图层、通道、颜色模式等信息。在保存图像时，若图像中包含有层，则一般都用该格式保存。PSD 格式所包含的图像数据信息较多，因此比其他格式的图像文件要大得多。由于 PSD 文件保留所有原图像数据信息，因而修改起来较为方便，大多数排版软件不支持 PSD 格式的文件。

（5）TIFF 格式

TIFF（tagged image file format）文件的扩展名为.tif 或.tiff，是一种通用的位图文件格式，具有图形格式复杂、存储信息多的特点。多用于高清晰数码照片的存储，所占空间较大。动画制作软件 3DS Max 中的大量贴图就是 TIFF 格式的。

（6）PNG 格式

PNG 是一种新兴的网络图形格式，具有存储形式丰富的特点。Macromedia 公司的 Fireworks 的默认格式就是 PNG。

4. 获取位图

位图通常用于创建实际的图像（如照片）。数码照相机和手机也可将照片存储为位图，扫描产生的图像也是位图。

得到的位图是由一系列表示像素的二进制位进行编码的，可以使用图形软件通过改变单个像素的方式对这类图形进行修改或编辑。例如，可以修复旧照片，去除折痕、斑点，修复褪色等；可以擦掉红眼睛或者从几幅照片或者已扫描的图片上剪切的图像来制作新的引人注目的图片。

位图可以通过下面的途径获取。

（1）用数码照相机或数字摄像机获取数字图像

数码照相机和数码摄像机用于将真实的物体数字化，能直接以数字的形式拍摄照片，照片可以传送到计算机中，或是直接将照片用打印机打印出来。数码照相机和数字摄像机都带有标准接口与计算机相连，可以将拍摄的数字图像传输到计算机中编辑和保存。

（2）使用工具绘制图像

利用画图、Photoshop、CorelDraw 等软件去创作所需要的图形，是常用的图像获取方法。这些软件具有大致相同的功能，可以用鼠标（或数字化仪）描绘各种形状的图形，并可填色、填图案、变形、剪切及粘贴，也可标注各种文字符号。用这种方法可以很方便地生成一些简单的画面，如图案、标志等。

（3）用数字转换设备或软件获取数字图像

这种方式可以将模拟图像转换成数字图像。例如，使用截图软件或视频采集卡截取动态视频，得到的一帧就是一幅画面。

如果将平面图像转化成位图（如照片、杂志页面或者书上的图片），可以使用扫描仪。扫描仪本质上是把图像分割成很多精细的单元格并为每个单元格的颜色指定数值。

（4）从数字图像库中获取图像

目前数字图像库越来越多，它们存储在 CD-ROM、磁盘或 Internet 上。图像的内容、质量和分辨率等都可以选择，获取数字图像后可以进一步地进行编辑和处理。

5. 位图的存储

不管图像是从数码照相机还是扫描仪中获得的，位图往往要占用相当大的存储空间。可以在磁盘、CD、闪存卡等设备中存储图像，在数码照相机和数字摄像机中常见的存储设备有 CF 卡、SD 卡或 TF 卡等。

这些存储卡本质上都是闪存卡，功能基本一样，只是存储卡的规格不同，相同的存储卡适合不同的设备（品牌和机型），这和不同型号的电池可以在不同设置中使用是一样的。常见的 CF 卡、SD 卡和 TF 卡如图 8.5 所示。

图 8.5　常见的 CF 卡、SD 卡和 TF 卡

CF（compact flash）卡多用于解决单反照相机存储问题。有可永久保存数据、不需要电源、速度快等优点，价格低于其他类型的存储卡。

SD（secure digital memory card）卡是目前市面上较通用的存储卡，小型数码照相机、一些数码设备均以 SD 卡为存储方案或提供 SD 的读写设备。多数笔记本式计算机也集成了 SD 读卡器，可以方便读取 SD 卡。后期又延伸出更小尺寸的 SD 卡，被称为 mini SD，现也多用于手机等体积小、较轻薄的电子产品上。

TF 卡（trans-flash）就是 micro SD 卡，是一种全新的超小型大容量移动存储卡，多用于智能手机、平板电脑等小型电子产品。

8.3.2 矢量图形

1. 矢量图形的概念

矢量图形也称几何图形或图形，它是用一组指令来描述的，这些指令给出构成该画面的所有直线、曲线、矩形、椭圆等的形状、位置、颜色等各种属性和参数。这种方法实际上是用数学方法来表示图形，然后变成许许多多的数学表达式，再编制程序，用计算机语言来表达的。计算机在显示图形时从文件中读取指令并转化为屏幕上显示的图形效果。

由于矢量图形是由点和线组成的，因此图像文件记录的是图形中每个点的坐标及相互关系。当放大或缩小矢量图形时，图形的质量不受损失。矢量图形占用空间小，基于矢量的图形清晰度与分辨率无关。

例如，在屏幕上画一个圆，位图必须要描述和存储组成图像的每一个点的位置和颜色信息，矢量图的描述则非常简单，如圆心坐标（180，180），半径 80。矢量图形的优点在于不需要对图上的每一点进行量化保存，只需要让计算机知道所描绘对象的几何特征即可。

识别矢量图形时，仅靠人眼观察显示在屏幕上的图形很难准确判断出它是否为矢量图。判断图像是否为矢量图形的依据之一就是它具有缺乏层次的、类似卡通图画的画质。剪辑美术图像通常存为矢量图形格式。但是，要想更为准确地识别出它们，用户应该去检查文件的扩展名。矢量图形文件通常具有形如.wmf、.ai、.swf、.svg 之类的文件扩展名。

2. 矢量图形和位图的比较

矢量图形适合于大部分的线条、标志、简单的插图及可能需要以不同的大小被显示或打印的图表。与位图比较，矢量图形具有一些自己的优点和缺点。

1）改变大小时矢量图比位图效果更佳。在改变矢量图形的大小时，图中的各个对象会按比例改变从而保持其边缘的光滑，如图 8.6 所示。位图边缘在放大后，可能看起来有锯齿。

图 8.6　改变大小的矢量图

2）矢量图占用的存储空间通常比位图少。矢量图形所需要的存储空间和图形的复杂程度有关。每条指令都需要存储空间，所以图形中线条、形状和填充图案越多，就需要越多的存储空间。图 8.6 的 SWF 格式的文件仅需要 1KB 的存储空间，同一图像的 BMP 格式的位图存储空间超过 500KB。

3）矢量图形通常不如位图真实。大部分的矢量图形往往具有类似卡通图画的外观，而不是那种从照片中获得的真实外观。矢量图形的这种类似卡通图特性是因为使用了色块填充的对象。可以用于对象的明暗处理和纹理化处理的选择被限制了，这往往使矢量图形显示出一个缺乏层次的外观。

另外，在矢量图形中编辑对象比在位图中容易。

3. 创建矢量图形

扫描仪和数码照相机都不能生成矢量图形，可以使用如 CorelDraw、Freehand 和 Flash 等绘图软件来创建矢量图形。这些软件可以由人工操作交互式绘图，或是根据一组或几组数据画出各种几何图形，并可以对图形的各个组成部分进行缩放、旋转、扭曲和上色等编辑和处理。

矢量图形软件提供了大量的画图工具，可以使用它们来创建、放置及使用色彩或图案填充对象。例如，可以使用圆填充工具来画一个以单色填充的圆；如果要创建不规则的形状，则可以连接一些点来绘制这个形状的轮廓。

矢量图形通过“光栅化”的过程可以很容易地转换为位图。光栅化是一种通过向矢量图形添加栅格来确定每个像素颜色的过程。这个过程通常是由图形软件执行的，它可以允许用户指定最终输出的位图的大小。在计算机键盘上，可以使用 Print Screen 键来对矢量图形截图从而使它光栅化。

把位图转换为矢量图则非常困难。要把位图转换为矢量图形，必须使用描图软件。描图软件可以定位图中对象的边界并可将得到的形状转换为矢量图形对象。描图软件产品，如 Vector Eye、CorelDRAW X4 用于简单图像和线条图时效果较好，而用于复杂的画面时，可能会效果欠佳。

Flash 用来制作在 Web 上的流行的矢量图形，创建的矢量图形存储在 SWF 格式的文件中，其图形可以是动态的，也可以是静态的。

8.4 数字音频

音频即声音，是携带信息的媒体，是多媒体的重要内容之一。音频处理包括音频信息采集、音频数字化、音频传输等技术。

8.4.1 声音数字化

声音是一种具有一定振幅和频率、随时间变化的声波，传声器可以将声音转换成的电信号，但这种电信号是一种模拟信号，不能由计算机直接处理，需要先进行数字化，即将模拟的声音信号经过模/数转换变换成计算机所能处理的数字声音信号，然后利用计算机进行存储、编辑或处理。现在几乎所有的专业化声音录制、编辑都是数字的。在数字声音回放时，进行数/模转换，将数字声音信号变换为实际的声波信号，再经放大由扬声器播出。

把模拟声音信号转变为数字声音信号的过程称为声音的数字化，它是通过对声音信号进行采样、量化和编码来实现的，声音数字化的过程如图 8.7 所示。

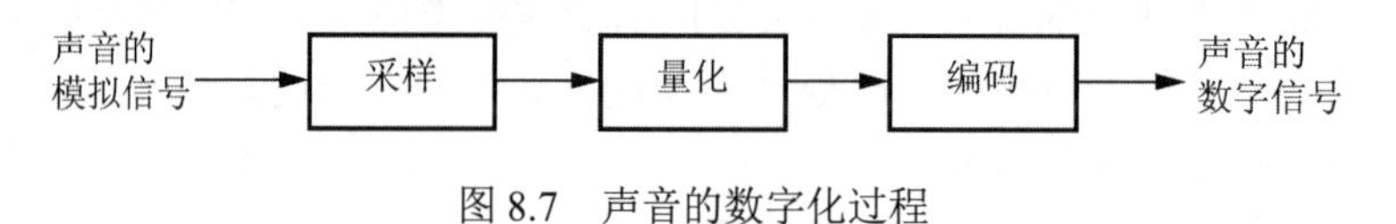

图 8.7　声音的数字化过程

1. 数字声音质量的影响因素

从声音数字化的角度考虑，影响声音质量的因素主要有三个。

（1）采样频率

采样频率就是一秒内采样的次数。采样频率越高，时间间隔划分越小，单位时间内获取的声音样本数就越多，数字化后的音频信号就越好，当然所需要的存储量也越大。目前对声音进行采样的三个标准采样频率分别为 44.1kHz、22.05kHz 和 11.025kHz。根据采样理论，数字音响系统可恢复的音响频率只能达到采样频率的一半，所以用 44kHz 的采样频率对声音进行采样时，所录制的声音的最高频率只有 22kHz。

（2）采样精度

采样过程每取得一个声波样本，就表示一个声音幅度的值，表示采样值的二进制位数称为采样精度，也称量化位数，即每个采样点能够表示的数据范围和精度。量化位数的多少决定了采样值的精度。现在一般使用 8 位和 16 位两种量化位数。例如，8 位量化位数可表示 256 个等级不同的量化值，16 位量化位数可表示 65 536 个不同的量化值。

由此可见，对一个采样而言，使用的位数越多，则得到的数字波形与原来的模拟波形越接近，同时需要存储的信息量越多，数字音频的音质就越好。

（3）声道数

声道数是指一次采样所记录产生的声音波形个数，分为单声道和双声道。如果是单声道，则只产生一个声音波形。而双声道（双声道立体声）产生两个声音波形，立体声音色、音质好，但所占用的存储容量成倍增长。

2. 音频数据量计算

通过对上述三个影响声音数字化因素的分析，可以得出声音数字化数据量的计算公式为

$$数据量=采样频率\times采样精度\times声道数/8\times时间$$

其中，声音数字化的数据量的单位是字节（B）；采样频率的单位是赫兹（Hz）；采样精

度的单位是位（bit）。

根据上述公式，用 44.1kHz 的采样频率进行采样，采样精度选择 16 位，录制 1s 的立体声节目，其波形文件所需的数据量为

$$44\ 100\times16\times2/8\times1=176\ 400\text{（B）}$$

8.4.2 音频的文件格式

音频数据以文件的形式保存在计算机中。音频文件主要有 WAVE、MP3、RA 和 WMA 等格式。

1. WAVE 格式

WAVE 格式是一种通用的音频数据文件格式，是 Windows 操作系统专用的数字音频文件格式，扩展名为.wav，即波形文件。WAVE 文件没有采用压缩算法，因此多次修改和剪辑也不会失真，而且处理速度也相对较快，几乎所有的播放器都能播放 WAVE 格式的音频文件。但其波形文件的数据量比较大，数据量的大小直接与采样频率、量化位数和声道数成正比。

Windows 本身所带的应用程序“录音机”是录制、播放和简单处理 WAVE 音频文件的基本工具。

2. MP3 格式

MP3（moving picture experts group audio layer-3）是按 MPEG 标准的音频压缩技术制作的数字音频文件格式，MP3 是一种有损压缩，它的压缩比可达到 10∶1 甚至 12∶1，因其压缩率大，是目前最流行的网络声音文件格式。一般说来，1min CD 音质的 WAVE 文件约 10MB，而经过 MP3 标准压缩可以压缩为 1MB 左右且基本保持不失真。

目前，主流的媒体播放工具都支持 MP3 格式。

3. RA 格式

RA（realaudio）是由 RealNetworks 公司开发的一种具有较高压缩比的音频文件格式，扩展名为.ra。RA 文件的压缩比可达到 96∶1，由于其压缩比高，因此文件小，适合于采用流媒体的方式实现网上实时播放，即边下载边播放。同样也由于其压缩比高，声音失真也比较严重。

4. WMA 格式

WMA（Windows media audio），是 Microsoft 公司推出的与 MP3 格式齐名的一种新的音频格式，扩展名.wma。

WMA 文件可以保证在只有 MP3 文件一半大小的前提下，保持相同的音质。同样，现存的大多数 MP3 播放器可支持 WMA 文件的播放。

5. MIDI 文件

音乐乐器数字接口（musical instrument digital interface，MIDI）实际上是一种技术规范，是把电子音乐设备与计算机相连的一种标准，控制计算机与具有 MIDI 接口的设备之间进行信息交换的一整套规则。

把一个带有 MIDI 接口的设备连接到计算机上，就可记录该设备产生的声音，这些声音实际上是一系列的弹奏指令。将电子乐器的弹奏过程以命令符号的形式记录下来，形成的文件就是 MIDI 文件，扩展名是.mid。MIDI 文件中存储的不是声音的波形数据，因此文件紧凑，要求的存储空间较小。

8.4.3 音频采集处理

音频的获取可以利用现有的音频数据库，也可以从网上下载。获取音频的另一种方法是自己录制音频数据。

1. 使用现有的音频数据

可以从录音带、CD 上直接得到音频信息，或使用存储在光盘上的音频素材库，然后利用音频编辑软件进行处理。

通常，随声卡携带的音频软件可以对波形音频数据编辑处理。一些功能强大的音频处理软件，如 Adobe Audition、Cool Edit 等也可以进行专业的高质量的处理。对于波形音频数据的编辑处理主要包括波形的剪辑、声音强度调节、添加声音的特殊效果等。

2. 录制音频数据

音频数据的录制的方法很多，如 Windows 操作系统“附件”中的“录音机”程序，可以用来录制 WAVE 波形音频文件。通常，声卡携带的音频应用软件可以用于录制波形音频文件。另外，现在有许多功能强大的声音处理软件包，如著名的音频编辑软件 Cool Edit，可以提供具有专业水准的录制效果，可以使用多种格式录制，并可以对录制的声音进行复杂的编辑和制作各种特技效果。如果所需要的音频数据质量很高，也可以考虑在专业的录音棚中录音，获得 CD 音质的音频数据。

8.5 数字视频

从传统意义上讲，以电视、录像等代表的视频技术属于模拟电子技术范畴。随着计算机多媒体技术发展，动态视频逐步采用数字技术。视频数据采集和处理是多媒体技术的重要内容之一。

8.5.1　视频的基础知识

1. 视频

视频是随时间连续变化的一组图像，其中的每一幅称为一帧（frame）。当帧速率达到 12 帧/秒，即 12fps 以上时，可以产生连续的视频显示效果。电影、电视通过快速播放每帧画面，再加上人眼视觉暂留效应便产生了连续运动的效果。通常视频还配有同步的声音，所以，视频信息需要巨大的存储容量。

视频分为模拟视频和数字视频两类。早期的电视视频信号的记录、存储和传输都采用模拟方式，属于电子技术的范畴；现在的 VCD、DVD、数字式摄像机中的视频信号都属于数字视频范畴。

在模拟视频中，常用两种视频标准，即 NTSC 制式（30 帧/秒，525 行/帧）和 PAL 制式（25 帧/秒，625 行/帧），我国采用 PAL 制式。

2. 视频的数字化

数字视频的获取可以通过对模拟视频的数字化获得。当视频信号数字化后，就能实现许多模拟信号不能实现的操作。例如，不失真地无限次复制、长时间保存无信号衰减、更有效地编辑、创作和特殊效果艺术加工、用计算机播放视频、倒序播放等。

视频数字化和音频数字化过程相似，在一定的时间内以一定的速度对单帧视频信号进行采样、量化、编码，通过视频捕捉卡或视频处理软件来实现模/数转换、色彩空间变换和编码压缩等。

视频数字化后，如果不对视频信号加以压缩，则数据量根据帧乘以每幅图像的数据量大小来计算。例如，要在计算机连续显示分辨率为 1024×768 像素的 24 位真彩色高质量的视频图像，按每秒 24 帧计算，显示 1min，需要的数据存储空间为

1024（列）×768（行）×3（B）×24（帧/秒）×60（s）=3.2（GB）

一张 650MB 的光盘只能存放 12s 左右的视频图像，这就带来了图像数据的压缩问题，也是多媒体技术中一个重要的研究课题。可以通过压缩、降低帧速、缩小画面尺寸等来降低数据量。

3. 数字视频的分类

数字视频有时按照其所处的平台来进行分类。桌面视频是指用于个人计算机创建和播放的视频。基于 Web 的视频可被嵌入网页中并且要用浏览器访问。DVD 视频是一种 DVD 格式，存放具有正片长度电影的商品 DVD 使用的就是这种格式。PDA 视频是指那些可在 PDA 或移动电话屏幕上观看的小格式视频。

4. 视频的文件格式

（1）AVI 格式

音视频交互（audio-video interleaved format，AVI）格式文件是 Windows 操作系统

的标准格式，是 Video For Windows 视频应用程序中使用的格式。AVI 很好地解决了音视频信息的同步问题，采用有损压缩方式，可以达到很高的压缩比，是目前比较流行的视频文件格式。

（2）MOV 格式

MOV 格式是 Apple 公司在 Macintosh 计算机中使用的音视频文件格式，现在已经可以在 Windows 环境下使用，使用 QuickTime For Windows 进行播放。MOV 采用 Intel 公司的 INDEO 有损压缩技术，以及音视频信息混合交错技术，MOV 格式视频图像质量优于 AVI 格式。

（3）MPEG 格式

MPEG 格式是采用 ISO/IEC 颁布的运动图像压缩算法国际标准进行压缩的视频文件格式。MPEG 平均压缩比 50∶1，最高达 200∶1，该格式质量好、兼容性好。VCD 上的电影、卡拉 OK 的音视频信息就是采用这种格式进行存储的，播放时需要 MPEG 解压卡或 MPEG 解压软件支持。

（4）流媒体视频格式（流媒体技术）

互联网的普及和多媒体技术在互联网上的应用，迫切要求能解决实时传送视频、音频、计算机动画等媒体文件的技术。在这种背景下，产生了流式传输技术及流媒体。流媒体是为实现视频信息的实时传送和实时播放而产生的用于网络传输的视频格式，视频流放在缓冲器中，可以边传输边播放。Internet 使用较多的流媒体视频格式有以下几种。

1）RM 格式。由 RealNetworks 公司推出，它包括 RealAudio（RA）、RealVideo（RV）和 RealFlash（RF）三种格式。RA 格式用来传输接近 CD 音质的音频数据，RV 格式主要用来在低速率的网络上实时传输活动视频影像，RF 则是 RealNetworks 公司与 Macromedia 公司联合推出的一种高压缩比的动画格式。

2）QT 格式。由 Apple 公司推出，用 QuickTime 播出的视频格式，用于保存音频和视频信息，具有先进的音频和视频功能，由包括 Apple Macintosh OS、Microsoft Windows 在内的所有主流计算机操作系统支持。

3）ASF 格式。由 Microsoft 公司推出的高级流格式。音频、视频、图像、控制命令脚本等多媒体信息通过 ASF 格式，以网络数据包的形式传输，实现流式多媒体内容发布。

5. 视频获取和编辑

数字视频制作需要硬件与软件配合实现。

（1）获取数字视频文件

可以通过视频卡和数码摄像机来获取视频文件，也可以使用软件来制作视频文件。

1）用视频卡获取模拟视频输入，把模拟视频信号接到视频卡输入端，经转换成为数字视频图像序列。

2）利用数码摄像机直接获取视频数字信号，并保存在数码摄像机磁带上，然后通过 USB 接口直接输入计算机。

3）使用软件制作数字视频是另外一种获取视频的方法。可以利用超级解霸软件来截取 VCD 上的视频片段，获得高质量的视频素材，也可以使用三维动画软件制作视频文件。

（2）数字视频编辑

在对视频信号进行数字化采样后，可以对视频信号进行编辑和加工。例如，可以对视频信号进行删除、复制、改变采样频率，或改变视频、音频格式等。

视频编辑需要专用的设备和软件。在数字摄像机之前，编辑视频就是把片段从一盘录像带录制到另一盘录像带上，这个过程被称为线性编辑。

现在采用非线性编辑技术，需要计算机硬盘和视频编辑软件。非线性编辑的优势在于使用随机存取设备就可以方便地编辑和安排视频剪辑。但是，视频编辑需要很大的硬盘空间，所以在开始编辑前，要确保计算机硬盘有足够的可用存储空间，而且计算机应有超过 2GB 的内存。

当视频的连续镜头被传输到计算机并被存储到硬盘以后，即可开始使用视频编辑软件来安排视频剪辑，这些软件包括 Adobe Premiere、Apple-Final Cut Pro、Ulead VideoStudio 等。其中，视频软件 Premiere 是功能较强的编辑工具，可以编辑各种视频片断，处理各种特技、过渡效果，实现字幕、图标和其他视频效果，配音并对音频进行编辑调整。

编辑的视频由视频轨道和音频轨道组成，视频轨道包括视频片段和过渡镜头，音频轨道包括声音和音乐。大部分的视频编辑软件允许在一条视频轨道上叠放几条音频轨道。编辑完成后，会将所有的视频和音频数据合成到一个单独的输出文件中。

视频文件的播放需要安装解压软件或解压卡，常用的软件有超级解霸、Real Player、暴风影音等，利用 Windows 中的媒体播放器也可播放视频文件。

8.5.2 数据压缩技术

1. 数据压缩

数据压缩技术是多媒体技术发展的关键技术之一，是计算机处理音频、静止图像和视频图像数据，进行数据网络传输的重要基础。未经压缩的图像及视频信号数据量是非常大的。例如，一幅分辨率 640×480 像素的 256 色图像的数据量为 300KB 左右，数字化标准的电视信号的数据量约每分钟 10GB。这样大的数据量不仅超出了多媒体计算机的存储和处理能力，也是当前通信信道速率不能达到的。因此，为了使这些数据能够进行存储、处理和传输，必须进行数据压缩。由于语音的数据量较小，且基本压缩技术已成熟，因此目前的数据压缩研究主要集中在图像和视频信号的压缩方面。

2. 无损压缩和有损压缩

数据压缩通过改善编码技术来降低数据存储时所需的空间，当需要使用原始数据时，再对压缩文件进行解压缩。如果压缩后的数据经解压缩后，能准确地恢复压缩前的数据来分类，则称为无损压缩，否则称为有损压缩。

无损压缩是通过统计被压缩数据中重复数据的出现次数来进行编码的。无损压缩由于能确保解压后的数据不失真，一般用于文本数据、程序及重要图片和图像的压缩。无损压缩比一般为（2∶1）～（5∶1），压缩比例小，因此不适合实时处理图像、视频和音频数据。典型的无损压缩软件有 WinZip、WinRAR 软件等。

有损压缩利用了人类视觉对图像的某些频率成分不敏感的特性，允许压缩过程中损失一定的数据。虽然不能完全恢复原始数据，但是所损失的部分对理解原始数据的影响极小，换来了大得多的压缩比。目前，国际标准化组织和国际电报电话咨询委员会已经联合制定了两个压缩标准，即 JPEG 和 MPEG 标准。

3. JPEG 和 MPEG

JPEG（joint photographic experts group，联合图像专家组）标准适用于连续色调和多级灰度的静态图像。一般对单色和彩色图像的压缩比通常分别为 10∶1 和 15∶1。常用于 CD-ROM、彩色图像传真和图文管理，多数 Web 浏览器支持 JPEG 图像文件格式。

MPEG（moving picture experts group，运动图像专家组）标准不仅适用于运动图像，也适用于音频信息，它包括了 MPEG 视频、MPEG 音频、MPEG 系统（视频和音频的同步）三部分，MPEG 视频是 MPEG 标准的核心。MPEG 已发布了 MPEG-1、MPEG-2、MPEG-4、MPEG-7 和 MPEG-21 等多种标准。

8.6 计算机动画

1. 计算机动画简介

传统动画的制作是人们手工绘制出一幅一幅的静止画面，然后将这些画面连接在一起播放，利用人眼视觉的暂留特性，形成动画效果。视觉暂留是指人眼在观看一幅画面时，影像将会存留 0.1s 而不消失。利用这一原理，在一幅影像还未消失时播放下一幅画面，形成一种流畅的视觉变化效果，这就是动画形成的基本原理。

计算机动画是计算机图形图像不断发展的结果。在电影中，每秒播放画面的数量，即播放速度为 24 帧/秒，在普通的动画片中，播放速度约为 12 帧/秒。根据播放速度的不同，可改变图像的真实度，产生不同的效果。计算机动画节省了手工绘制所需要的大量时间与精力，在计算机的帮助下完成关键画面的绘制与着色，可以利用计算机对两幅关键画面进行内部数据计算，自动生成中间序列画面，并能创作出更多、更好的效果。

2. Flash 简介

Flash 动画在网页中应用广泛，是目前最流行的二维矢量动画。Flash 软件独有的 Action Script 脚本制作功能，使其具有很强的灵活性，从功能上看，Flash 不仅是一个单纯的动画制作软件，还具有网页制作、幻灯片制作、图片处理等功能。

Flash 的工作窗口主要由菜单栏、工具箱、时间轴、场景、浮动面板等组成，如图 8.8 所示。

1）菜单栏包含 Flash 所有的操作命令，由“文件”“编辑”“视图”“插入”“修改”“文本”“命令”“控制”“窗口”“帮助”10 个菜单组成。

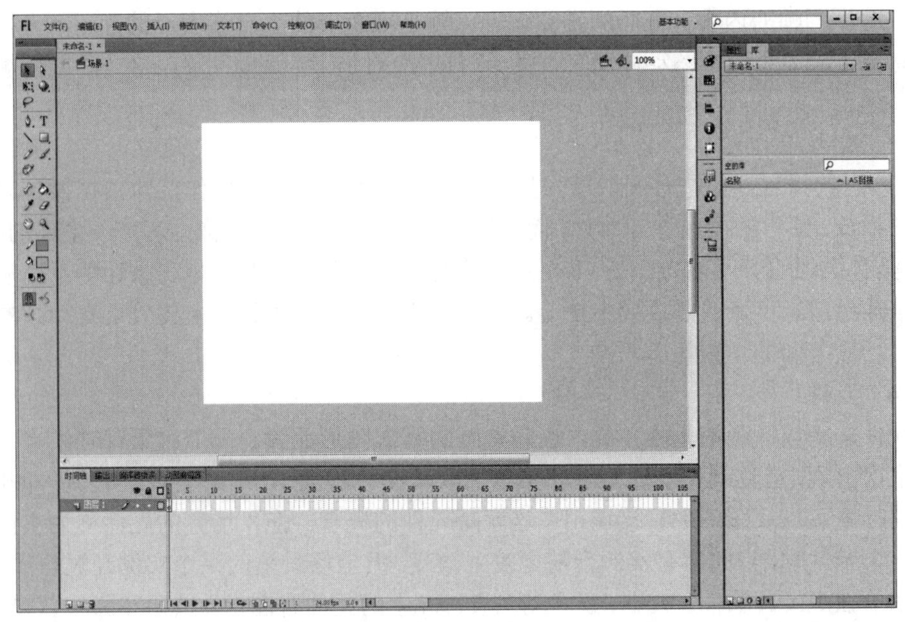

图 8.8　Flash 窗口

2）工具箱中提供了用于绘制、填充颜色、选定和修改对象的一组工具，位于工作界面的左侧，包括箭头工具、部分选取工具、线条工具、套索工具、钢笔工具、文本工具、椭圆工具、矩形工具、铅笔工具、画笔工具、任意变形工具、填充工具、墨水瓶工具、颜料桶工具、手形工具、缩放工具、笔触颜色和填充色工具等。

3）时间轴用于制作帧动画，包括图层控制区和时间线控制区。

4）浮动面板位于工作界面的右侧或下方，可以移动，用于完成对编辑对象和角色的颜色、动作控制和组件管理等功能。

3. Flash 中的一些基本概念

（1）图层

与 Photoshop 中图层的概念一样，Flash 也支持图层的概念，用来编辑制作更复杂的场景和动画，Flash 可以通过图层把一个大型动画分成很多个存储在各个图层上的动画组合。Flash 还有两种称为功能层的特殊图层，即引导层和遮罩层。

引导层提供放置引导线，而引导线可以规定做移动渐变的图形元素的路径。在引导线设置好后，在被引导层设计好移动渐变，在开始和结束的关键帧上将对象吸附到路径上，对象就会按照引导层的路径移动。

Flash 很多有创意的效果是利用遮罩来实现的。完成遮罩效果，需要遮罩层和被遮罩层，而且遮罩层在被遮罩层的上面，与被遮罩层的位置紧挨。设置遮罩层后，遮罩层会为图形提供一个区域，提供这个区域能看到被遮罩层上的图形元素，而在区域之外看不到被遮罩层的图形元素。

（2）帧

帧是构成 Flash 的基本元素，对于只有一个层的动画，可以简单地理解为各个时刻所播放的不同帧的内容。在时间轴窗口中，帧是用矩形的小方格表示的，一个方格是一帧。对于包含多个图层的动画而言，某一时刻播放的内容就是各层在这一时刻的帧中内容的叠加。

（3）交互

Flash 的播放不仅按时间顺序操作，还可以依赖于用户的操作，即根据操作来决定动画的播放。用户的操作称为事件，而程序或动画的下一步执行称为对这一事件的响应。Flash 具有很强的交互能力。在 Flash 中，事件可以是播放的帧、单击按钮等，而响应可以为帧的播放、声音的播放或中止等。使用设置交互功能达到的主要效果有动画的播放控制、场景之间的切换等。

（4）元件

元件是构成动画的基本单元，也是动画的基本图形元素。一个对象有时候需要在场景中多次出现，重复制作既浪费时间又增加动画文件的大小，这时可以把它放入图库中，需要的时候可以从图库中直接调用，这就是元件的概念。拖入场景的元件称为实例，在更改一个元件时，它的所有实例会随之发生改变。但当场景里的某个实例经过打散之后，就可以单独更改其属性（大小、颜色等）。Flash 中的元件有图像、按钮和影片剪辑三种。

（5）场景

场景是 Flash 动画中相对独立的一段动画内容，一个 Flash 动画可以由很多场景组成，场景之间可以通过交互响应进行切换。正常情况下，动画播放时将按场景设置的前后顺序播放。

（6）Alpha 通道

Alpha 通道是决定图像中每个像素透明度的通道，它用不同的灰度值来表示图像可见度的大小，一般纯黑为完全透明，纯白为完全不透明，介于二者之间为部分透明。Alpha 通道的透明度有 256 级。

4. Flash 的基本操作

（1）图形的编辑与处理

Flash 是基于矢量绘图的动画制作工具，其图形绘制操作和绘制工具与其他软件的图形绘制操作和绘制工具基本一致。

（2）对象操作

对象的基本操作包括对象的选定、对象的群组和分解、对象的对齐和元件的创建。这些操作使用工具箱中的工具或通过不同面板中的选项来完成。

（3）文本的创建和编辑

在工具箱中选择文本工具，然后在场景中拖动鼠标，在拖出的矩形框中输入文本内容。对输入的文本可以完成插入、删除、复制、移动等编辑操作。对文本属性进行设置时，先选定要设置的文本，然后利用文本的“属性”对话框或选择“文本”菜单中的命令完成操作。

（4）层的操作

层的操作包括层的创建、层的选择、层的删除、图层的插入、运动引导层的添加、层的重新命名、层的隐藏/显示、层的锁定/解锁、层移动、层的轮廓显示等。这些操作可以利用时间轴左侧图层控制区的相应按钮或在图层控制区的快捷菜单中选择相应的选项完成。

（5）动画制作

在场景和角色绘制及编辑处理完成后，就可以开始动画的制作。在 Flash 中制作动画有两种基本方式，即逐帧动画和渐变动画。

逐帧动画是指在建立动画中，设置动画中每一帧的内容。设置动画开始前的场景为第一帧，其余帧制作的基本过程如下：先在时间轴上选定帧，并设置为关键帧，然后修改场景中的运动对象，继续上述两个步骤，直到最后一帧。

渐变动画是需要设定动画的起点和终点的画面，中间的过程帧可以由 Flash 自动生成，这种自动生成的动画称为补间动画。Flash 支持的补间动画有变形补间动画、运动补间动画和路径导引补间动画三类。补间动画简化了动画的制作过程，但补间动画的中间帧不能由用户完全控制。关键帧就是变化的关键点，如补间动画的起点和终点或逐帧动画的每个设置帧都是关键帧。关键帧数目越多，动画文件越大。

Flash 动画是以时间轴为基础的关键帧动画。播放时，也是以时间轴上的帧序列为顺序依次进行的，对于复杂的动画，Flash 使用场景的概念，每一个场景使用独立的时间轴，对应场景的组合产生了不同的交互播放效果。

动画制作完成后，只需按 Enter 键就可以播放制作的动画。

（6）文件操作

Flash 提供了文件的打开、保存等基本操作命令，在“文件”菜单中选择相应的选项完成基本操作。Flash 文件的扩展名是.fla，打开后可以直接开始编辑；Flash 的动画播放格式的扩展名是.swf，打开后可以进行动画播放测试。Flash 还提供了与其他媒体文件格式转换的导入、导出功能，Flash 允许导入几乎大部分常见的图形图像、音频和视频文件格式，同时支持将 Flash 动画导出为 SWF、GIF、AVI、MOV 等视频格式和以离散图片序列形式逐帧导出动画。

习　题

一、选择题

1. 下面操作系统中，不属于多媒体操作系统的是（　　）。
   A．Windows 7　　B．DOS
   C．Amiga OS　　D．Macintosh
2. 在动画制作中，一般帧速率选择为（　　）。
   A．15 帧/秒　　B．30 帧/秒　　C．60 帧/秒　　D．90 帧/秒
3. 下面选项中，不是多媒体计算机中常用的图像输入设备的是（　　）。
   A．数码照相机　　B．彩色绘图仪
   C．视频信号数字化仪　　D．彩色摄像机

4. 下面选项中，不是常用的音频文件扩展名的是（　　）。

A．.wav　　B．.mod　　C．.mp3　　D．.doc

5. 下面选项中，不是常用的图像文件扩展名的是（　　）。

A．.gif　　B．.bmp　　C．.mid　　D．.tif

6. WAVE 文件格式是 Microsoft 公司的音频文件格式，该文件数据来源于对模拟声音波形的采样。其文件的扩展名是（　　）。

A．.bmp　　B．.wav　　C．.txt　　D．.doc

7. 下列计算机设备中，属于多媒体输出设备的是（　　）。

A．扫描仪　　B．数码照相机　　C．音箱　　D．CD-ROM

8. 可以反复刻录的光盘是（　　）。

A．CD-ROM　　B．DVD-ROM　　C．CD-R　　D．CD-RW

9. 目前，通用静态图像压缩编码的国际标准是（　　）。

A．JPEG　　B．MPEG　　C．MP3　　D．DVD

10. MPEG 压缩标准主要面向的压缩对象是（　　）。

A．视频　　B．音频　　C．视频与音频　　D．电视节目

二、简答题

1. 什么是多媒体技术？多媒体技术的特点有哪些?
2. 简述多媒体计算机系统的逻辑结构。
3. 说明图像数字化的过程。如何估算数字化后图像文件的大小？
4. 什么是矢量图形？什么是位图？两者之间有什么区别?
5. 试述数字图像获取的方法。
6. 常用的流媒体视频格式有哪些？各有什么特点？
7. 在声音数字化过程中，影响声音质量的因素有哪些？
8. 有损压缩和无损压缩的主要区别是什么？
9. 视频文件格式有哪些？

主要参考文献

陈国良，2012．计算思维导论[M]．北京：高等教育出版社．

高晓兴，2008．计算机硬件技术基础[M]．北京：清华大学出版社．

龚沛曾，杨志强，2013．大学计算机[M]．6 版．北京：高等教育出版社．

教育部考试中心，2013．全国计算机等级考试一级教程[M]．北京：高等教育出版社．

匡松，王超，2007．大学计算机应用教程[M]．北京：清华大学出版社．

兰顺碧，李战春，胡兵，等，2016．大学计算机基础[M]．3 版．北京：人民邮电出版社．

王琛，2009．精解 Windows 7[M]．北京：人民邮电出版社．

王际超，2010．大学计算机基础[M]．北京：高等教育出版社．

吴功宜，2014．计算机网络应用技术教程[M]．北京：清华大学出版社．

徐伟，张鹏，2010．电脑硬件选购、组装与维修：从入门到精通[M]．北京：中国铁道出版社．

徐祥征，龚建萍，2009．Internet 应用基础教程[M]．2 版．北京：清华大学出版社．